零戦、紫電改から
ホンダジェットまで

日本の名機をつくったサムライたち

前間孝則
Takanori Maema

さくら舎

まえがき

太古の時代から人間は鳥のように大空を自由に羽ばたきたいと憧《あこが》れつづけてきた。あるいは、誰もが思い当たるであろうが、夢の中で空高く舞い上がったときに味わう解放感や恍惚感《こうこつかん》を忘れられず、心のどこかに留めているのではないだろうか。

二〇世紀の幕開けとともに登場した〝空飛ぶ機械＝フライング・マシン〟としての航空機は、一〇年を置かずして日本に持ちこまれた。ドイツから帰国したばかりの陸軍大尉・日野熊蔵《ひのくまぞう》の手によって、本邦初の動力飛行が行われたのである。

その時から一〇〇年が過ぎた。この間の大正後半から戦前の昭和の一桁時代は、やや軍事色を帯びた未来志向の〝科学時代ブーム〟が巻き起こって一世を風靡《ふうび》していた。ポピュラー系の科学技術雑誌が次々と創刊されて氾濫《はんらん》したのである。

その背景の一つには、第一次大戦下に目覚ましい発展を遂げて登場してきた潜水艦や戦車、飛行機などの新兵器が、大人も含めて少・青年たちを大いに刺激し、その心をつかんだことにも起因する。

この頃は、どの国でも「科学技術が未来を拓く」が時代のスローガンになっていた。とりわけスピードを競う流線形をしたメカニックな乗り物は大人気だった。彼らは現実離れした非科学的な情報なども含めて満載されたSF的な科学雑誌に目を輝かせながら読み夢想していた。

本書に登場する大正生まれの航空技術者たちも皆、こうした時代環境の中で育ち、やはり科学技術雑誌に夢中になった。だから、工学系を志望した動機として口をそろえて語っていた言葉がある。「とにかく動くモノをつくりたいと思った」「自分の手で設計したいと憧れていた」

そのような中でももっとも人気が高かったのがスピード感あふれる飛行機だった。何しろ、技術の最先端を走っており、言わばこの時代の象徴的な存在だったから無理もない。

このため、日本では一つしかない東京帝大の航空学科への入学や、航空機メーカーへの就職はきわめて狭き門で、誰もが憧れ羨望《せんぼう》する世界だったのである。

彼らは戦前、全力を注ぎ込んで名機と呼ばれた零戦や「飛燕《ひえん》」「紫電改《しでんかい》」「彩雲《さいうん》」、日本初のジェットエンジン「ネ20」などの航空機やエンジンを生み出してきた日本を代表する主任設計者たちである。

戦前の時代の日本は、最盛期には二万四〇〇〇機も生産し、従事者数は一〇〇万人を超えていて突出する産業に急成長し、「航空機王国」とも呼ばれていた。それだけに敗戦によってGHQ（連合国軍総司令部）の「航空禁止令」により翼を奪われたとき、その虚脱感《きょだつかん》には想像を超えるものがあった。〝陸に上がったカッパ〟となって失業する者、他産業へと散っていく者がほとんどだったのである。

ところが諦めきれなかった彼らは、その後の〝空白の七年間〟を乗り越え、「航空再開」となると、「航空機王国」の復活に向けて再び、旺盛なエネルギーをぶつけることになった。無意識のうちにも全身に浸みわたっていた航空機から離れることはできなかったのである。

やがて、二〇年余をかけて航空機産業の復興の礎を築き上げ、後の世代へと引き継ぐ道筋をつけて大きく貢献した日本を代表する技術者たちである。その努力により、戦前と戦後を橋渡しする役割を果たすことになった。

そんな彼らが現役を引退した後の七〇代半ばから八〇代前半の頃に、次々とインタビューする機会が得られた。しかも何回にもわたる場合が多かった。また彼らの周辺の方々からも存分に話を聞くことができた。

日本の航空一〇〇年をあらためて振り返ってみると、戦前の時代は戦争と直結する軍用機一色であった。戦後も防衛力としての自衛隊機がスタートであり、つづいて、主にボーイングとの民間機事業にも乗り出していった。

そして現在、巨大事業に発展する可能性が高い新たな民間旅客機のプロジェクトが立ち上がっている。これまでの二本柱である防衛省向けの自衛隊機の開発・生産や、ボーイングとの下請け的な共同開発・生産から大きく踏み出そうとしているのである。

それは欧米の航空先進国から見れば、数周も遅れての挑戦ではあるが、現在、佳境を迎えている。国産旅客機ＭＲＪ（三菱リージョナルジェット）およびビジネスジェットのホンダジェットといった民間機の自力開発による挑戦である。その意味において、今、日本の航空機産業は大きな転換期を迎えているのである。

ところが二〇一三年八月二二日、そのＭＲＪに関する三菱航空機の記者会見があって出席したのだが、民間旅客機を丸ごと開発した経験がほとんどないために手際が悪く、三度目となる開発スケジュールの延期が発表された。今回は「二年近く遅れる」とのことだった。

その会見の席で語られた開発プロジェクトについてのちぐはぐな進捗状況の説明を耳にしているとき、すぐさま本書に登場する先人たちを思い起こすことになった。

数々の航空機を開発して名機も生み出してきた日本を代表する主任設計者たちの豊富な経験に基づく知見や教訓の数々である。また、戦前、戦中そして戦後のゼロからの再出発において復興に賭けた彼らの不屈の精神であり、強いリーダーシップやスピリットである。

こうした日本の航空機産業の大きな転換期だからこそ、今一度振り返り、彼らが発した深みのある言葉から学ぶべきことが多いはずであるとあらためて再確認したのである。

確かに、一〇〇年に及ぶ日本航空史の大筋の流れを醒《さ》めた目で見据えるとき、戦前だけでなく、戦後においても、欧米の航空機先進国に学び追いかける歴史であったことは否めない。

ところが、そうしたハンディの下にあっても、日本の航空技術者たちは「追いつけ、追いつけ、できうるならば追い越せ」との意気込みで挑んできた。あらん限りの知恵を絞り出すことで、欧米にはない独特の個性をもつ航空機を次々と生み出してきたことも事実である。

その代表例の一つが、「ゼロファイター」と呼ばれて、世界に知れ渡った零戦である。今ではすっかり伝説化、神話化、物語化されてしまって、様々な形で盛んに持てはやされている。

平成二五（二〇一三）年八月現在、上映中の宮崎駿《はやお》監督のアニメ映画「風立ちぬ」もまたそうである。主人公の零戦の主任設計者・堀越二郎がメルヘンチックな基調で描かれていて評判は上々である。

本書に登場する航空技術者たちは、堀越二郎に勝るとも劣らず、様々な個性が際立っている。しかも彼らは、その時代、時代における超エリートで、「なぜこれほどまでに」と思えるほど東京帝国大学（航空学科）卒業者ばかりなのである。

彼らは企業人としても秀でていただけに、戦後の高度成長の時代を経て、昭和四〇、五〇年代ともなると、その多くが大企業の幹部（役員）クラスあるいはトップにまで昇り詰めることになる。

しかし、自らが設計した戦前の航空機が悲惨な結末を生んだ軍用機（兵器）だったこともあって、インタビューを申し込まれても断ったり、あるいは多くを語ろうとはしなかった。

その理由の一つとして、たとえ話をしたとしても、戦後の平和な時代においては、当時の軍事（航空機）技術者たちが置かれた時代状況や立場性、支配的な心理状態が、必ずしもちゃんと理解されない恐れがあると見ていたからだ。あるいは、属する企業にマイナスのイメージを与える可能性もあると懸念《けねん》したからである。

ところが、ちょうど現役を退いた頃にインタビューしたことが幸いしたのであろう。当人たちも、歴史の証言として残しておきたいとの思いもあってか、それまで口にすることのなかった当時の状況や真相を率直な言葉で語っていた。


彼らの部下たちが驚きをもって語る印象的な言葉があった。「戦前の主任設計者たちの航空機に対する姿勢はものすごいのです。異常とも映るほどすさまじい意気込みで仕事に向かう姿勢に圧倒されました。われわれの方がかなり若くて馬力があるはずなのですが、とてもかないません」と呆《あき》れるほどなのである。

確かに、彼らの多くは八〇代後半から九〇代の長寿であった。エネルギッシュな活躍ぶりは、その強靭《きょうじん》な肉体にも裏打ちされていたのであろう。そして何より、当人たちの言葉によれば、競争試作を強いられた過酷《かこく》な戦前の昭和の時代、さらには日中戦争が始まった昭和一二（一九三七）年以降、あるいは日米戦下では「不眠不休で残酷なまでに奮闘努力し、これ以上の努力を求めるのは酷である」と言い切るほどの奮闘ぶりだったのである。

彼らがきわめて優秀だったことは言うまでもない。だが若くて知的好奇心の旺盛な時代に、欧米には負けじとばかりに、国の命運を担う姿勢と覚悟で臨んでいた。航空機開発に全精力を注ぎ込み、能力の限界まで挑戦していったことから、自ずと身についてしまった仕事に対する意気込みや構えなのだろう。それがあまりにすさまじいため、先のように部下たちが呆れたのであろう。まさしく「鉄は熱いうちに打て」であり「鍛えろ」である。

かといって、彼らが奮闘した戦前の時代の隅々までを染め上げていたきな臭い戦争はもちろん否定すべきものであることは言うまでもない。

ハイテクの頂点をきわめる精密で複雑な航空機（軍用機）の開発を担うリーダーには相反する資質が求められる。失敗と背中合わせの大きなリスクを伴うだけに、繊細な神経による緻密さと、荒々しいまでの大胆さと決断力である。そして、自身の胸の内に秘しているかもしれないが、見果てぬ夢を追うロマンも必要なのである。

今日、日本全体を見渡すとき、現代に近づくほど、どんな組織のリーダーも小粒になってきたことは否めない。それだけに、本書で取り上げた技術者たちは、言い古されたノスタルジックな言葉にはなるが、まさしく〝サムライ〟と呼ぶに相応しいと思えてくるのである。

ただし、本書の第一〇、一一章に登場する主人公は昭和生まれの航空機設計者で、現在進行中のＭＲＪおよびホンダジェットの開発を指揮してきたリーダーである。両人とも、やはり大きなリスクが伴う巨大プロジェクトを牽引し、決断を成してきており、戦前の航空機設計者たちのＤＮＡを確実に引き継ぎ、しかも新たな地平を切り拓きつつある。

世界の航空界に広く知られた「７４７ジャンボジェットをつくった男」と呼ばれる主任設計者のジョー・サッターは、同名の自著においてこう回想している。

「新型機ボーイング７４７の設計チームを指揮するというチャンスが舞い込んだ。それは、世界でもっともやりがいがあって面白い仕事だった」

だが同時に「747が成功するかどうかにボーイング社の命運がかかっていた」とも吐露《とろ》している。

このように、航空機開発を指揮する主任設計者（プロジェクトリーダー）にはたえず、想像を絶するような重圧がのしかかり、つねに厳しい決断も迫られる過酷な役柄である。

本書で取り挙げた戦前の主任設計者たちは、その世代からして、二〇一二年秋、九八歳で死去した三菱重工業の東條輝雄を最後に、皆、鬼籍《きせき》に入ってしまった。

それから時を経た現在、堀越を最たる例として、彼らは次第に神話化、物語化されつつあって、そのことで若い世代に受け入れられつつある。だが本書でのインタビューは、その直前の実像そのものである。

これまでの日本では、とかくこうした名機を開発してきた主任設計者たちについては、身びいきでマニアックな軍事的関心事から書かれることが多かった。あるいはその対極として、昭和二〇、三〇年代頃の、十分な史実の検証を経ないまま、頭から決めつけた批判的な見方や先入観が定着してしまっている。かつて私自身、二〇数年間ほどジェットエンジンの設計者として過ごした現場経験がある。それだけに、もうそろそろ、そうした両極の見方からは解放してしかるべきではないかと思うのである。

もっと広がりのある歴史的な文脈から、大正そして〝激動の昭和〟の時代を駆け抜けた一人の技術者としての生き様そのものを描いていく必要があるのではないか。そのことにより、彼らの生涯の豊かな鉱脈から、様々なものを汲み出すことができるはずだと思いつつ、本書をまとめあげたつもりである。

目次

第五章　傑作機「彩雲」を設計、戦後「T—1」で音速の壁を初突破——177

内藤子生（元中島飛行機設計者、元富士重工業取締役）

●戦後、口を閉ざした名機の設計者●高速偵察機「彩雲」で知られる名設計者●基本設計を手掛けた「富嶽」の全容●正式発表前に「富嶽」構想の中核を担う●目的は米ピッツバーグ爆撃●名付けられたZ機に他社は冷たい反応●アルミの逼迫を理由に計画は中止●〝大社長〟中島の構想の意図は何か●内藤が述懐する「富嶽」の開発状況●画期的な「排気ロケット」を立案●米軍をも驚かせた「彩雲」の高速度●自衛隊のジェット練習機を開発●富士重工、航空業界復帰の功労者●戦前の経験を生かし、ジェット機時代の幕を開ける

第六章　「隼」「鍾馗」などの設計者から〝ロケットの父〟へ転身——208

糸川英夫（元中島飛行機設計者、元東京帝国大学教授）

●自他ともに認める「日本の宇宙開発の父」●ロケット開発の研究グループを設立●開発の呼びかけに応じた富士精密工業●六二歳でクラシックバレーに挑戦●中島飛行機入社後すぐに目立つ存在に●屁理屈をこね入社式や歓迎会を欠席●様々な戦闘機の空力設計を一手に担当●無理難題を押し付ける軍の設計要求●軍との摩擦で航空機開発に限界を感じる●東京帝大工学部からスカウトを受ける●好待遇の中島飛行機を去る●戦後は様々な分野の研究に挑戦

（注）本書では煩雑さを避けるため、本文中の機種名表記ではハイフン（—）を取っている。ただし、引用文中は原文のままとした。

日本の名機をつくったサムライたち

零戦、紫電改からホンダジェットまで

第一章　天才と呼ばれた「九六式艦上戦闘機」「零戦」の設計者

堀越二郎（元新三菱重工業参与、元東京大学講師）

ほりこし・じろう／明治三六（一九〇三）年〜昭和五七（一九八二）年。群馬県出身。東京帝国大学航空学科卒業。昭和二（一九二七）年、三菱内燃機（現三菱重工業）に入社。名古屋航空機製作所に勤務。「零式艦上戦闘機（零戦）」や艦上戦闘機「烈風」などの設計を担当する。戦後は新三菱重工業技術部次長、技師長などを経て、参与となる。以後、東京大学講師、防衛大学教授などを務める。

オリジナルの「零戦」が六九年ぶりに里帰り

平成二四年（二〇一二）年一二月一日、埼玉にある所沢航空発祥記念館で「日本の航空技術１００年展」と題する記念イベントが催された。目玉は、米プレーンズ・オブ・フェイム航空博物館が収蔵する零戦52型の六九年ぶりの里帰りである。

戦局も押し迫ってきた昭和一九（一九四四）年六月、一段と攻勢を強める米軍は圧倒的な戦力でもってサイパン島を占領。その際、ほぼ無傷の零戦を手に入れたのである。この後、米本国に送られ、詳しい調査・研究の後、博物館に収められたのだ。主催者によれば『栄《さかえ》』21型エンジンをはじめ多くの部品がオリジナルのまま飛行可能な世界で唯一の機体。エンジンもかなり老朽化しているので、日本ではこれが最後の稼働になるかもしれません」という話だった。

この日、記念館に接する野外の特設会場には、入り切れないほど大勢の見学者たちが詰めかけていた。

堀越二郎／写真提供：共同通信社※以下、基本的に「写真提供・所蔵」は略す。

天候が急変して雨がぱらつきだす中、Gパンにジャンパー姿の若い米国人パイロットが、無造作に主翼に足を掛けて昇り、コックピットに収まった。すると、いきなり「栄」21型エンジンが始動、「バタバタ」とにぶい音を立てた。プロペラの三枚羽根の形がまだ確認できる程度の低回転である。

　こうした操作を数度重ねた後、一気にパワーアップ。やたら腹に響く「ドッドッドッーッ」という轟音《ごうおん》とともに一〇〇〇回転、そして一挙に二〇〇〇〇回転近くまで上げた。機体全体が武者震いをするように左右に揺れ出す。車輪止めを外せば、飛び立たんばかりの迫力である。

　予想を超えるエンジンの轟音が、会場全体を威圧しながら響き渡ると、一斉に拍手と歓声が湧き起こった。「ブラボー、ブラボー」と叫び声も挙がっていた。取り囲む見学者も報道陣も興奮気味でざわつき始めた。零戦と会場の見学者たちが、さも一体になったかのような空気が醸成《じょうせい》されたのである。

　私は二〇数年ほど、ジェットエンジンの設計に従事していた体験があるため、戦前の軍用機についてはかなりクールな見方をしてきた。大空を飛翔《ひしょう》したり、格闘戦を演じたりする派手な雄姿を想像する前に、どうしても工業製品、目の前にある機能性をもった複雑で精密なモノとして見てしまうからだ。

　また、自らの経験からして、根気強く取り組む、泥臭いモノづくりの現場をすぐに思い浮かべてしまう。ところが、今回の零戦の稼働の際は少しばかり違っていた。知らぬ間に零戦に感情移入している自分に気づいたのだった。

　このときはプレス取材も兼ねていて、間近で零戦のコックピット内をのぞき、機体にも直に触れることができた。濃緑色に塗装された機体表面に目をやると、外板はブリキ板を手加工したのかと思えるほど、滑らかな曲線ではなく、どこも細かく波打っていたのである。このような生々しい零戦の現物を目の当たりにして、一七年ほど前にインタビュー取材した老技術者が口にした意外な言葉を思い起こしていた。

　零戦の設計主務者・堀越二郎の右腕と言われ、彼から絶大な信頼を得ていた曾根《そね》嘉年《よしとし》である。インタビューのときは八〇代半ばとなっていた。戦後の三菱重工業において役員を務め、異動した三菱自動車では社長、会長を歴任した人物である。脚力こそ衰えがあるものの、記憶は実に確かだった。

「零戦は優秀な戦闘機という評価を受けていますが、その時代において優秀であったということであって、現在の人々が実際に眼にすれば、小さくて薄っぺらな機体であったことに驚くのではないでしょうか」

零式艦上戦闘機（零戦）52型

堀越の右腕が語る「零戦」の真実

　戦前の軍事（航空）技術者にありがちな、勇ましい言動は一切なかった。丁寧な口調で一語一語をかみしめるように話す、その真摯な姿が印象的だった。この誠実な人柄ゆえに、気難しくて繊細な神経の持ち主の堀越に気に入られ、信頼されたのであろうと想像した。

　曾根は、堀越が設計主務者として担当した全五機種のうちの四機種を手掛けていた。それは九試単座戦闘機（九六式艦上戦闘機）、十二試艦戦（零戦）、局地戦闘機「雷電《らいでん》」、艦戦の「烈風《れっぷう》」である。とくに最後の「烈風」では、病に臥しがちだった堀越に代わって実質的な主務者として活躍していたのである。

つづいて曾根は意外な言葉を口にした。「なぜか零戦が戦後になってやけに有名になっちゃって、どうしてこんなになったんだろうか。もちろん、私も一生懸命につくりましたが、使い物になるものができたといった程度の受け止め方で、そんなにいいものかなと思うんですが……」

設計者としてはこのような認識だっただけに、戦後、米国や日本の国民から「零戦は優秀な戦闘機であったと評価・絶賛されたことに関しては、むしろ意外な印象を受けた」というのである。

戦後、日本人は長きにわたり零戦をことさら特別扱いにし、名機として盛んに持てはやしてきた。戦前の日本が生んだ独創性に富む技術の象徴として、その設計主務者の堀越を高く評価し、その見方が定着して久しい。ところが、堀越と二人三脚で設計した当事者の曾根は、それとは逆とも思えるほど、実に醒《さ》めた見方をしていたのである。曾根の零戦に対する見方は、インタビューの際に頂いたコピーで、敗戦時にGHQ（連合国軍総司令部）から求められて作成し、提出した資料とも一致していた。晩年になって曾根の考えが変わったわけではないのである。

私自身も戦前の軍用機に対しては醒めた見方をしていたが、曾根の言葉を耳にしたときには、いささか驚かされたものだった。今日の零戦に対する一般の評価と当事者との認識には大きなギャップがある。

結局、今日広く流布されている零戦とは、当事者である航空技術者が格闘しながらつくり出した実像に、戦後に生み出されて一人歩きしてきた神話が合わさったものなのではないか。この大きなギャップを、曾根も堀越も、戦後の数十年にわたり、自身の内に抱え込み反問もしつつ、その生涯を送ったのであろう。それならば、零戦が神話化される以前の時代に、今一度戻ってみる必要があるだろう。

設立して二年の東京帝大航空学科に入学

明治三六（一九〇三）年、堀越二郎は群馬県藤岡市に近い旧家で裕福な農家の次男として生まれた。奇しくも、アメリカのライト兄弟が史上初の動力飛行に成功した年である。

堀越は子供時代の頃のことを、本章で随時引用する自著の『零戦　その誕生と栄光の記録』において、「雑誌『飛行少年』『武侠世界《ぶきょう》』などを読みふけった」と振り返っている。第一次世界大戦の西部戦線で繰り広げられた、まだ草創期《そうそうき》の飛行機による空中戦のニュースに心を躍らせていた。また「自分がつくった軽い小さな飛行機に乗り、野をこえ、川をこえ、低空飛行を楽しんでいる夢をよく見たものである」

科学技術文明の遅れた極東に位置する日本では、この時代の飛行機はきわめて珍しく、その数も少なかった。大空を自由自在に飛翔するその姿は大人気で、子供はもちろんのこと、大人たちも魅了して熱狂していた。朝日新聞などが招聘《しょうへい》した「何でもござれの飛行家」チャールス・F・ナイルスや、「米国の鳥人」と呼ばれたアート・スミス、「美人曲芸飛行家」のスチムソン女史らの米国人飛行家たちはどこでも大人気だった。彼らは全国を巡回し、連続宙返りや急降下、サーチライトを機体に付けての夜間飛行などを演じて入場料をとっていた。

堀越少年も例にもれず、曲芸飛行に目を奪われ、夢中になった時期があった。それでも、「こうした飛行機への関心は、中学から高校へ進むにつれ、いつしか私の心の表面から消えていった」のだった。

ところが、大学への進学コースを考え出したときだった。「少年時代の記憶が心の底からよみがえってきた。そして、しだいに飛行機をやりたいという気持ちは動かしがたいものになった」。ただし、とりわけ飛行機マニア、メカ好きというわけでもなかった。戦後、座談会の席で「東京帝大航空学科を志望した動機は？」と訊かれての答えは実にそっけなかった。「特にこれというものではありませんでした」というのである。

大正一三（一九二四）年、大学入試を前に、東京帝大を卒業して三菱造船所に就職した兄が勧めたのは医学部だった。

進路に迷った堀越は、兄の知り合いで東京帝国大学航空学科の中西不二夫教授に話を聞きに行く。そこで「大きな機械の一部だけをやるとかエンジンだけをやるのと違い、飛行機の機体設計という仕事は一人で全部に眼を注ぐことが出来るから仕事として面白い」（『印刷界』一九七八年八月号）と聞かされて、飛行機づくりにあらためて興味を覚え、飛びきり難関の航空学科を受験、見事合格したのである。

では、堀越が東京帝大に入学した大正一三年頃とはどんな時代だったのか。この頃、日清・日露戦争につづき第一次大戦に勝利したことで、いつしか無敗の「世界五大国」とか「一等国ニッポン」と思い込む雰囲気が世の中に広がり始めていた。やがて元号が昭和に変わると、おごりが目立つようになってくる。軍部は大陸（満蒙）進出の野望を露《あら》わにしだして、激動の昭和へと突き進む。

堀越らは航空学科の五期生で、入学の二年前に初めて三人の卒業生を出していた。航空学科は新設からまだ日が浅いだけに、一〇人ほどいた専任の教授陣も機械科や造船学科からの横滑りで千差万別だった。航空についてまともに知っている教授がほとんどいなかったのである。講義らしい講義ができるのは、航空力学の横田成年《よこたせいねん》教授と栖原豊太郎《すはらとよたろう》教授の二人くらいだった。

同級生で親友の日本大学・木《き》村《むら》秀政《ひでまさ》教授は自著の『わがヒコーキ人生』において振り返っている。皆「立派な先生だが、威厳があって、われわれ学生はこわくてまともに話もできなかった」

同じく同級生の中川守之（後の立川飛行機取締役で、戦前各種の戦闘機や爆撃機の開発に従事する）は語ってくれた。「講義は一般に難しいか、不親切か、未熟か、興味の持てるものが少なかった。そればかりか、外国の航空工学の専門書を持って来て、先生自身も初めて勉強するような始末で、それをそのまま訳して聞かせる。あるいは先生も学生もなく、一緒になって外国の専門書を勉強しているといった具合だった。だから、否が応でも英語やドイツ語を勉強することになって、自然に覚えるようになった」

この頃の堀越について、木村は「堀越二郎の生涯」（『航空ジャーナル』一九八二年四月号）と題する追悼文で学生時代のエピソードを披露《ひろう》している。

「大学在学中、六十年近くたった今でも忘れることのできないエピソードがある。私は小さいときから飛行機マニアだったので、雑誌には詳しい。それで、なにかの機会に、飛行機の錐揉みのことをフランス語でヴリル（vrille）という蘊蓄を披露した。ところが堀越は錐ならドリル（英語drill）だろうといってきかないのだ。翌日、堀越がニヤニヤしながらやって来て、家でフランス語の辞書を引いたら、やっぱり君のいう通りヴリルだったと照れていた。堀越という男は、たった一つの用語でも納得のいくまで調べないと気がすまないのだ。すごいやつがいるもんだと感心したが、これが彼の後年名設計者となる素質の一つだった」

また、同じ年の読売新聞の追悼文でも木村は語っている。「綿密で粘りっこくて緻密な男ですよ。ですから、一つの方針をとことんまで貫いちゃうんですね。それで零戦も設計できたと思いますよ。（中略）つまりね、飛行機を設計する場合、一つの点（軽量化と舵の効きのバランスにもとづく操縦性の良さ）だけを徹底追求すると、非常に特徴のある飛行機ができるわけです。妥協的でない堀越君だから、ああいう飛行機ができたといえるでしょうね。実際、融通のきかない男でしてね」

六〇年近く、親しい友人関係にあった木村ならではの指摘である。この二つのエピソードが堀越の性格をピタリと言い当て、その後の仕事に向かう姿勢のすべてをも表しているように思える。

昭和二年卒の同期は良き友、良きライバル

彼らが卒業する昭和二（一九二七）年頃の日本は、大戦後の反動不況が長引き、深刻な就職難の時代となっていた。ただし、日本で唯一の東京帝大航空学科卒業者は引っ張りだこだった。同窓の木村はそのまま大学院に残り、駒林栄太郎は航空局、堀越と由比直一は三菱内燃機（後の三菱重工業）、児玉幸夫は東京

瓦斯《がす》電気工業（航空機メーカーでもある）、中川守之は石川島飛行機（後の立川飛行機）、土井武夫は川崎造船（後の川崎航空機）にそれぞれ入社した。

この年の堀越ら九人（そのうちの二人は陸・海軍からの派遣生）の航空学科卒者は後々、当たり年と言われる。この後、就職したメーカーや大学の航空研究所では日本の航空史に残る名機を設計し、航空局でも頭角を現してリーダーシップを取ることになるからだ。

東京帝大時代はクラスの人数が少なかったので、何かにつけて皆で一緒に行動することが多く、仲も良かった。堀越は土井とも、おれ、お前の気さくな仲だった。ただ就職して後は、彼らも就職した両社もライバル関係となった。軍による競争試作などで、熾烈《しれつ》なつばぜり合いを演じるのである。

戦前は軍の命令は絶対で、威張りくさっていた。このため、「たとえ軍の飛行場などで顔を合わせることがあっても、他社の飛行機に近づくことはもとより、技術者同士の私語もゆるされない」という堅苦しい空気だった。しかも、堀越は海軍が専門で、土井が属する川崎が主に納入していたのは陸軍だった。

陸海軍は犬猿の仲で、面子《メンツ》の張り合いによる足の引っ張り合いをしていた。陸・海軍の間では、「互いが技術交流することなどもってのほか」だった。しかし、ざっくばらんな性格の土井は、そんなことおかまいなしで堀越に声を掛けていた。「君のところはどうなっている」「うちはこうやっているよ」といった具合に、情報交換を内緒でやっていたという。

昭和一〇（一九三五）年頃、土井が設計したキ28は三菱のキ33と中島のキ27との競争試作となった。「キ28が低速時の翼端失速に悩まされていたとき、〝主翼に二度四〇分のネジリ下げをつけてみたら〟とソッと教えてくれたのも堀越君でね」（『時代と共に生きる男』）と土井は楽しそうに振り返っている。それればかりか、それぞれが設計した飛行機を互いに見せ合い、将来の戦闘機の技術動向についても熱心に語り合っていた。

さらには、軍はもちろんのこと、会社にも内密で、土井は海軍のテストパイロット小林淑人少佐と堀越を岐阜長良川ホテルに招いた。ほとんど酒はたしなまない堀越だったが、このときばかりは少しばかり酌《く》み交わしつつ、情報交換や飛行機談義に花を咲かせていた。メーカー間の競争は熾烈だったとはいえ、学生時代からの絆は強く、企業の壁を超えての密かな交流もあった古き良き時代だったのである。

航空学科をトップの成績で卒業したと言われる堀越は、先の木村の指摘のように、細かいことをないがしろにできない。酒もほとんど飲めず、内向的で人付き合いも苦手な不器用な性格で、大組織向きの人間ではなかった。「堀越は苦労したんだよ。三菱という大所帯にいたからね」と土井が語る通り、名門の大財閥で「組織の三菱」と呼ばれた社内では、身の処し方において消耗することも多かった。

高額でドイツから外国人教授を招聘

彼らが大学を卒業した年、陸海軍は各社に試作機の設計を命じて、互いに競わせる競争試作の制度を導入した。この背景には次のような判断があった。外国機のライセンス生産ばかりでは、日本の飛行機の設計・開発技術が育たない。加えて、国防にかかわる重要兵器を外国の設計に依存していると、自国の使い方に合った飛行機が得られない。国防の首根っこを押さえられる恐れも出てくる。陸海軍は互いに競わせることでメーカーの技術水準をより高めようと目論んだのである。

各航空機メーカーは面子と今後の会社の飛躍のためにも、競争試作に負ける訳にはいかないとばかりに、火花を散らした。しかし、自分たちの手で飛行機を設計する技術もノウハウも持ち得ていない。このため、各社は一斉に欧州の航空機メーカーや工科大学、公的な航空研究所などから（主任）設計者や教授、生産技術者などを招請《しょうせい》。若くて優秀な学卒の新人らを助手として付け、技術習得に努めさせたのである。

三菱の機体設計課では、大正一〇年から来日していた英ソッピース社のハーバート・スミスに代わって、大正一四（一九二五）年に独シュツッツガルト工科大学のアレキサンダー・バウマン教授を招聘した。その下に主務者として仲田信四郎を、さらには、その後入社した堀越と田中治郎を配した。

同様に、石川島は大正一五（一九二六）年、ドイツからグスターブ・ラハマン博士を招請。その下に堀越と同窓の中川を置いた。中島飛行機は、昭和二年四月、航空先進国のフランスに六年間滞在していた中《なか》島乙未平《じまきみへい》（社長の中島知久平の弟）が、それまでのライセンス生産のつながりから仏ニューポール社のマリー設計技師とロバン助手を招聘した。その下に大和田繁次郎、小山悌《こやまやすし》を配した。川崎造船は大正一三（一九二四）年にドイツのドルニエ社からリヒャルト・フォークト技師を招聘、その下に主務者の東條寿《とうじょうひさし》（東條英機の弟）および、堀越と同窓の土井武夫を配した。

この時代、日本に招聘された多くの外国人技師や教授らは優秀で、その後の日本の航空技術の発展に大きく寄与するのである。三菱から再三にわたり懇願されて日本行きに同意したバウマン教授の場合、次のエピソードがあったことを、土井は堀越から聞いた話として自著の『飛行機設計50年の回想』で語っている。

大正一四年の初め、三菱の代表がバウマン教授宅を訪れて、「飛行機の設計指導のためにぜひ日本に来てもらいたい」と頼み込んだのである。バウマン博士は「その気はない」と断ったのだが、三菱は諦めなかった。何度もやって来たため、博士は一計を思いついた。あらかじめ、日本に招聘される外国人技師の一般的なサラリーを聞いておいたうえで、三菱の人間に、その二倍の額を提示したのである。「これなら諦めるだろう」と踏んだからだ。

さすがに三菱の人間も驚きの声を挙げた。何しろ、「日本の陸軍大臣でもそれ程のサラリーはもらっていない」からだった。教授は行く気がないので平気な顔で冗談っぽく言った。「自分とは関係のないことだが、陸軍大臣では飛行機の設計はできまい」。数日後、三菱の人間は本社からの電報を手にして再びやって来た。その博士の言葉に同意することを告げたのである。そこまで強く要望された博士は、ついに折れて日本行きを決断した。シュッツッツガルト工科大学から二年の休暇を得て、大正一四年夏に来日したのだった。

渡欧で自覚した愛国心

昭和四（一九二九）年六月から五年にかけて、堀越は同じく東京帝大航空学科の一年先輩で三菱航空部門のホープである本庄季郎《ほんじょうきろう》ら数人とともに、シベリア鉄道経由で欧州視察に向かった。ベルリンに着き、その後パリ、ロンドンを回ってからベルリンに戻り、そこから汽車で数時間のデッサウという町に滞在した。そこには、今回の視察の主たる目的となる、三菱が技術提携した世界最大級の航空機メーカー、独ユンカース社があった。

独ドルニエ社と並んで、世界でもっとも早くからジュラルミンの全金属製の機体の生産を手掛けているユンカース社は、ドイツ流の野心的な取り組みをしており、堀越は学ぶところが多かった。

同時に三カ月ほど滞在したドイツでは、第一次世界大戦で敗戦によってすさんだ国民の姿を目の当たりにした。不快な出来事にもたびたび出くわしたのだった。

日清戦争の三国干渉をはじめ、古くから日本とドイツは対立。第一次大戦時には連合国側の一員として参戦、ドイツの租借地である中国の青島に、稚拙ながら日本にとって初となる空爆を強行。降伏させて、青島を占領していた。ドイツと日本が接近し始めるのは、ともに国際連盟を脱退する昭和八（一九三三）年以降である。それだけに独ユンカース社での技術習得では、ライセンス契約を結び、巨額の技術導入料を支払っているにもかかわらず、当初は工場の中をあまり見せてもらえなかった。

二〇一三年春、堀越の長男・雅郎が、このときの欧米航空機メーカーの見学および研修の際に堀越が記した約二〇〇ページにもなる出張報告や、敗戦頃までつづられた手帳、図面、私記など多数を初めて公開した。それらに目を通すと、まだ新人だった堀越が、欧米の進んだ航空機技術をどう受け止め、また後に堀越が設計を手がける九六艦戦や零戦などの技術ヒントを吸収していたことがよく見えてくる。

当時の日本は、欧米で盛んだった日本人移民の排斥あるいは日本人の脅威をことさら煽《あお》る「黄禍論《おうかろん》」も含めて、「野蛮で遅れた文明の国」と欧米から見られていた。後進国、日本から来た彼らは国際関係および軍事に絡む現実の厳しさを何度も味わわされるのである。それは堀越らに限ったことではなかった。最先端の軍事技術を扱う工場なのだから、無理からぬことでもあったが、中島飛行機でも同様に、米カーチス・ライト社であらぬ嫌疑をかけられて足止めを食らわされたり、石川島の中川も渡米した米ロッキード社から半年間、工場への入構を拒否されたりしていた。

ドイツを後にした堀越は、イギリスに向かい、複葉機などの航空機設計を学んだ。イギリスはドイツと違って堅実で綿密な飛行機づくりが特徴だった。

すると、三菱本社からの、「米カーチス社が生産する戦闘機のカーチス・ホークP6のライセンスを買ったので、急ぎ渡米してその機を研究しろ」との命令を受けた。堀越はすぐに船便でニューヨーク州のガーデン・シティにある米国で最大級の航空機メーカー、カーチス社に向かった。到着後、複葉機のP6の図面や各種の技術資料に目を通して研究に励んだ。ここでは、設計や生産の手順などがすべてにおいて合理的であることが印象的で、先行していた自動車の量産および生産技術が基盤にあったことを窺《うかが》い知ることができた。

昭和五（一九三〇）年の秋まで米国に滞在した後、堀越は帰国する。大学を出てわずか二年後の外国体験だっただけに、吸収すること、刺激を受けたことは多かった。堀越が強く意識したのは、「できるだけ早く欧米に追いつく」ことであり、併せて自分が日本人であることを強く自覚し、「愛国心に目覚めさせられた」のだった。

航空機開発に出遅れた三菱

三菱内燃機の航空機部門は、川崎造船や中島飛行機などとほぼ同時期の大正半ば、陸海軍の航空機導入に対応して新設された。ただし、その三菱内燃機は、堀越の入社前後からその五、六年後あたりまでジリ貧状態だった。母体である三菱造船グループ自体は日本を代表する名門の財閥企業ではあるが、航空機部門は不運と不振がつづいていた。

何しろ先に挙げた大正一〇年に来日して機体の試作設計を主導していた英国のハーバート・スミス技師が期待外れだった。代わって大正一四年に、鳴り物入りで来日したドイツのバウマンも、どちらかと言えば研究者的で、競争試作では十分な実績を上げられなかった。

エンジン部門はさらにみじめだった。ライセンス生産していた仏イスパノ・スイザ社の水冷イスパノシリーズや自力で開発したA４がトラブルつづきで、量産化が果たせなかった。軍に頼んで他社メーカーのエンジンを回してもらって生産し、なんとか工場の稼働率を維持している有り様だった。

洋の東西を問わず、航空機開発の成否は、そのときどきの運不運がつきものである。堀越の場合、それが極端だっただけに、悲喜こもごもであり、ドラマティックだった。その第一弾が七試艦上戦闘機（七試艦戦）である。昭和七（一九三二）年、ジリ貧状態から来る「マンネリズムを打ち破れるのではないか」という狙いから、上層部は思い切って若手の起用を決断。欧米の航空機メーカーで最新技術を習得してきた堀越を、七試艦戦の設計主務者に二八歳で抜擢した。三菱の設計主務者としては異例の若さだった。

欧米の最新技術を頭に詰め込んできた堀越は意欲的で気負いもあった。後に本人も吐露しているように、準備不足は否めないが、リスクに果敢にチャレンジ。競争試作にあたって、その頃「外国ではどんどん試作研究されている」が、日本では革新的な取り組みになるセミモノコック構造を選択した片持式低翼単葉機を製作した。

しかし、製作技術は今一つだったため、七試の性能もさえなかった。外観も「太いズボンのような固定脚、まるで鈍重なアヒル」で、スマートさからは縁遠い代物だった。試作した二機をともに事故によって失う不運もあって、審査・競争試作以前の段階で惨敗。完全な失敗作に終わった。堀越の若さからくる経験不足を明らかに露呈させていたが、七試艦戦での大胆な挑戦が堀越を大きく成長させるとともに、低迷つづきの三菱に風穴を開け、技術的飛躍をもたらすきっかけを与える。

ここで、昭和二〇（一九四五）年までの日本の航空史を振り返り、大きく分けると、次の三つに時代区分することができる。

●揺籃《ようらん》期：明治四二（一九〇九）年から大正四（一九一五）年まで
●模倣《もほう》期：大正五（一九一六）年から昭和六（一九三一）年まで
●自立・充実期：昭和七年から昭和二〇（一九四五）年まで

七試の試作が失敗した頃、日本の航空機開発は模倣期から自立期へと脱皮を図ろうとする重要な時期にさしかかっていた。自主開発の機運が急速に高まってきたこの頃の追い風を受けつつ、設計主務者に大抜擢されてスタートした堀越は幸運だった。

追い風はそれだけではなかった。昭和五年一一月、砲術が専門で、航空技術には素人同然だった山本五十六《やまもといそろく》が航空本部技術部長に就任した。よく知られているように、当時の海軍では圧倒的に主流であった「大艦巨砲主義」に対し、山本は常々航空重視を唱えており、世界の趨勢《すうせい》と大局を見据えながら、昭和七年から「航空技術自立計画」を打ち出していた。その背景の一つには、大正一一（一九二二）年締結のワシントン海軍軍縮条約、昭和五年締結のロンドン海軍軍縮条約によって、大型艦を中心に艦艇の軍備が大幅に制限されたことがある。海軍では条約適用外の航空機に力を入れることを決めたのだ。

欧米で進む航空技術の急発展の影響を受けて、日本では二つの軍縮会議以降、航空機の自主開発の機運が急速に高まっていた。この流れに乗る形で、堀越は若手設計主務者のホープとして登場したのである。

九六式艦上戦闘機／探検コム

傑作機「九六艦戦」を開発、自信を深める

昭和九（一九三四）年、設計主務者として捲土重来で挑んだ九試単座戦闘機（九試単戦、後の九六式艦上戦闘機）は一転して海軍の期待をも上回る高性能を実現。「傑作機」と呼ばれ、時代を画する戦闘機になる。「片持ち式低翼単葉型、脚が引っこまない固定脚という基本的な型式は七試と同じだった。しかし、その他の点では七試とはまったくちがっていた。機体はこんどこそ翼も含めて全金属製とし、世界ではじめて機体全表面に沈頭鋲という新式の鋲を使うことをはじめ、思いきった進歩的な方針がたくさん含まれていた」（『零戦』）

空気抵抗が少なくスピードも出るように胴体はできる限り細くした。考えたのはエンジンの選定だった。「飛行機の死命を制するほど大切だ」と堀越は言い切る。しかし、「日本が先進国にくらべてエンジンの馬力がつねに二割か三割少ないにもかかわらず、飛行機の性能では張り合っていかなければならなかった」という現実があった。

七試ではこれまでの慣例に沿って自社製のエンジンを搭載。だが、七試に続いて九試の競争試作では負けるわけにはいかないと判断した堀越は、ライバル会社の中島飛行機製の傑作エンジン「寿《ことぶき》」5型の六〇〇馬力を選定する英断を下したのである。確かに自社のエンジンを搭載しないのは、経営上のマイナスで、社内の抵抗も大きかった。堀越自身、「三菱のエンジン部門の人には大変すまない気もした」と吐露《とろ》している。しかし、ジリ貧状態にある会社を救うのが第一の使命だった。

昭和一〇年一月に完成した九試は、「最大の難問」と見られていた機体重量が予定以下に収まっており、堀越らを安堵《あんど》させた。最高速度は予想していた値を上回る時速四五〇キロを記録、最初は海軍も信じなかったほどだった。何しろ、わずか六〇〇馬力のエンジンでありながら、八二〇馬力のエンジンを搭載した九五艦戦の最高速度を一挙に一〇〇キロも上回ったからだ。従来の常識からすると考えられなかった。

堀越は自信のほどを口にする。「世界の戦闘機界にもまだ例のない高速を出したことは、いままで先進国のあとについていくのがあたりまえのように思われていた日本の航空界に、センセーションを起こしたのも当然だった」。さらに「速度で世界のトップをいきながら、格闘戦のチャンピオンでもあるという世界の常識を破った戦闘機が生まれた（中略）日本独特の戦闘機の道がここにはじまったのだ。（中略）この九六艦戦誕生をきっかけとして、日本の飛行機設計者のあいだに、自分の頭で考え、自分の足で歩くときがきたという自覚が広がった。九六艦戦は、まさに日本航空技術を自立させ、以後の単発機の型を決定づける分水嶺であった」（前掲書）

貴重な東京帝大航空学科卒の超エリートの堀越は、社内でも一目置かれる存在だった。しかし、内向的な性格で口下手なうえ、若さからくる七試の失敗もあってパッとしなかった。それが九六艦戦の大成功でその評価は一変したのである。

「日本独特の戦闘機」の定義とは何か。これには三点がある。第一に、欧米先進国と比べて、エンジン技術で劣る日本は、超小型で超軽量の機体を設計することで、そのハンディを克服して高速性を実現する。

第二に、仮想敵国としているソビエト連邦や後のアメリカを相手にするならば、広大な大陸および広い太平洋を戦場と想定することになり、「広域制空」が可能な長い航続距離の戦闘機が必要になる。

これに対し、欧州の航空先進諸国の仏、英、独、伊などでは、ヨーロッパ全域を戦場と想定しても、さして戦域は広くない。開発する戦闘機は、さほど長い航続距離を必要としないのである。この点から、軍が求める戦闘機の要求仕様（性能）が欧州と日本とではかなり違ってくるのだ。

この他、第三として、日本の陸海軍は一騎打ち的な（一対一での）戦法で格闘戦を演じることを強く好み、それが戦闘機の第一の役割との認識もあって、何より格闘性能が抜群であることを強く求めた。そのために不可決な俊敏性を有する、きわめて軽量な機体の実現を求められた。それで欧米先進国には見受けられない空戦性に秀でた戦闘機が生み出されたのである。結果、完成した九六艦戦は航続距離、格闘性能、最高速度の三拍子がそろう戦闘機となった。

開発を後押しした山本五十六

昭和一一（一九三六）年一一月、九試は制式採用されて九六式艦上戦闘機と命名された。すると、昭和一二（一九三七）年七月七日に勃発《ぼっぱつ》した盧溝橋《ろこうきょう》事件に端を発する日中戦争で、その威力が遺憾なく発揮された。

その二カ月ほど後のことだった。朝食をとりつつ新聞を広げた堀越は、一面トップに掲載されている見慣れた九六艦戦の写真に目がとまった。そこには「南京上空で敵機三〇機を撃墜《げきつい》」との大きな活字の見出しが躍っていた。思わず堀越は「ほう！」と声を挙げ、普段は家庭では仕事については口にしないのだが、このときばかりは家族にその新聞を見せていた。出社すると、職場でもこの話題で持ちきりだった。

実戦で文句なく九六艦戦の強さを実証して見せたことで、設計主務者としての堀越の名は日本の航空界で一気に高まることになった。何しろ前記の日本航空史の時代区分の通り、「日本は九六艦戦をもって世界の水準に追いついた。あるいは追い越した」との高い評価を与えられることになるからだ。

堀越が「速度で世界のトップ」「格闘戦のチャンピオン」「世界の常識を破った戦闘機」「日本独特の戦闘機」「日本航空技術を自立させ」「以後の単発機の型を決定づける分水嶺」等々、自信に満ちた一連の言葉を吐くのも無理はないのである。

九六艦戦の画期的な高性能を知った陸軍は、このときばかりは面子をかなぐり捨て、これを念頭にした同じコンセプトの戦闘機を要求する競争試作を各メーカーに命じた。この結果、中島飛行機が試作したやはり超軽量で格闘戦が抜群の九七式戦闘機を制式採用し、それもまた日中戦争で大活躍するのである。

堀越は自分一人の世界に閉じこもって考え込むタイプでもある。とことんまで突き詰めていく「融通《ゆうづう》の利かない男」でもある。しかし、九六艦戦の成功によって自信を得た堀越は、それまで組織の中ではマイナスであった性格や姿勢をむしろポジティブに捉え、自分のスタイルを武器として、以後開き直ったように貫いていくのである。

海軍から突きつけられた高ハードルの要求

戦後の日本を代表するベテラン航空機設計者の鳥養鶴雄《とりかいつるお》（富士重工業）は指摘する。世界の航空史を検証すると、「過去の多くの事例では、軍やエアラインが細かく口を出した飛行機よりも、要求を簡潔に示し、技術者に自由に設計させた飛行機の方が傑作機になることが多い」

その最たる例が九六艦戦だった。優秀な設計者は、新しい技術動向については、軍人よりも詳しくて適確な場合が多い。これに対し、新型機を計画する発注者で使用する側（用兵）の軍は、どうしても過去の現実（戦績）にとらわれて、その延長上でメーカーに要求仕様を押しつけることになる。

設計者に自由度を与えたことで生まれた傑作機の典型例は、鳥養が指摘するように他にも以下のような軍用機がある。戦前ならば三菱の一〇〇式司令部偵察機、外国機では英デ・ハビランド・モスキート、独フォッケウルフFW190、米ムスタングP51など。戦後のジェット機時代では米ノースロップF5、ゼネラル・ダイナミクスF16などである。

九試単戦の試作にあたっては、山本五十六少将が艦戦としての性能を十分に引き出す目的で、設計者にかなりの自由度を与えた。「必要ならば空母の発着甲板を長くすればよい」と用兵側が譲歩する鷹揚な姿勢で試作命令を下した。これも設計者に思い切った設計をさせるためである。

昭和四一（一九六六）年六月に開かれた雑誌『航空技術』（一三七号）での座談会において、堀越もこのときの山本について語っている。「当時の航空本部の技術部長は山本五十六さんでしたが、この人は飛行機の素人だからよかったのですね！　我々の意見をよく聞いてくれました。飛行機の性能によって航空母艦の方を直すという方向に艦政本部と話し合って手を打ってくれたのです」（「航空技術懇談会『零戦を語る』」）。このため、堀越は種々の新技術を思い切って採用することができたし、総合的にバランスがとれて整合性がある設計を進めることができたのだった。

ただし、戦前の日本の軍用機では、このような例はまれだった。命令する立場にある用兵側は自分たちの面子もあって、頭ごなしにメーカー側にやたらに高い性能を要求するのが当然のことと思っていた。航空技術が急発展していただけに、その方がメーカー側は発奮して、より良いものを開発すると信じていたのだが、別な角度から見れば、かなり無責任な命令である。この意味では、九六艦戦の大成功の大きな要因は、良きエンジンの「寿」と航空機の理解者である山本少将との幸運な巡り合わせがあったことを踏まえておく必要がある。堀越が設計した一連の艦戦を評価する際、ここが重要なポイントとなるからだ。

九六艦戦が大成功を収めたことに気を良くした海軍は欲を出した。三年後の昭和一二年から着手する十二試艦戦（後の零戦）では、まったく逆の姿勢で臨んだのである。

さらなる高性能を期待して、あれもこれもと相矛盾する高い要求をメーカー側に突き付けた。がんじがらめにされた堀越は、これらの要求をどう克服するかで、悪戦苦闘を強いられるのである。

昭和一三（一九三八）年一月、海軍が三菱に示した十二試艦戦の計画要求書に関する官民合同の研究会が開かれた。海軍側は航空本部技術部長の和田操《わだみさお》少将、航空技術廠長の花島孝一中将、中国大陸の最前線で航空隊を指揮していた源田実《げんだみのる》少佐などが出席した。三菱は服部譲次設計課長以下、堀越ら四人と中島飛行機の関係者五人が出席していた。

この討議では要求書を作成した海軍側の人間がそれを裏付ける根拠などについて主に発言し、受ける側のメーカー側は黙しがちだった。このため、司会者はメーカー側に対して「設計側はどのようにお考えですか」と水を向けて意見を求めた。この高い性能ばかりがいくつも並べられている要求書はとても「受け入れられない」と思っていた堀越は立ち上がり発言した。

「世界を見渡しても、このたびの戦闘機に対する目標は、あまりにも高すぎるように思います。要求されている性能のうち、どれか一つか二つを引き下げていただけないでしょうか」。一瞬、会場には緊張した空気が流れたと堀越は記している。返ってきた答えは予想通り、「引き下げられない」だった。メーカー側はそれまでにも増して黙するしかなかった。

一グラムもおろそかにしない徹底的な軽量化

変更の望みを断たれた堀越ら十二試艦戦の設計チーム約三〇人の悪戦苦闘の日々は、ここから始まるのである。競争試作である十二試でのコンペティターは宿敵の中島飛行機だったが、要求性能のあまりの高さに辞退し、堀越率いる三菱だけがチャレンジすることになった。

堀越は「生やさしいやり方では全部を満足させるのはまず不可能」という認識をもっていたが、仮にそれを実現しようと試みるとどうなるか。そこから導き出されたのが、どの要求項目にも大きく影響を及ぼしてくる「最大の難関の重量軽減対策」だった。堀越の答えは「一グラムたりともおろそかにしない」「機材全重量の十万分の一までは徹底的に管理する」だった。

「大小の図面の合計は（中略）三千枚以上になった。私（堀越）は、十か月ぐらいにわたってできる図面全部に目を通してチェックし、こまかい指示を与え、必要があれば変更を指示しなければならなかった」（『零戦』）

零戦11型／三菱重工業

このとき部下の曾根は、計算班および構造班の二つの班長を兼ねる重要な役割を与えられていたのだが、インタビューで当時の様子を語った。

「確かに徹底して軽くつくって空戦性を相当な水準にもっていったことは事実です。堀越さんは、われわれ部下に対して、『とにかく重量軽減をしろ、極限まで詰めてみよう』と口癖のように毎日毎日徹底して要求していましたから。自分としてはこれで図面ができ上がったと思い、堀越さんのところに持っていって承認を受けようとすると、『ほぼこれでいいだろうと思うが、今一度もう少し考えてみようじゃないか』となるのです。それで、再度見直して、今度は大丈夫だろうともっていくと、また『うん、かなり良くなったと思うけど、でももう一回考えてみよう』となるのです。三回、四回も再検討することはごく普通のことでした」

やはり堀越の下で設計した堀越の一〇年後輩の東條輝雄は、そんな堀越を「根堀り越し、葉堀り越し」とやゆしたが、それは設計部員のみんなが陰で口にしていた言葉だった。

「零戦」の高性能を生み出した高馬力エンジン

このように設計され、試作された十二試艦戦は、昭和一四（一九三九）年四月、最初の試験飛行が行われた。「最初のころはあれほど苛酷に見えた計画要求書の時速五〇〇キロさえ、余裕をもって突破できることがわかった」のだった。

この後、海軍側からの申し渡しで、第一、二号機に搭載された三菱製「瑞星《ずいせい》」ではなく、「第三号機以降は、中島飛行機の『栄』12型エンジンを装備すること」（前掲書）となった。小型で軽量な高馬力のエンジンでは、中島が三菱をリードしていたからだ。「中島飛行機のサラブレッド」と呼ばれた傑作エンジン「栄」九五〇馬力の搭載で、十二試艦戦はさらに性能を増した。この頃、また欧米でもこれほど小型ながら一〇〇〇馬力近くを得られる高馬力のエンジンは見当たらなかった。「栄」は日本でもっとも多い二万一一六六台も生産されることになる。

堀越は九六艦戦では山本五十六との巡り合わせに加えて、中島飛行機製の「寿」との幸運な出会いがあった。零戦でも「栄」の出現があって、両機とも傑作エンジンに恵まれたことは運が良かった。堀越は、前記のようにエンジンは「死命を制するほど大切だ」とか「戦闘機ほど発動機によってその性能を左右される機種はない。従って発動機の選択は設計初期の一番重要な仕事である」（堀越と奥宮正武の共著『零戦』）などと再三にわたり強調している。ところが堀越の自著『零戦』には、なぜか傑作エンジンとの巡り合わせ（運）の良さを感謝する言葉は一言も見出せない。そこには狭量さが垣間見える。

このおかしさについて正面から指摘した人物がいる。この著作が書かれる四年前の昭和四一年六月に催された先の座談会においてである。海軍航空技術廠の部員として「栄」を担当、その審査やトラブル対策にも取り組んだ松崎敏彦元技術少佐である。もちろん、零戦の審査にもつねに立ち会って、堀越とも頻繁《ひんぱん》にやり取りしてきた。このときはいすゞ自動車専務であった。

座談会での話がかなり進み、エンジンについてもいろいろと話が出た。ところが、堀越は名機零戦が生まれた要因について、自らが考案した数々の独創的な技術のアイディアや取り組みを並べても、エンジンの貢献について一向に触れないし、一言もないのである。満を持してのように、松崎は口を挟《はさ》んだ。以下がやり取りである。

「しかし、私は零戦はやっぱり発動機の功績もあったと思いますね」

「勿論ありますよ」

「しかし、これは何も書かれていませんね」

「書いてあるでしょう」

確かに松崎が指摘するように、それまで様々な媒体で堀越が書いてきた零戦に関する文章には、エンジン「栄」の貢献についてほとんど触れていないのである。白を切る堀越を少し皮肉るように松崎はつづけた。ただ一般論として堀越が口にしていた「もっと良いエンジンがありせば、もっと良い飛行機ができたとね（笑）」

松崎の指摘は瑣末《さまつ》に思えるかもしれない。だが、航空機を少しは知る者、ましてや航空機設計者の立場にある者ならば、松崎の指摘は実にもっともである。たとえライバルの中島飛行機がつくったエンジンであっても、技術者なのだから〝純技術的〟な観点からそれにふさわしい評価をする必要があるのではないか。少なくとも客観的に見て、その貢献を一言でも触れてよいのではないか。仮に「栄」が出現しておらず、三菱製の「瑞星」のままだったなら、零戦はこれほどの評価を得られなかったはずだからである。

なぜ名機零戦が生まれたかの堀越の説明の仕方や評価は、いささかバランスを欠いた我田引水的な面があると言わざるを得ない。前記のように「飛行機の機体設計という仕事は、一人で全部に目をそそぐことが出来るから仕事として面白い」ことを知って、航空の世界を志したと堀越自身が語っているのだから、首を傾《かし》げたくなる対応である。

戦後かなりたって後の堀越は、礼賛され神話化されてきた零戦の流れに乗る形で、自己の独創性をことさら強調し披瀝して見せてきた、そんな姿が浮かび上がるのである。このことは、零戦に続く十四試局地戦闘機（十四試局戦、後の「雷電」）、さらには十七試艦上戦闘機（十七試艦戦、後の「烈風」）が失敗作に終わったこととも関係してくるのではないかと思われる。

「零戦」以降の航空機開発は失敗つづき

大成功だった九六艦戦や零戦の開発とは一転、昭和一四年から取り組む十四試局地戦闘機の開発以降、堀越は幸運の女神から見放され、苦渋の後半生が始まる。この頃、世界の航空先進国での戦闘機開発の趨勢は、九六艦戦や零戦が目指した小型超軽量化の方向性とは大きく異なっていた。大馬力エンジンを駆使してより高速性を発揮する重戦闘機の時代へと移っていたのである。

この傾向に沿って海軍が要求した重戦闘機の十四試局戦では、不運にも最適のエンジンが存在しなかった。念願だった自社の三菱製エンジン「火星」を搭載したものの、トラブルの発生に見舞われた。エンジンも外径が大きくて重かったため、機体は太胴となって空気抵抗も増加、パイロットの視界不良なども重なって、「失敗作」とされた。

つづく「零戦の再来」と期待された十七試艦上戦闘機は重戦闘機であるにもかかわらず、海軍は零戦で大成功を収めた夢を再び追った。小型で超軽量の軽戦闘機ゆえに可能だった格闘性能にとらわれ、固執したのである。加えて、相反する関係にある高い性能を例によってあれもこれもと並べて強く三菱側に要求したのである。海軍は設計に深く立ち入り、これを実現するために必要な翼面荷重の低減を三菱に命じ、その値までも決めてしまった。このため、機体も主翼も大きくて重くなり、自然と全体がアンバランスになってしまった。

昭和一九（一九四四）年五月初め、完成した十七試の試作機による初飛行が実施された。しかし、引きつづいて行われた各種性能試験では、海軍が要求する性能をはるかに下回った。

十七試には、これまた海軍の指定で、「奇跡のエンジン」と呼ばれるほど高評価を受けていた小型で高馬力（二〇〇〇馬力）の中島飛行機製の「誉」を搭載していた。ところが、「誉」が背伸びした設計に加え、戦時下での粗製乱造でトラブルが続出した。

「烈風」の試作機に搭載された「誉」を、三菱の社内試験で確認すると、「エンジンの保証値を二五パーセントも下回っていた」として堀越は海軍に申し立てたが、その主張は聞き入れられなかった。「私たち（堀越ら）の最後の設計となった『烈風』が、中島飛行機および海軍の無責任な対応によって台なしにされ、『失敗作』と決めつけられてしまった」。このため、堀越は「誉」を「罪作りな発動機」（奥宮正武との共著『零戦　日本海軍航空小史』）であったと批判している。その無念さが、対談時に「寿」や「栄」を評価しなかった理由になっているのかもしれない。

最終的に、十七試は十四試に続き、「望みなし」「失敗作」との汚名を着せられた。山本五十六の頃と違って、海軍の理屈に反した要求や、「誉」のトラブル多発、戦時下での悪条件は堀越の不運に輪をかける結果となった。十七試の第一次模型審査の頃、エンジン側の主任設計者として立ち会った中島飛行機の中川良一は語った。中川は堀越より九歳ほど若かったが、立場的には両者はメーカーを代表していて同格だった。

その席で、堀越は海軍関係者や中川らと一時間ほどやり取りした後、曾根に「細かいことは君がやってくれたまえ」と言い残し、さっさとその場を後にした。客である海軍が主催した重要な審査の会議で、メーカー側を実質的に代表する設計主務者のこのような振る舞いは常識的には考えられないことである。

中川は堀越とのやり取りについては遠慮がちで、言葉少なに語った。「いろいろとやりにくいことがありましたが……」と、堀越の性格から来る開発の難しさを漏《も》らすとともに、そのとき初めて目にした十七試の実物大模型（モックアップ）の印象についても語った。

「審査会場の様子はまことに異様でした。『十七試』を見たとき、これはひどいなあ、戦闘機でありながら艦上攻撃機よりも大きい。そんな機体にちょこんと小さな『誉』がついている。これでは性能はとても出ないなあと思いました」

中川はそれまでに、「誉」を搭載した大東亜決戦機と謳《うた》われた陸軍の重戦闘機「疾風《はやて》」や局地戦闘機「紫電改《しでんかい》」など、何種類もの新鋭機を見てきただけに、機体とエンジンのバランスに大きな違和感を覚えたという。中川の隣にいた、知り合いの中尉に話しかけた。「これでは性能はとても出ませんね」

「そうです。どうも矛盾だらけでね」とその中尉は応えたのだった。

この十四試、十七試と続く「失敗」そして「不採用」に至るまでの過程で苦しみ抜いた堀越は健康を害し、自宅療養することも多かった。弱り目に祟《たた》り目である。

戦争末期には性能不足を露呈

曾根はインタビューのとき、零戦の問題点を次々に挙げた。①防弾や火力の弱点、②機体重量の増加によって性能が低下した点、③エンジンのパワー不足、④軽量化の徹底で機体が華奢《きゃしゃ》になっていたため急降下時の速度制限をせざるを得なかった点。加えて、大量生産向きの設計になっておらず、生産に手間（工数）がかかったなどである。これらの理由で、「第一線機としての戦力価値が次第に低下してきた」と指摘する。

危急存亡の日米戦の最終段階ともなると、零戦は時代遅れの性能不足となってきた。日米開戦後の緒戦の段階で主力戦闘機として登場したP40やF4Fに代わって、アメリカがP38やF4Uのほか、零戦の対抗機種として開発したF6Fは、零戦の倍もある二〇〇〇馬力級のエンジンを搭載した新鋭機で、主力として第一線に大量投入してくるとともに、新戦術を採用して対抗してきたのである。

堀越自身も述べているように、一般的に「どんなにすぐれた戦闘機でも、平時で四年、戦時なら二年で旧式となり、通用しなくなってしまう」。零戦は開発から五年近くもたって旧式になっているにもかかわらず、これらすべての敵機を相手にして孤軍奮闘を強いられていた。十四試や十七試の失敗によって、期待される後継機は一向に登場してこない。零戦はねじ伏せられるように次々と撃ち落とされていった。

それでも零戦は敗戦まで生産がつづけられて、特攻機としても用いられるようになり、多くの若者を死なせた。堀越はつづっている。「なぜ零戦がこんな使われ方をされなければならないのか」

曾根も語っていた。零戦が神風特攻隊として敵艦戦にめがけて突っ込んで行き、それが美化される形で報じられるようになったとき、「情けなくて、こんな大勢の人が死ぬのなら、つくらないほうがよかった。設計しなければよかったという思いがこみ上げてきて、やりきれなかった」と振り返る。

昭和二〇（一九四五）年八月一五日の正午、三菱設計チームの疎開先である信州松本の郊外に間借りしていた堀越は、いつものように昼食は自宅で取るため、帰宅していた。朝のラジオ放送で「重大な放送がある」と告げられていたため、妻とともに正座し、終戦を告げる天皇の玉音放送を厳粛《げんしゅく》な思いで聞いた。堀越はそのときのことを後に自著の『零戦』につづっている。

「『これで私が半生をこめた仕事は終わった』と思った。それと同時に、長い苦しい戦いと緊張からいっぺんに解放され、全身から力が抜けていくのを覚えた。これで飛行機とは当分、いや一生お別れになるかもしれない。そう思うと寂しくて悲しかった。この十年間私たちは充実した日を送った。しかしその間、日本の国はなんと愚かしい歩みをしたことか」

「愚かしい歩み」と思った背景の一つには、日米開戦の報を聞いたときの正直な思いがあった。堀越は自身の米国滞在のほか、その後ライセンス生産時などの際、入手する様々な情報を通して、アメリカの国力とくに工業生産力がいかに巨大かを知っていた。それだけに「大変なことになったぞ」と咄嗟《とっさ》に感じた。日本はなんと馬鹿な決断をしたのかとの思いをもちつづけていたからであろう。

高性能の反面、量産には向かない機体

名機と呼ばれ、日本の航空史に残る「九六艦戦」「零戦」の両機と、失敗作とのレッテルを貼られた「雷電」「烈風」の両機との対称的な結果をどう見るべきであろうか。前者の二機は、堀越自身が述べているように、日本独特の戦闘機である①小型で超軽量の高速機、②長い航続距離、③格闘戦が滅法強い――という三つの長所をもつ軽戦闘機だった。これに対して、後者の二機は、重量も大きさもある、世界の主流であった重戦闘機である。

「零戦の開発とは、九六艦戦などですでに存在している理論での極限を追求したということが主であったと思います。零戦という高性能機がいきなり出現したのではなく、零戦の革新技術のほとんどはすでに九六式艦戦で培《つちか》われていたのです」。この両グループを比較するとき、曾根がインタビュー時に強調していた興味深いこの言葉に着目すると、次のような解釈ができる。

欧米の航空先進国では、日本ほど格闘性能にこだわらなかった。エンジン馬力の向上とともに、早くから軽戦闘機から重戦闘機に重点を移していた。ところが、日本では九六艦戦が世界の水準を超えるほど格

闘性能に優れていたため、海軍はその魅力に取りつかれ、世界の趨勢であった重戦闘機への本道ではなく、軽戦闘機を開発する脇道へと突き進んでいくことになったのである。

先にも述べたように、零戦に搭載した「栄」エンジンもまた輪をかけたように軽量小型を最優先する極限を目指した設計だった。このため、制式採用後に着手すべき馬力向上は、必然として余裕をもたせた設計にする欧米のエンジンと違って、その数十分の一の三パーセントしか馬力アップができなかった。しかも零戦自体も極限設計で余裕も伸び代も少ないため、その後の改造や性能向上を著しく難しくしていた。

このように、海軍が理不尽で非合理なきわめて高い三つの性能を要求し、それを堀越の涙ぐましいばかりの努力で実現した零戦は確かに名機であって、一時は欧米機を圧倒した。

だがそれは後に、強力なエンジンの高速機による新戦術でねじ伏せる欧米の強者の論理とは違い、ハンディをもつ後進国の弱者が極限まで突き詰めて光明を見出した窮余の策であって、その実は、発展性が限られた行き止まりとなる傍流の技術でもあった。

堀越自身、「これ（九六艦戦）以上のものは当時の産業水準から考えて限界というのが実感でした」（『印刷界』一九七八年八月号）と認識していた。常識的にはとても無理と思われるほど高い要求性能の十二試（零戦）だったが、「機材全重量の十万分の一までは徹底的に管理する」といった、堀越の異常なほどのこだわりが実現させたと言えよう。

この日本独特の戦闘機の高性能を前述の通り、堀越は自ら絶賛していた。しかし、それは極限を目指す道である。このため堀越は極限まで軽くする必要性から、「生やさしいやり方では不可能」と見て、量産性（つくりやすさ）を犠牲にせざるを得なかった。例えば、胴体内はもちろんのこと、翼のリブ（小骨）やその他の小部品にまで、これでもかと中抜きの丸い穴をあちこちに開けるなど、手間暇（工数）がかかる手作り品のような設計をした。生産効率は悪くなるが、そうでもしなければ海軍が強く要求する高性能の軽戦闘機を実現できないからだった。

しかし、それは、量産を前提とする効率的な近代兵器の設計思想とは真逆の考え方であった。この選択と直接関係するか否かは判断できないが、研究者タイプで超エリートの堀越は、工場現場の泥臭《どろくさ》さが伴う工作技術についてはあまり詳しくなかったと言われている。堀越が常々口にしている言葉がある。「技術者の仕事というものは、芸術家の自由奔放な空想とちがって、いつもきびしい現実的な条件や要請がつきまとう。しかし、その枠の中で水準の高い仕事をなしとげるためには、徹底した合理精神とともに、既成の考え方を打ち破ってゆくだけの自由な発想が必要なこともまた事実である」（『零戦』）

堀越の設計は、この自らの考え方である「合理精神」に反し、否定すべき芸術品をつくりだすような道へと突き進まざるを得ない自己矛盾があった。ただ、このような異常とも言えるほど徹底した世界にまで突き進んだ末に誕生した零戦であるがゆえに、軽業師かのように自由自在に操れて、パイロットを魅了したのではないか。また、そのような姿が今日まで、日本人をひきつけてやまないのだろう。

堀越が抱えていた強い自負とエリート意識

堀越には異常と思えるほど徹底して突き詰める孤高の姿がある一方、東京帝大航空学科卒という強烈なエリート意識があった。それも入試競争率が文系の約一〇倍だった一高の理系で成績トップとなり、主席のまま卒業。東京帝大航空学科でも主席だったし、出身は名望のある家柄だった。

入社後は自らが設計した「九六艦戦は、まさに日本航空技術を自立させ、以後の単発機の型を決定づける分水嶺となった」とする強い自負も抱き、つづく零戦でも大成功を収めた。三菱の組織の中では、堀越の性格からしても、同僚たちが気さくに声をかけることをためらう特異な存在となっていたのではないだろうか。

堀越が好む言葉としてしばしば本人が引用する「ヘリコプターの父」と呼ばれるイゴール・シコルスキーの言葉がある。「自分の仕事に根深くたずさわった者の生涯は、一般の人の生涯よりも激しい山と谷の起伏の連続である」。その後、自らの体験から得た言葉をつづける。「大きな仕事をなしとげるためには、愉悦よりも労苦と心配の方がはるかに強くて長いものであることを言いたい。そして、そのあいまに訪れる、つかの間の喜びこそ、何ものにも代えがたい生きがいを人に与えてくれるものである」（前掲書）

自分が舐《な》めてきた辛酸の日々や、自身の心の奥などは誰にも理解はされないといった、設計主務者が味わう孤独の深い影が漂う言葉である。ごく一般的なビジネスマンであっても、仕事とは「労苦と心配」の連続である。だが、激動の昭和において国の命運を担いつつ、兵器としてもっとも先鋭的な戦闘機の設計主務者として精いっぱい突っ走り、疲れ果てた堀越の言葉であるだけに、様々な想像を巡らすことができる。

シコルスキーはもともと航空技術者としてロシアの航空界を先導して称賛を浴びた。ところが、ロシア革命の勃発で祖国を後にして、アメリカに移住した。それからは裸一貫で苦労を重ね、航空機製作会社を興して「ヘリコプターの父」と呼ばれるまでに成功するという波乱の生涯を歩むのである。堀越は、そのようなロシア人亡命者で、アメリカでは異邦人として長く苦渋を味わってきた天才的なシコルスキーの姿と、自身の有り様を重ね合わせていたのであろう。

米国から逆輸入された「零戦」の高評価

敗戦後、間もなくして堀越は松本を離れることになった。このとき四二歳である。九月になると、予想していた通り、ＧＨＱ（連合国軍総司令部）が発した「航空禁止令」によって、航空関係の研究、生産など一切の活動が禁止され、すべてが否定された。〝陸へ上がったカッパ〟になったのである。

松本に疎開していた航空技術者たちは数グループに分かれて、全国の各事業所に散っていった。主要な設計者たちは主に自動車関係に従事することになる。戦後の三菱における平和産業の中核として自動車を育てたいとの狙いがあったからである。堀越は戦中の過労から肋膜《ろくまく》にかかって、数カ月ほど群馬県の家族の疎開先で療養した。その後、旧三菱グループの一工場であった古見機器製作所の技術部長として、リヤカーや荷車、やがては水田の草刈り機や脱穀機などの農機具、さらには冷凍庫などの製作に取り組むことになった。

試行錯誤で何とか使えそうな製品をつくったが、言わば金に糸目をつけない性能第一主義の軍用機づくりとは勝手が違っていた。コスト高で利益は上がらず、販路も思うように開拓できなかったのである。結局、事業としては成り立たず、堀越の奮闘もむなしく、昭和二五年（一九五〇）年一一月にはこの工場を閉鎖することが決まった。世界に誇る九六艦戦や零戦はつくり出したが、売れる農機具や冷凍機はつくり得なかった。それは多くの元軍用機設計者がたどる失敗の道筋であった。「雷電」や「烈風」の開発の失敗につづき、民生品での事業でも挫折を味わっていた。

逆境にあった堀越に追い打ちをかけるように、これまでとは違った苦しみが襲《おそ》うことになる。戦前に軍用機を設計した兵器技術者として航空技術者が厳しい批判にさらされたからだ。戦争に積極的に加担したとしての戦争責任である。もちろん、堀越だけではなく、すべての航空（兵器）技術者も同様だった。

ただし、堀越の場合、日本を代表する軍用機の零戦を設計した航空技術者である。しかも、それが特攻兵器としてもっとも多く使われて、大勢の若者を死なせただけに、ジャーナリズムなどでやり玉に挙げられて批判の矢面に立たされた。それは技術者の責任ではなく、そのような使い方をした用兵側の軍にあるのは明らかだった。だが、堀越は「少年時代からどちらかというと口べたではにかみ屋であった。私の武器は、納得がゆくまで自分の頭で考えることだった。裏づけのない議論のための議論はきらいで、実物と実績で見てもらいたいという主義だった」（『零戦』）。こうした性格の堀越だけに、企業人であることの立場性も含めて、的確な反論がうまくできないもどかしさもあっただろう。

昭和二七（一九五二）年三月、占領体制の終わりを告げる対日平和条約が発行、「航空解禁」となった。この頃になると、それまで航空禁止下で抑えられ、情報に飢えていた航空機好きや戦記物好きが、次々と発刊される航空雑誌を待ってましたとばかりに飛びついた。雑誌社は、かつての主要な航空技術者を訪ねて、戦前・戦中の軍用機の開発談を訊き出し、派手なタイトルで目を引くという誌面づくりをした。

そこでもっとも高い人気を得たのが、日米開戦からしばらくは向かうところ敵なしだった零戦であり、その設計主務者の堀越二郎だった。人気を更に高めたのが、一二月に発刊された堀越の共著『零戦　日本海軍航空小史』である。主に書いたのは海軍航空参謀だった奥宮正武元中佐で、堀越は仕事の忙しさを理由に資料提供が中心だった。この『零戦』が思いがけないベストセラーになった後、堀越はそれまで断っていた雑誌などへの執筆を始めることになる。

ただし、零戦人気の火付け役は、昭和二五年六月に勃発した朝鮮戦争において、前線基地となった日本に渡って来て、太平洋戦争時にも活躍していた米軍機のパイロットたちだったと言われている。日米戦の緒戦の頃は「ゼロを見たらまず逃げろ」と言われているほど、零戦は空戦で強さを発揮した。零戦を相手にした彼らパイロットたちが、日本に来て絶賛し、その言葉が広まったのである。外国人に評価されてあらためてその価値に気づく日本でよくあるパターンである。

とはいえ、当時は「防弾なし、人命無視の零戦の設計思想」「特攻機として使われ、多くの若者を無《む》駄《だ》死《じ》にさせた」といった批判も強かった。中島飛行機と並んで軍用機開発を推し進めてきた三菱としては、平和産業への転換を掲げている最中だけに、兵器廠《へいきしょう》としてのイメージは払拭《ふっしょく》したい。当時は今と違って、「零戦をつくった男・堀越二郎」について、あまり騒がれたくないという雰囲気があったのではないか。

また、堀越自身も不器用な性格だけに、時代の変化や組織内の自身のステータスに応じて、自分を変えて適用させていく器用さは持ち合わせていなかった。堀越の部下であった曾根や久保富夫、東條輝雄らはポストを昇り詰めて、社長、副社長、その他役員などの要職を皆占めることになる。それにひきかえ、堀越は新三菱重工業本社調査役や、航空機生産を再開した名古屋製作所技師長など、会社組織のメインラインから外れた名誉職に就いていていた。

こうした点および、かつての部下たち三人が自動車部門でも活躍して、いずれも三菱自動車工業の社長にまで昇進したことについて、堀越の長男、雅郎は語っている。「やっぱり歳の関係とか、体が丈夫だったとか丈夫じゃないとか、現場向きとか現場向きじゃないとか、そういうところがあったんじゃないんでしょうか。だから父も、もしオファーがあれば、自動車に転身したと思いますけどね」(『堀越二郎と零戦』)。戦前、航空技術者として天才ぶりを見せつけた彼も、戦後はその能力を十分に発揮できる場が与えられなかったし、彼自身も自らの姿勢を変えようとしなかった。

「YS—11」開発で再びスポットライト

堀越にスポットが当てられ、胸を張って登場できる舞台が用意された。昭和三一(一九五六)年頃から、通産省の航空機武器課が主導して、動きを本格化させた中型国産旅客機を開発するプロジェクトである。後にYS11と命名されるこの事業の底流には、「戦前の航空機王国の夢をもう一度」とする、かつての旧航空機メーカーや航空技術者たちの強い願望があった。

「日本の空を、日本の翼で」「航空機工業ダイヤモンド論」などを合言葉に、旧航空機メーカーや学会などを含む産官学による一大国策プロジェクトとしてスタートした。このとき、もっとも国民の注目を集めたのが、YS11の基本コンセプトを決める技術委員会の顔触れだった。前記の国民受けするスローガンを生み出した役人らしからぬセンスの持ち主、赤澤璋一《あかざわしょういち》航空機武器課長は、政治家や国民の関心を集めようと絶妙の人選をした。

彼が選んだ五人は、同じ昭和二年東京帝大卒の三人、木村秀政日大教授、堀越二郎、川崎航空機の土井武夫に加え、新明和興業（旧川西航空機）の菊原静男、富士重工業（旧中島飛行機）の太田稔を加えた五人だった。いずれも戦前の旧航空機メーカーを代表する主任設計者で、戦前には航研機、零戦、「飛燕《ひえん》」、「紫電改《しでんかい》」「隼《はやぶさ》」などの名機をそれぞれ開発していた。マスコミは彼らを、少し前に大ヒットしてベネツィア映画祭で銀獅子賞を受賞した黒澤明監督の『七人の侍《さむらい》』にあやかって「五人のサムライ」と名付けた。彼らは映画になぞらえた、救国の士とされたのである。

この五人のサムライの中で、もっともその名が広く知られていたのが堀越だった。それだけに、何かとマスコミに引っぱりだされることになった。この頃、堀越は東京大学工学部の非常勤講師ともなっていた。こうした状況の中で、昭和二〇年代とは異なり、堀越は自信を持って零戦をポジティブに語る姿が目立つようになっていた。かつて堀越が、九六艦戦を「日本独特の戦闘機」と誇っていた頃と同じように、零戦は日本人が生み出した独創性の象徴であると強調していた。

マスコミも堀越を、世界に誇る独創的な零戦を生み出した戦前の日本を代表する技術者として祭り上げるようになっていた。いつのまにか、堀越はその流れに乗る形で、絶対的な自信を深め、プライドをのぞかせるようになっていた。名誉職となっており、会社とも一定の距離を置いていたため、マスコミに登場することにもさほど抵抗感はなかったようである。

ところが、五人のサムライによってつくられたＹＳ11のコンセプトは、マスコミ受けと予算取りのための〝バラ色の計画案〟だった。業界関係者の大方の予想に反して、予算取りに見事成功、実際に開発する段になると、事業の母体となる半官半民の特殊会社・日本航空機製造（日航製）が創設された。そこでは、

ＹＳ11の開発を引き継いだ若手たちによって当初のプランが一からやり直しとなり、新たな計画づくりが行われた。その若手のリーダーが、昭和一二年東京帝大航空学科卒の東條輝雄（東條英機の次男）だった。かつては堀越の下にあって、零戦の設計に従事していた。

五人のサムライは、若手設計者たちの相談役またはお目付役となった。若手はいずれも日本の大手航空機メーカーから出向してきた技術者たちで、とくに主要な若手設計スタッフたちは、後に自身の母体企業に戻るが、彼らはいずれもその後、役員クラスに昇り詰めるのである。そのうちの十数人にインタビューして、堀越の印象について話を聞いたことがある。ＹＳ11の設計そして試験飛行の段階では、五人のサムライも時々顔を見せたり、意見交換もしたりしていたからだ。

戦後に大学を出た当時の若手たちが口をそろえて言うのは、五人のサムライの一人である「土井さんとはざっくばらんな会話をしたり酒を飲んだりしたことがあるが、堀越さんとの間ではほとんどコミュニケーションが成り立たなかった」

若手を代表する一人で富士重工業の幹部となる鳥養鶴雄は、かつて「軍国少年」「飛行機少年」だっただけに、堀越の共著『零戦』が発刊されるや、すぐに買い求めて、これをむさぼるように読んでいた。旧中島飛行機の富士重工業に入社し、日航製に出向することが決まったときには、「あの偉大な堀越さんに会えるし、指導もしてもらえる」と期待に胸を膨らませていた。ところが現実はまったく違っていた。

「実際に接した堀越さんは、この子供たちに何がわかるのかという態度で、ほとんどコミュニケーションが成り立ちませんでした」

川崎航空機（川崎重工業）の幹部となる園田《そのだ》寛治《かんじ》は「堀越さんはちょっと冷たくて、近寄りがたいところがある人だった。軍用機や戦闘機では一番自信があったんでしょうが……」と語った。昭和一六（一九四一）年、東京帝大航空学科卒で零戦の機銃などの設計を少しばかり手掛けた新三菱重工業の佃泰三《つくだたいぞう》は、日航製で主査という立場だった。彼はこう感想を述べた。「堀越さんはむしろ学者といった方がいいのではないでしょうか」

通産省航空機武器課の課員でＹＳ11を担当、堀越を担ぎ出した堀江寛も戸惑いを隠さなかった。「とにかく細かいことを気にする人だった。みんなが集まった会議の席では、ちょっと非常識というか、どうしてこんな場でこんなことを質問するのだろうか。と思うようなことを、何の遠慮もなくケロッと口に出されて首を傾げたことがよくありました」

若手設計者に対する冷淡とも思える態度

一方、文藝春秋の勧めで『零式戦闘機』を書いたノンフィクション作家の柳田邦男は、インタビュー時の堀越の印象について抑制気味に記している。「眼鏡の奥におだやかな笑みを浮かべて、こちらの挨拶にこたえた。（中略）往年の設計者の神経を感じさせるものを漂わせているが、低い声でとつとつと話す物静かな口調は、戦闘機の設計者というイメージからはほど遠い。（中略）記録や評価に正確さと厳密さを求めようとする技術者の意識を表象しているようにさえ見えた」

もう一人、印象を語るのは、大正一一年生まれの戦後を代表する科学技術評論家、星野《ほしの》芳郎《よしろう》である。戦前も含めた技術史を得意とし、どちらかと言えば技術の負の面にもスポットを当て批判的な論を展開してきた。その星野が語る堀越の印象も柳田と似ていた。「昭和一桁世代のエリートで、西洋的な雰囲気をもった、穏やかな品のいいリベラルな紳士という感じだった。受け答えも丁寧で、大変魅力的な方でした」

両人とも、独特の雰囲気と風格を持ったオールドリベラリストとも言える堀越に尊敬のまなざしを送っている。日航製の部下たちとこの二人が感じた堀越に対する印象の違いについて私なりに考えてみた。未《み》曽《ぞ》有《う》の時代だった戦前・戦中の頃は、海軍の理不尽な要求を突き付けられる中、国の命運を担い、「一グラムたりとも」というほど細かい点までもこだわり、身を切るような思いで航空機開発を進めてきた。

そうした悪戦苦闘した苦い経験が心の奥底に深く刻み込まれているだけに、この時代に無縁で理解もできないであろう、若い航空機設計者たちを目の前にすると、無意識のうちにも冷たくあしらっていたのではないか。鳥養が感じたように「この子供たちに何がわかるのか」「航空機開発とはそんな甘いものではない」との思いがあったはずである。

確かに、戦前に軍用機開発を担った航空技術者たちの誰もが、程度の差こそあれ堀越と同様な思いや傷痕を引きずりつつも、割り切ってあるいは胸の奥底に収めつつ戦後を生き抜いていった。しかし、堀越の場合は、生真面目で「融通性のない」突き詰める性格だけに、彼の同僚や部下たちと同じような振る舞いはできなかった。設計主務者としての戦中の苦しい体験や零戦批判で負った深い傷やトラウマを乗り越えて人格を再構築したが、戦後の時代にスマートに順応できるほど器用でもなかった。一方で、このように不器用な自身の性格を覆い隠すように、九六艦戦や零戦などで得た名機設計者としての名誉や誇りを自身の拠り所にして、昭和三〇年代以降、胸を張り自信たっぷりなように演じていたのではないだろうか。

大学時代からの五八年来の親友である同窓の木村は、堀越の何もかもを知り尽くしているゆえに、追悼文において的確な指摘をしている。「堀越の生涯で、いちばん脂の乗った、充実した時期は七試艦戦の着手からゼロ戦完成までのおよそ一〇年間ではなかっただろうか。この時期彼は自分のもつ技術力を使いつくして、九六艦戦、ゼロ戦という二大名機を完成させた。彼は技術者として、最高の素質と環境にめぐまれ、思う存分自分のしたい仕事をした」(『読売新聞』一九八二年一〇月二八日付)

その意味では、九六艦戦そして零戦を開発した時点において、すでに堀越は航空機（軍用機）設計者として半ば燃え尽きていたのではないか。見方を変えれば、それほどまでに堀越はこの両機に自らもてるもののすべてを投入したように思えるのだ。

第二章　航空機産業の復活に尽力した「ＹＳ—11」の開発リーダー

東條輝雄（元三菱重工業副社長、元三菱自動車工業社長）

●とうじょう・てるお／大正三（一九一四）年〜平成二四（二〇一二）年。東京都出身。東京帝国大学航空学科卒業。昭和一二（一九三七）年三菱重工業入社。名古屋航空機製作所時代には堀越二郎率いる零戦の開発チームに配属される。戦後は日本航空機製造に出向、「ＹＳ11」の開発リーダー役を務める。三菱重工業副社長などを経て、三菱自動車工業社長就任、同社会長、相談役などを歴任する。

「ＹＳ—11」開発の内実を取材依頼

今から二〇年ほど前、元三菱重工業副社長で三菱自動車工業の社長、会長も歴任してきた東條輝雄宛てに一通の手紙を出した。東條はＹＳ11の開発責任者で設計部長だった。

拙著の『ジェットエンジンに取り憑かれた男』も同封しての、インタビューの申し入れである。戦後初の国産旅客機ＹＳ11の開発の発端《ほったん》から、この事業主体である半官半民の特殊会社・日本航空機製造（日航製）の解散に至るまでの経過について主にお訊きしたい。加えて、航空技術者としての人生についても伺いたいと要請した。

国民の期待を一身に浴びながらオールジャパン的な体制で取り組んだＹＳ11は、戦後初の国産旅客機である。一八二機を生産して、その内の七五機を輸出した。その機数だけに着目すれば、当時、このクラスの旅客機としてはかなりの成功の部類だった。ところが高コスト体質だったため三六〇億円もの大赤字を出して、生産はわずか一〇年に及ばずに終了し、事業を解散せざるをえなかった。

東條輝雄

では、経営の問題とは何だったのか。その真相はオープンにされないまま伏せられていた。それらを、当事者たちの証言と資料によって明らかにして検証し、一冊にまとめたいと思ってのインタビュー要請だったのである。

正直なところ、インタビューは断られる確率がきわめて高いと予想していた。その主な理由は三つあった。

第一に、当時この事業は、天下りや親方日の丸体質でコスト意識が希薄《きはく》だったことなど、様々な問題を内包していて、その内実に触れることは、業界で一種のタブーとされていた。このため、主要な関係者らは一様に口を閉ざしていた。またＹＳ11の全体像について書かれた著作はなかった。

第二に、いろいろと調べても、零戦やＹＳ11などにかかわった航空技術者としての人生について、またその舞台裏までも赤裸々に語った歴史的な証言となる東條への本格的なインタビュー例はほとんど見つからなかった。戦前の頃はなおさらで、皆無《かいむ》に近い。それには、東條ならではのきわめて特殊な理由があることは十分に推察された。

彼は、日米開戦を決定したときの首相兼陸相、内相である東條英機の次男だった。昔から私は様々な昭和史の著作を読んできた。その中に、東條英機の夫人や家族について書かれた重要な著作が二冊あった。佐藤《さとう》早苗《さなえ》が書いた『東條勝子の生涯　〝Ａ級戦犯〟の妻として』と、長男・英隆《ひでたか》の娘である岩浪由布子《いわなみゆうこ》（東條由布子）が東條家について書いた『一切語るなかれ　東条英機一族の戦後』である。前著は東條の妻・勝子《かつこ》が晩年になって、自身の生い立ちや、夫・東條英機および家族と共に歩んだ大正、そして激動の昭和の時代について詳しく語っており、その中で次男として輝雄も父や母について語っている。これらが東條自身のことについて語った唯一の証言であると思われる。これらの二冊にあらためて目を通した。

岩浪はその中で記している。「戦後、東條家の人々は『弁解するなかれ、沈黙を守るべし』という祖父（東條英機）の遺言に従って、一切マスコミに対して口を閉ざした。何を書かれようと反駁する事は許されなかった」。東條への取材依頼に際し、これらの言葉を意識せざるを得なかった。

第三に、著名な作家の柳田邦男の『零式戦闘機』や、三巻本の大著『零戦燃ゆ』の「あとがき」には、それぞれインタビューした三〇人および二〇〇人余の関係者の名が列挙されている。ところが、重要人物の一人であるはずの東條の名はその中に見出すことができなかった。

ＹＳ11／海上自衛隊

「超売れっ子の柳田邦男でもインタビューができないのならば、ましてや駆け出しに近い物書きの私など、とてもＯＫはしてもらえないだろう」と悲観的な見方をせざるを得なかった。
ＹＳ11事業の中心人物で、その裏も表もすべてを知る東條へのインタビューが実現しなければ、この企画は中止すべきであると決めていた。この場合、数年を費やして集めた膨大な資料は眠らせることになって無駄骨《むだぼね》になるかもしれない。このような不安と期待を交えながら、手紙に記した「届いて数日後に電話」を入れた。簡単な自己紹介的な言葉と、あらためてインタビューの主旨を伝えると、受話器の向こうから、七七歳とは思えないほど歯切れの良い言葉が返ってきた。
「もうそろそろ、ＹＳ11も歴史の記録としてちゃんと残しておかなきゃいかん時期だろう。おれがしゃべらんと、若い連中（当時の部下たち）もしゃべれんだろうから、何でも訊いてくれ」。それまで頭にあった大きな不安がいっぺんに吹っ飛び、肩の力がフッと抜けて安堵《あんど》する思いだった。

航空機産業発展に必要な民間機開発

東條宛ての手紙には、なぜこの時期に、ＹＳ11について原稿をまとめて発刊するのか、その意図と日本の航空機産業を取り巻くマクロ的な認識もごく短く記していた。

一九八〇年代末、日本はバブル経済の真っ只中にあった。「ジャパン・アズ・ナンバーワン」などと持ち上げられ、「もはや技術においてアメリカに学ぶべきことはない」といったおごりの言葉すらジャーナリズムにおいて目にするようになっていた。

「自動車摩擦《まさつ》」「半導体摩擦」が騒がれ、日米関係はぎくしゃくしていた。この関係性は、自ずと防衛分野にも浸透し始めていた。業界はＣＣＶ機能（コンピュータや各種センサーを駆使した操縦装置が飛行形態を定めた航空機）も、レーダーに捕捉されにくいステルス性も備えた「〝平成のゼロ戦〟（次期支援戦闘機ＦＳＸ）を自主開発する」と勇ましくぶち上げた。その予想図と解説記事がまことしやかに新聞の紙面を飾っていた。「日本の戦闘機技術はここまで高い水準に達している」と声高に喧伝して、内外に強くアピールしていたのである。

それは予算取りを念頭においた過大宣伝の色合いが強かったが、結果的にアメリカを大いに刺激して、やぶ蛇の効果をもつことになった。だがこの頃、防衛関係者らは気づいておらず、アメリカに対する甘い見方を抱いていた。

そのＦＳＸが米国議会でやり玉に挙げられ、猛反発を生んで「戦後最大の日米防衛摩擦」「日米ハイテク摩擦」に発展した。結局、米国側のごり押しで日本の自主開発路線はつぶされて、日米共同開発（日本が六〇、アメリカが四〇の比率）の形態を飲まざるを得なかった。日本側の完全なる敗北である。

『週刊朝日』の連載などで、このＦＳＸ問題に関してかなり突っ込んだ取材をした私は、この結果を受けて結論づけた。「戦後の歴史からして、対日本との国防や安全保障においてアメリカは決して妥協したり譲ることはなかった。ましてやアメリカにとって外貨の稼ぎ頭である兵器（戦闘機）ならばなおさらだ。今度のＦＳＸ問題でアメリカは、日本が実戦配備（量産）する最先端の戦闘機の自主開発を決して許さないというメッセージをはっきりと示した」

言わば、いい年齢になってきて、親分から少しばかり独り立ちし、独自の道（戦闘機の自主開発路線）を歩もう（稼ごう）とすることを決して許さないとして、親分は頭を押さえつけたのである。日米の力関係からして、これから先も跳ね返すことはとても無理であろう。

日本が航空機産業を今後とも発展させようとするならば、民間機分野への進出をより強める必要がある。期待される一つに現在進行中のボーイングとの共同開発事業がある。しかし、この事業の内実はと言えば、当事者たちも口にするように、事実上の下請け生産である。今後、ボーイングとエアバスとの競争が熾烈《しれつ》化《か》した場合、コストダウンの要求がより一層エスカレートする可能性がある。そのコストダウンに応じられなければ、日本よりも人件費が安い新興国に生産が取って代わられる恐れが出てくる。下請けはあくまで下請けの立場なので、発注側の考え方一つで判断が決まってしまう受け身の立場である。

もちろん、航空機生産はハイテクの頂点に位置するとも言われ、品質や信頼性で問題が起こると、民間機ビジネスでは致命的となる。巨額の損失を生み出すとともに、一番重要な信用を失うからだ。たとえ人件費が安くても、安易に新興国へとアウトソーシングすることには大きなリスクが伴うため、それがいつの日になるかはわからないが。

このような見通しをもつなら、誰しも思うであろう。中・大型機が主であるボーイングの虎の尾を踏むことがない小型の民間機市場ならば、軍用機とは違って市場原理が一応ははたらいている。ＦＳＸのように米国からあからさまに頭を押さえつけられることもない。もし、その道を目指すならば、かねてから政府やこの業界が検討を進めてきたＹＳ11の後継機、ＹＳＸを何としても早く実現にこぎつけるべきだ。

ところが、その頃の業界の現実はどうか。経営的に失敗したＹＳ11のトラウマをいつまでも引きずっている。メーカー間、通産省および大蔵省の足並みがそろわず、またリスクを怖れて、計画の実現に展望が見出せないままである。

ならば第一に何をすべきか。まずはタブー視されているＹＳ11の内実をオープンにして、何が問題で何を克服しなければならないのかを検証する。次に日本の航空機産業が目指すべき道筋を明確にする。この手順を踏むことで、開発のトラウマから少しでも解放され、再出発の第一歩が踏み出せる。このようにして業界および国全体としての航空機開発のコンセンサスを得られるようにすべきだと考えたのである。

物書きとしての私が描いた勝手なシナリオに東條が賛意を示したか否かは別として、ともかくきわめて難しいと思われていたインタビューが実現することになったのである。少々、前置きが長くなってしまったが、ともかく勇み立ち、あらかじめ用意していた百数十項目にのぼる質問のリストをもって、東京・田町にある三菱自動車工業本社の顧問室に向かった。

三菱入社半年後、「零戦」設計チームに配属

東條は、昭和一二（一九三七）年に東京帝大航空学科を卒業して三菱重工業に入社。半年の研修を経て、開発がスタートして間もない零戦の設計チームに配属、設計主務者・堀越二郎の下で主に零戦の性能および構造計算を担当した。その後、陸軍の傑作機と言われる大型双発機、四式重爆撃機「飛龍《ひりゅう》」なども設計。戦後はＹＳ11や自衛隊初のジェット輸送機Ｃ１、三菱のビジネスプロペラ機ＭＵ２、同ビジネスジェット

機ＭＵ３００で指揮を執った。ほかにも日本初となるボーイングとの国際共同開発事業の７６７では、リーダーシップを発揮して実現にこぎ着けた。

昭和五四（一九七九）年六月、東條は三菱重工業の副社長に就任。翌年六月には三菱自動車工業に横滑りして三菱重工業の取締役を兼任しつつ副社長となり、一年後には社長に就任。その後、会長を経て、このインタビューの際は、顧問に退いていた。

私はいざインタビューがＯＫとなったとき、昭和史における父・東條英機の性格やイメージがちらつき、その次男であるとの先入観にとらわれていた。たぶん、「堅苦しいやり取りになるのでは」などと勝手に思い込んでいた。しかし、顧問室で相対すると、まったくそんな杞憂は吹っ飛んでしまった。東京生まれだけに、ときには江戸っ子的なべらんめえ調のユーモアも交えながらの率直で実質的なやり取りに終始したからだ。

トップを経験した経営者にありがちな、もったいぶった言い回しやまことしやかな口調は一切なかった。歯切れがよく、終始スマイルの表情で答えてくれた。それも、こちらの考えや質問の狙い、意図を十分にお見通しのようで、それを推し量る形でのやり取りとなるため、インタビューはスムーズに進んでいった。突っ込んだ際どい質問にも、口を閉ざしたり言葉を濁《にご》したりすることもなかった。その口調と記憶力は年齢をまったく感じさせず、「実に緻密《ちみつ》な頭脳の持ち主で、言葉に無駄がなく、バランス感覚に優れている」というのが正直な感想だった。

ときには、「その理解はちょっと違うんじゃないか。実際はこうだったはずだからね」と、やんわりと質問が否定されたりすることもあった。インタビューは長時間におよんだが、とりあえず東條の人となりが想像できるようなエピソードを数例紹介しておこう。

零戦開発チームの主務設計者・堀越二郎は、同じ東京帝国大学航空学科の一〇年先輩だった。新入社員

「烈風」

の東條は堀越から厳しく鍛えられて影響を受けていた。またYS11の開発時は、お目付役の顧問的な存在でもあった。それでも敬意は表しつつも、やや第三者的な視点から冷めた人物評を口にした。

堀越は、「一グラムたりともおろそかにはしない」として、徹底的に軽量化にこだわった零戦の設計において、右腕の曾根《そね》嘉年《よしとし》や東條が描き上げて提出する図面に対しては、さらに再検討することを求め、「今一度、考えてみよう」と何度も突っ返していた。

「細かいことまで一つひとつチェックする堀越さんの下で仕事するのは大変だったでしょうと、よく言われるが、ある面では扱いやすいといえば扱いやすいのです。何しろみんな堀越さんのことを〝根堀り越し、葉堀り越し〟と呼んでいましたが、とにかくスジはしっかりお聞きになる。だから、スジさえちゃんと通っていればいいのです。こういう仮定で、こういう式を使ってこう計算した結果こうなりました。だから、この部品は一ミリの板厚でやります、ともっていく説明のやり方をすると、堀越さんは『よしわかった』とくるんですから」

堀越と同じく、やはり同年の昭和二（一九二七）年東大航空学科卒で、業界の大御所である川崎重工業の土井武夫や日本大学教授の木村秀政もYS11の顧問に就任していた。その土井は日本でもっとも多い数の飛行機を主務設計者として手掛けてきた太っ腹の人物として知られており、ざっくばらんでぶっちゃけた話をしてくれたが、東條についても語った。「東條さんは東條英機の息子だが、決して親の七光りではないし、そのことで仕事をやる人でもない、実力をもった技術者なのです」

航空機設計に対する基本姿勢は以下のエピソードから端的に知ることができる。YS11の設計がスタートするときだった。東條は主要な部下全員を集めて自らの設計に対する基本姿勢を披瀝《ひれき》していた。

「設計するにしろ何をするにしろ、必ずロジックがなきゃいけない。『何かわからないけど、他の飛行機がこうなっているから、ＹＳ11もこうやりました』とか『何となくこうやりました』などという考え方で設計することがもっともいけない」

このときの考え方を聞いた若手の園田《そのだ》寛治《かんじ》（後の川崎重工業専務）は東條の意図するところを次のように受け止めていた。

「ＹＳ11の設計がスタートする頃はコンピュータもありませんでしたが、例えば、機体の荷重はこういう分布になっていて、空気はこう流れますから設計はこうやりました、とする『考え方のロジックさえキチッと合っていればいい』というのが東條さんの信念なのです。その意味するところは、もし、どこかが部分的に間違っていて、トラブルが起きても、基本のところで、あるいは全体としての考え方が間違っていなければ、おかしい部分の小さな変更だけでうまくいくはずだということなのです。そうしたことを、東條さんは設計の作業を通して若いみんなに一生懸命教え込まれた」

同時に、「東條さんはわれわれが計算していった過程なんかじっくりと聞かれるし、自分でも考えられる。ロジックが合わないと絶対にＯＫと言われない。『常務会を通すより、東條さんを通す方が難しい』と、よく言われていました。仕事をやる目的が東條さんのサインをもらうその一点に絞られるんです。その代わり、いったんサインしたあとで、東條さんから文句を言われることはないのです。東條さんは人の使い方が実にうまいと思いました。私たちの実力とか、日本の実力をちゃんと見ておられた」

自ら図面を一枚一枚徹底チェック

東條は図面チェックも徹底していた。「基本計画図面、各部品図、技術スペックのすべてにご自分で目を通してチェックされていました。だから、各班から集中的に提出されてくるときには、東條さんはその図面の束を抱えて送り迎えの自動車で夜遅く帰宅する。ところが、翌朝出勤してきたときには、図面にサインがしてある。果たして何時間寝ているんだろうかと、われわれ若い者たちは心配したものです」

一見、理屈っぽく見える東條のロジックを重視する設計の考え方や、図面の一枚一枚を念入りにチェックする姿勢は、東條が新人時代に堀越から叩き込まれた「スジが通っていること」そして「今一度、検討してみよう」と図面を突っ返す姿勢と同じであった。それを受け継いでいたのである。人命に直結する航空機ゆえに求められるこうした姿勢や技術精神は東條の若い部下たちに引き継がれていくのである。

各班の設計責任者である主査を集めての会議は長引くのが定番であった。ときには午前〇時を回って明け方近くになることさえあった。当時、主査の佃泰三《つくだたいぞう》は会議の様子を語った。

「東條さんはみんながそれぞれ自分の目標とすることを言わせ、考えさす。そして、ほぼ出尽くした議論を踏まえて、最後になって、『じゃあ、こうしよう』とくる。それが東條さんのリーダーシップの執り方であり、人の使い方の上手なところだったのです。それほど嫌だったという気はしなかった。それに、政治家みたいな含みのある言い方は決してせず、物事についてははっきりおっしゃられた。とにかく納得のいくまでみんなで議論して決めていった」。その代わり、みんなで決めたことは必ず守らなくてはならないという約束事があった。このようなやり方が、大きな求心力を持ったゆえんであると言われている。

これは、日航製が各社の寄り合い所帯だったことも理由の一つである。加えて、班長クラスの五、六人を除くほとんどの設計スタッフは、戦後工学系の大学を卒業していて、航空機の設計経験がほとんどゼロだった。このため、この機会を捉えて、若い彼らを育て上げることで、この業界の次代を担っていく存在にしていこうとの意図もあった。

数年後になってのことだった。「すべての図面について東條が自分で直に目を通して、サインしたから

ＹＳ11の設計が遅れて、完成も遅れた。そのため、時期を失してあまり売れなかった」という噂がどこからともなく東條の耳に入ってきたことがあった。さすがの東條も、全員を集めての会合のとき、次のようなセリフを吐いた。

「おい、みんな、おれたちのＹＳ11に対する見方を、世間では違うと言っているぞ。おれたちがこれだけ、念には念を入れて設計して、開発を進めたから、一八〇機も売れたんで、これをやらないでみろ、売れるもんか」

批判者たちは、民間機ビジネスが甘い世界ではないことの認識が希薄だった。戦前戦後を通じて、日本は世界の航空会社に通用するような旅客機を開発し販売した経験はほとんどゼロだった。何より安全性と信頼性が第一で、信用と実績が求められる。東條は辛辣な言葉を吐いた。

「そんな世界において、歴史も経験もない日本から買ったのでは危なくてしょうがない。たとえまともに飛ぶ飛行機をつくったところで、どうせ売れやしない。どう考えてもこんな飛行機の開発をやる馬鹿はいないとなっちゃうと見ていた」

実は東條は、このＹＳ11の事業計画が正式にスタートする直前、通産省および上司を通じて設計部長の就任を強く要請されたが、頑《がん》として断っていた。その理由をこの時のインタビューで初めて赤裸々に語った。

「ＹＳ11については、実際にやるなんて夢にも思わなかった。赤澤璋一（監督官庁でＹＳ11を強力に推進した言い出しっぺの通産省の航空機武器課長）さんら推進に一生懸命だった人たちは、旅客機の開発をやりたいやりたいという気持ちだったでしょうが、日本の現状を踏まえた将来の見通しを考えると、『途方もない夢物語じゃないか』というのが率直な感じでした。その当時、航空にタッチしていたわれわれからすれば、（世界と比較した）日本の実情を知らないで、ただやりたいといっている（素人の）人たちと、われわれとではだいぶ意識の差があるわけですよ。もっと言えば、何を馬鹿なこと言ってるのかとなる。それが当時の三菱の航空機設計の共通認識でした」

ところが、東條の知らない間に、三菱重工業の上層部と通産省などとの間では、トップ企業である三菱から設計部長を出すことが決まっていて、しかも日航製の創設も直前に迫っており、不本意ながら引き受けざるを得なくなったのだった。

このYS11プロジェクトの出発点において、世界の民間機ビジネスに対する基本認識が、事業を計画・推進した通産省や業界首脳と東條との間で大きなずれがあった。そのボタンの掛け違いがありながらも、そのまま役人（政府・官僚）の願望に基づく主導性と、国民の大きな期待もあって強引に進められたのだった。

「YS11のスタートは赤澤さんがでっち上げたようなものだが、もし、大蔵省に少しでも航空機に詳しいものがいれば成立しっこないのです。正直なところ、よく予算をつけたなあと、あのときはびっくりしました」

日航製が大赤字で生産中止、事業は解散となったとき、この業界は「技術的には成功したが、経営的には失敗」と結論づけた。東條ら日航製の幹部や若手の設計者、営業マンたちは事業を担った当事者として、自ずとその責任を被せられることになったのである。

そして、この事業は様々な問題性をはらんでいただけに、東條をはじめとする部下たちも業界の人間として、その内実を正直に語り弁明することは許されず、二〇年近くのときが過ぎていたのである。

一般的に、企業経営者が監督官庁の存命の大物官僚をあからさまに批判することはあまり見受けられない。とくに官需（防衛予算）に頼り、彼らと一体で物事を進めてきたこの業界ではなおさらである。ところが東條はこのインタビューにおいて初めて内情を赤裸々《せきらら》に語ったのである。東條家の「一切語るなかれ」ではなく、ＹＳ11事業に対する責任ある立場の人間として、今後に生かすべき貴重な歴史の教訓として、その事実を語るべきと判断したのであろうと私は受け止めていた。

この証言から六、七年後、今日のＭＲＪ（三菱リージョナルジェット）国産旅客機に向けてわずかな胎動が通産省および三菱重工において始まり、その九年後そのプロジェクトが正式に事業化するのである。

このように東條が率直に語ったことで、つづいて、今度は彼の部下たちも次々とインタビューに応じて、これまでの思いを吐き出すかのように語ってくれた。おかげで五五六ページにもなる『ＹＳ—11　国産旅客機を創った男たち』を発刊することができた。その一、二年後から、ＹＳ11に携わった販売やエアラインの関係者らによる当時の回想記録などが、せきを切ったように次々と発刊されることになるのである。

「零戦」の真実については黙して語らず

東條とのインタビュー形式のやり取りは二回ほどであった。最初のインタビューではまず、ＹＳ11を中心として長時間にわたり話を伺った。二度目のときは、戦前の時代に開発を手掛けた零戦など、三菱における軍用機開発の歴史についても詳しく伺い、『ＹＳ11』とは別に一冊としてまとめたいとの思いもあって切り出した。ところが、やんわりと受け流された。「それならば私よりもむしろ、先輩の曾根さんに訊かれた方が適当じゃないか」

曾根は東條の四年先輩である。昭和八（一九三三）年に東京帝大機械工学科を卒業して三菱に入社し、堀越二郎が主務者だった九試単戦（九六式艦上戦闘機）の設計チームに配属された。その後も、堀越の右腕として、零戦そして艦上戦闘機「烈風《れっぷう》」の設計をそれぞれ担当していた。最後に設計した「烈風」では、健康を崩しがちだった堀越に代わって曾根が実質的な主務設計者となって活躍した。〝零戦の再来〟と期待されたこの重戦闘機の開発に全情熱を注いだのである。

その点では確かに東條が口にした「曾根さんに」の通り適任であると言えよう。東條よりも曾根の方が四年長く三菱の航空機設計を経験していて、零戦では堀越の右腕として活躍した。また身体が弱くて病気がちだった堀越とともに、あるいは代わって海軍などとの重要会議にも頻繁《ひんぱん》に出席していたからだ。

だが、私はそれだけが理由ではないようにも思えた。「あまり戦前の時代の軍用機開発については詳しく語りたくはないとの考えをもっているのだろう」とのニュアンスを感じ取っていた。先の父・東條英機の「遺言」とされる「一切語るなかれ」である。

零戦そのものについて東條が口にしたのは必要最低限のことで、ごく通り一遍の言葉しか聞くことができなかった。それは前述したように、堀越は設計において「スジさえちゃんと通っていればいい」ことか、「とにかく細かくて」、描き上げた図面は数度にわたり再検討を迫られたことなどである。

ただし、当時、「本庄と堀越」と言われ、三菱の航空機設計を代表する主任設計者として堀越と並び称されながらも対照的な本庄季郎《ほんじょうきろう》の設計手法などについてはいろいろと語ってくれた。

このインタビューの後の一九九〇年代後半から現代までの十数年間に、ＮＨＫ総合テレビは何度か零戦を取り上げたことがある。八月一五日の終戦特集とか、日米開戦の一二月八日に合わせての「ＮＨＫスペシャル」といったドキュメンタリー番組を放映した。

零戦の設計で重要な役割を果たした技術者はと言えば、設計チームにいた学卒の三人がまず挙げられる。そのうちの一人が堀越で、残りの二人は曾根と東條である。この頃、曾根は、零戦の機体の基本性能を決める性能班と全体構成を決める構造班の二つの班長を兼ねていた。東條は新人で主に前者のスタッフであった。だが両者ともＮＨＫのインタビューには応じていなかったと記憶している。それはなぜだろうかとの疑問は常々抱いていた。

その後、七年ほど前のＮＨＫスペシャル「零戦に欠陥あり」において初めて、九〇歳代になっていた東條がインタビューに応じて語っていた。だが放映された時間はごく短くて二〇秒ぐらいのワンカットだけだった。しかも私の記憶では、そのときの言葉は、私も当人から聞いた軽量化にこだわった零戦の特徴についてのごく一般的な見方を述べているにすぎなかった。ＮＨＫの制作担当者からすれば、たぶんそれは番組の主旨からして、映像として流したかった核心を衝《つ》くような秘話や注目に値するエピソードなどを、東條が語らなかったからであろう。

零戦21型／三菱重工業

　東條やその部下たちのインタビューを随所に盛り込んだ拙著『ＹＳ―11』を発刊して数年後だった。東條が語った先の「曾根さんに」との言葉が頭に残っていた私は、八五歳になっていた曾根に長時間インタビューしたことがある。堀越の章で書いた通り、この中で曾根が語った零戦に対する率直な言葉は、私が耳を疑うほど冷めていた。現代のごく一般的な日本人が抱いている零戦に対する認識と設計当事者の見方や評価との間に、こんなにも大きなギャップがあるのは一体どうしたことであろうかと思わざるを得なかった。

　こうした一連のことから私は勝手な深読みをした。東條は「一切語るなかれ」との思いもあって、零戦も含めた戦前の軍用機設計者時代についてはあまり語りたがらないのかもしれない。だがそれとは別に、零戦そのものに対しては曾根と同じような評価や見方を持っているからではないかと推察するのである。

　東條は、ＹＳ11事業については、「歴史の記録としてちゃんと残しておかなきゃいかん」と判断して、私のインタビューにおいて詳細に証言したのだろう。今後、日本の航空機産業を発展させていくために、ぜひとも取り組む必要がある民間機（ＹＳ11の後継機となるＹＳＸや今日のＭＲＪなど）の開発にあたって、ＹＳ11事業の失敗は検証し反省して、学ぶべき貴重な教訓である。この失敗はなんとしても乗り越えていくべき対象であるがゆえに、ここで自分がしゃべることはポジティブな意味をもつことになると判断したのではないか。

一方の零戦（神話、伝説）については、ＹＳ11の場合とは異なっている。たとえ自分が語らず、事実とは異なる受け止め方のまま流布されていくとしても、それはそれで構わないと。

もし、東條が、私のインタビューで晩年の曾根が零戦について語ったことと同じような内容をしゃべるとどうなるか。それは上司で先輩でもある堀越自身が、零戦についてそれまで語ってきたことや著作の中での説明や自己評価を、東條が否定したり、水を差したりすることにもなりかねない。それだけに、あえて語る（口を挟んだり異論を唱えたりする）必要もないと同時に、それでも構わないと思ったのではないだろうか。

父親の強い勧めで東京帝大航空学科に進学

大正三（一九一四）年九月、東條輝雄は東京・白金台において東條家の次男として誕生した。その五年後、父英機はドイツ・スイスの大使館付き武官として単身赴任（三年間）した。陸軍大学卒業から四年目であり、陸大卒のエリートがたどる駐在武官のポスト就任だった。

このため、妻の勝子は長男の英隆、輝雄、長女の光枝とともに九州福岡の実家に帰って暮らすことになった。やがてドイツから帰任した英機は、その後も順調に昇進し、参謀本部第一課長、歩兵第二四旅団長などを歴任する。だがこの間、輝雄は東京府立六中（現新宿高校）そして福岡高校へと進んだ。その六中の四年生のとき、普段は寡黙な父が「陸士（陸軍士官学校）に受験しろ」と命じた。その言葉に従い、陸軍幼年学校と陸士を受験したのだが、体格検査で「不合格」となった。

「福岡高校での三年間の学園生活を大いに楽しんだ」という高校時代の三学年の夏、同級生たちの多くはすでに進路を決めていた。だが輝雄はまだ迷っていた。先々までも物事を決めておかないと気の済《す》まない父とは違って、輝雄は自身を慎重で「ギリギリまで物事を決めない性格」だったという。そんな姿を見かねた父から「大学はどこを受けるつもりなんだ」と問われた。「工学系に行きたいとの希望はもっていて、福岡高校では理科を専攻していたが、別に航空でなきゃいかんとは思ってなかった。むしろ、数学をやろうかなあ」だった。

そのことを父に告げると、言下に「そりゃ、飛行機だ、飛行機だ」と決めつけるような言葉が返ってきた。「おやじは航空だというより、数学に入れば、学校の先生になるよりしょうがないと思ったんだろう。そっちに行かせたくなかったんじゃないかと思う。それで、『飛行機だ』といやに言うもんだから、飛行機に行っちゃった」と語る。

「社会に出てみると、数学に行かなくて良かったと思った。でも、高校の生徒の段階ではわからんから、自分が興味のあるのは数学で、それをやろうと思っちゃったんだろう」と振り返る。航空機設計では高度な数学を駆使する必要があるだけに、東條には適していたのである。

航空機と言えば、当時、東京帝大の航空学科しかない。工学系の学科ではもっとも人気が高くて、全国から選りすぐりの優秀な学生が受験する。しかも定員は七、八人の狭き門で、倍率は三、四倍にもなる。東條は「大変難しい、受けたら落ちるに決まっている」と周囲から脅かされた。このため「相当に勉強して」、昭和九（一九三四）年、難関を突破して見事合格したのだった。

その頃、日本を取り巻く国際的な軍事情勢は一段ときな臭《くさ》さを増しつつあった。ことに中国大陸では、父英機も含めた陸軍の急進派の動きが活発化していた。昭和六（一九三一）年九月に関東軍の暴走による満州事変が勃発《ぼっぱつ》した。つづく翌年三月には「満州国」が建国された。昭和八年三月、国際連盟からの脱退、昭和一一（一九三六）年二月には二・二六事件が起こった。

もはや軍部の意向を無視した形で政治家や議会が物事を決めていこうとするならば、いつでもクーデターを起こして彼らの命も狙い、また政府を転覆《てんぷく》させることも辞さないとの脅しをかけたのである。

このような時代背景の下で、軍が強力に推進する日本の軍用機は時代を画する飛躍的な発展を遂げていた。このため、九六式艦戦や九七式戦などが登場してきた昭和一〇年代前半頃をもって、「日本の戦闘機は性能において世界の水準に追いついた。一部には上回っているものもある」と、陸海軍は強気の見方をするようになっていた。

昭和一〇（一九三五）年九月、父は関東軍憲兵司令官を命じられて家族とともに渡満した。このとき、東大の二学年であった輝雄は、小石川に下宿していた。親からは二〇円ほどの仕送りを受け、同級生たちと遊び歩いて「大学生活は大いに満喫した」という。授業も学生数が少ないだけに、マンツーマン的で、教授と学生の関係は「寺子屋式のような雰囲気だった」と回想する。

「零戦」で設計から改善まで開発の一通りを体験

昭和一二年四月、三菱に入社し東條は、開発がスタートしたばかりの零戦の設計チームに配属された。同級生は、戦前、戦後を通じてこの業界をリードすることになる大物ぞろいで、後に「花の一二年組」と言われることになる。彼らの後の世代は陰で「鬼の一二年組」とも呼んでいた。

中島飛行機に入社した渋谷巌《しぶやいわお》、内藤子生《ないとうやすお》、海軍航空技術廠《ぎじゅつしょう》の高山捷一《たかやましょういち》、川崎航空機の星野英《ほしのえい》、海軍呉工廠の油井一《ゆいはじめ》らである。彼らは、敗戦後の七年間の「航空禁止」が解禁されて、日本の航空機工業が再建されていく過程においても、それぞれの企業幹部としてリーダーシップを執り続けるからである。

零戦の海軍機設計チームでの一年半において、東條は設計から製作、飛行試験、改善へと至る軍用機開発の一通りを経験する。この後、三菱航空機設計の編制替えによって陸軍機を担当することになった。陸軍機は海軍機のような機種別の縦割組織ではなかった。様々な機種を横断的に横割とした組織で、計画係、設計係などに分かれていた。東條は計画係に配属されて、いろいろな陸軍機の計画を専門に手掛けることになった。

その後も設計部は編制替えがあって、今度は大型機と小型機の二つに分けられ、東條は前者を担当した。主に爆撃機の四式重爆撃機キ67「飛龍」、これを輸送機に改造したキ97中型輸送機、やはりキ67を改造した特殊な防空戦闘機キ１０９などを設計した。この一連の大型爆撃機や輸送機を経験したことが、戦後、同じ輸送機であるＹＳ11の開発で役立つことになる。

すでに日米戦は総力戦となって戦線は延び切っており、とりわけ南方の各島々においては激戦がつづいていた。やがては、圧倒的な物量を背景としつつ大規模な反転攻勢に転じた米軍の猛攻を受けて、日本軍は各戦線で一方的な後退や玉砕を強いられる情勢となって追い詰められていった。

昭和一九（一九四四）年の初め頃だった。めずらしく東條は父と食事をする機会があったが、その際、次のようなことを持ち出された。「お前たちは従来の延長線上で飛行機を設計するだけでなく、全く違った角度から考えて画期的な知恵は出ないものかね。飛行機の重力を断ち切ることはできないものかね。燃料なしで飛ぶ飛行機はつくれないのか」

「とんでもない。重力は万有引力といって総てのものにあるもので、それを切ったりなどできるはずがない。それに空気のなかを飛ぶには抵抗がある。その抵抗に打ち勝つものがエネルギー、燃料ですよ。素人というのはこれだから怖い」（『文藝春秋』二〇〇五年二月号）と輝雄は否定する説明をしたのだった。

そのときから約半年後、戦況はさらに悪化して、「何としても死守する」と言明していた「絶対国防圏」も破られ、その責任を問われる形で東條内閣は追い詰められ、総辞職することになった。替わって小《こ》磯国昭《いそくにあき》内閣が誕生した。

昭和一九年一二月七日、東海地方を大地震と津波が襲った。それに加えて六日後には、三菱重工業の航空機部門が集中する名古屋地区がB29の編隊による猛爆を受けた。これらにより、三菱の航空機工場は大勢の死傷者と壊滅的な被害を受けて、事実上、機能を停止した。さらなる爆撃も予想されるため、航空機開発や試作および航空機設計を担当する部門は長野県松本に疎開することになった。

日米開戦の前年となる昭和一五（一九四〇）年に、富永信政《とみながのぶまさ》中将の娘美代子と結婚していた東條は、この頃二人の子供がいた。昭和二〇（一九四五）年春頃から始まった疎開では、妻子とともに松本へと移った。もはや三菱の航空機生産はガタ落ちで、疎開先での設計作業も効率的に進めることはできなくなっていた。それでも、信州の松本盆地は、戦争がまるで嘘であるかのようにのんびりした田園風景が広がっていた。

戦局はいよいよ押し迫ってきて絶望的な戦いを強いられ、本土決戦が叫ばれていた。松本の中学校に疎開した三菱の航空機設計の技術者たちは、誰もあからさまには口にしないものの、次第に敗戦を覚悟しつつあった。

昭和二〇年八月一五日の日の正午、三〇歳となっていた東條は天皇陛下の玉音放送を聞いた。雑音混じりで聞き取りにくかったが、少なくとも日本が負けたという厳然たる事実は理解できた。東條は思った。「航空はもうできないとあきらめ、なにもすることがなくなってしまった」

この思いは、三四歳の曾根も同様だった。放送が終わると「もう、なにもすることがなくなりましたな」とつぶやくように洩らすとともに、「やっと戦争が終わったか。来るべきものが来た」と思った。誰もが「これからの日本はどうなっていくのだろうか」との漠然とした不安を覚えつつも、「何も考えられなかった」という。

航空機部門の温存をしたたかに図った三菱首脳陣

会社の指示で、彼らは身の回りの残務整理をすることになった。そこに、三菱の航空機試作・設計・研究を束ねる第一製作所の河野文彦所長がやって来て、会社の上層部から指示されたことを伝えた。「今後日本が長い目でみて（中略）航空機の研究、設計、試作、製造に関する技術なかんずくその要員は是非とも温存せよ」

と同時に、「設計資料類は軍事機密であり直ちに焼却するように中央から指示されたが、（中略）そのまま保管しておくこと」（『三菱重工名古屋航空機製作所二十五年史』）。このように、軍の命令、指示には従わなかったのである。

やがて、ＧＨＱ（連合国軍総司令部）から航空機の「生産・研究の一切禁止」の命令が下った。航空機設計の技術者たちはほぼ四つのグループに分かれ、航空機以外の事業部門に分散することとなったのである。

ただし、東條らは昭和二〇年秋頃から、設計部門を解散するための残務整理の仕事を引き続き担当していた。それに加えて、河野所長から「もうここで飛行機は終わりだが、君たちは三菱の飛行機の歴史を書いておけ」との指示も受けた。このため、東條ら六、七人が集まって、翌年の春頃まで、松本に残っていた図面や設計資料などの書類を整理し、歴史をつづっていた。

ときの名古屋航空機製作所長の岡野保次郎も念を押すように命令した。「航空は必ず再開するんだから、航空技術者は、各工場に分散してもよいから、できるだけ残しておけ」

総務課長で四半世紀後に三菱重工業の社長に就任することになる強気の姿勢で知られる牧田與一郎も同

様のことを口にしていた。牧田は曾根や東條、さらにその先輩技術者である久保富夫、疋田徹郎らが居た浅間温泉に駆けつけ、酒を酌み交わしながら言った。「これから散り散りになるが、とにかくおまえさんたちは連絡を密にして、うんと外国の雑誌を読め、回覧しろ。そして遅れや空白を取り返せるように努力してくれ」(『往時茫茫』)

敗戦時のどさくさの状況下にあったが、三菱の首脳陣は先を見据えていた。軍の命令に背くことも含めて「航空技術者の温存」「図面や設計資料類の保管」「歴史を書く」ことを指示していたのである。航空技術者を他の事業部門に分散させながらも温存して、社外に散らすことを避けたのである。

航空部門しか持ち得ていなかった中島飛行機、そして川崎航空機などではこのような余裕はなかった。このため、多くの優秀な航空技術者を社外に散逸させてしまうのである。このときの経営的判断と許容力の差が、戦後に「航空再開」となって後の航空機業界における勢力地図を決定づけることになるのである。

敗戦後、気がかりだった父親の行末

航空技術者たちにとっては、日本が初めて経験する敗戦に伴う未曽有《みぞう》の混乱と虚脱状態のなかで、「航空禁止」ともなって、より先行きの見えない不安が襲っていた。

加えて、東條の頭の中は深刻な問題が支配していた。それは、日米開戦を決定したときの首相兼陸相、内相の父のことであり、母を含めた東條一族のことであった。長男の英隆は満州の新京に出征《しゅっせい》していて、消息は不明であり、帰国するか否かもわからない。ならば、二男の輝雄が柱となって物事を判断し対応して処置をとる必要がある。もっとも気がかりなことは、「父と母が自決してしまうのでは……」だった。

松本では農家の一室を借りて家族と暮らしていた東條は、八月二〇日頃、両親が住まう東京・用賀の実家にいったん帰った。このときの父や母とのやり取りについては、九〇歳になっていたときに初めて、

『文藝春秋』（二〇〇五年二月号）のインタビューで、短いながら以下のように語っている。

「このとき、私は自分が勤めていた工場にあった青酸カリを密かに持ち帰りました。家族全員の自決用に、青酸カリの結晶が詰められた茶色の瓶を鞄に潜ませていたのです。父や母が自決を覚悟しているのならば、私も一緒に死のう。そういう気持ちだったのです」

実家にたどり着き、輝雄は青酸カリを持参していることを父に告げた。「『役に立つ。いいものを持ってきたな』とだけ呟き、深く頷いておりました。（中略）父は必要があればいつでも自決する覚悟をしていたのだと思います。しかし一方で、父は『開戦のときの総理は俺だからうっかり死ぬことはできないんだよ。責任者なんだから』とも言っていました」

結晶状態の青酸カリは小粒にして分けられ、紙にくるんで家族全員に配られたのだった。その後、日々が過ぎても、父の様子は普段と変わらなかったため、そう長く用賀に居るわけにもいかず、松本に引き返した。再び残務整理や歴史を書く作業を進めていた九月一一日だった。母からの連絡を受けたのである。

この日の夕刻、父がかねてから所持していた米国製コルト三二口径の拳銃で自決を図ったのである。ところが、以前から記をつけていたと言われる胸（心臓）の急所をわずかに外れて重傷を負い、病院に収容された。そのとき、輝雄は「やはり」との思いがよぎったが、意外と冷静に受け止めていたという。

やがて敗戦の年が過ぎ、翌昭和二一（一九四六）年四月、東條は家族とともに松本を後にして用賀の実家に戻り、三菱の本社に数カ月ほど居た後、川崎機器製作所に勤務することになるのである。

敗戦後、東條は「航空はもうできないと諦めた。模型飛行機もだめだというんだから、諦めるよりしょうがないわけだ。でも飛行機に郷愁を感じていたのは事実だった」とも語っている。

ＧＨＱ（連合国軍総司令部）の「航空禁止令」により、旧三菱重工では平和産業への転換を進め、東條は川崎で自動車の設計を手掛けることになった。

やがて、東西の冷戦がエスカレートしていた。昭和二三（一九四八）年九月、朝鮮民主主義人民共和国（北朝鮮）の樹立、その一年後には、毛沢東が中華人民共和国（中国）と中央人民政府の成立を宣言した。さらにはその翌年六月、朝鮮戦争が勃発したことで、アメリカはそれまでの極東政策を大きく転換した。日本を「防共の砦《とりで》」とするため、対日制裁を緩和させたのである。

ＧＨＱの「財閥解体」を受けて「二三社分割案」や「六社分割案」などを提出していた旧三菱重工業だったが、結局は「三社分割」に落ち着いた。しかし、「三菱」の名称を使うことは許されず、東條が異動した先は東日本重工業となった。「後の三菱自動車の川崎工場ですよ。トラック、バスを昭和二一年の秋から二九（一九五四）年の夏までやったが、その間の自動車の設計の大部分を手掛けた。商標は今の『ふそう』です」と東條は振り返る。

食いつないでいくためとはいえ、業種転換を余儀なくされて〝地上に降りたカッパ〟となったその頃の東條ら航空機設計のエリート技術者は複雑な思いだった。

立川飛行機からトヨタに再就職した東條の一年後輩のキ94の元主任設計者長谷川龍雄《はせがわたつお》は語ってくれた。

「トヨタに来て驚いた。航空機の設計では当たり前の強度規定も安全率もない。そんないい加減な技術じゃ、やる気がなくなっちゃいますよ。そこで自動車技術会において同じ飛行機屋だった東條さんらと強度規定や設計マニュアルの必要性を訴え、委員会を立ち上げて規定づくりを進めたのです」

彼らは「自動車を設計するとき、どのくらい水準を落として設計すればよいのか、その程度がわからなかった」というのである。それほど両分野の技術落差は大きかった。

東條の川崎機器製作所での日々は、父の自宅の東京・用賀から自転車で通勤していた。「勤務先では東條英機の息子だからといって特別視されることもとくになかったし、私自身、それほど父のことを強く意識することはありませんでした。ごく一般的なサラリーマン生活だったのではないでしょうか」（『文藝春

秋』二〇〇五年二月号）

とはいえ、その間の昭和二一年五月三日から昭和二三年一一月一二日まで、極東国際軍事裁判（東京裁判）が開かれていた。マスコミは大々的な報道をつづけていた。父親には数回面会をしていたが、その際のやり取りは「いつも家族のこと、孫のことや親戚《しんせき》の動向などばかりでした」という。

判決が下される日、家族はそろって父親に面会した。その後、東條と三男の弟・敏夫の二人だけが法廷に残り、判決に立ち会った。輝雄は覚悟していた。四一日後、父親はA級戦犯として巣鴨プリズンにおいて処刑されたのである。東條はきっぱりと口にしている。

「私は父を尊敬していますし、父、東條英機は最後まで信念を貫いた私心のまったくなかった人間であったということ。昔もいまも変わらず、父のことは誇りに思っております」（前掲書）

朝鮮戦争勃発で米国の対日占領政策が大転換

昭和二五（一九五〇）年六月の朝鮮戦争の勃発を受けて、アメリカはそれまでの対日占領政策の方針転換が決定的となった。これまでとは逆に、日本の再軍備に向けての「航空機生産の再開」そして航空機産業育成に向けての具体化を進めるのである。旧航空機メーカーは色めき立った。「航空機を再び生産できるかもしれない」

後に名古屋航空機製作所航空機部長となる中川岩太郎は『三菱重工名古屋航空機製作所二十五年史』の「回想」において当時を語っている。「終戦により本社渉外連絡室次長に任命された。毎日マッカーサー連合軍総司令部（GHQ）を訪問し、最も戦犯性が高いといわれた三菱重工の存立問題、賠償問題、財閥解体等の行方に関する情報を求める役目であった」

その後、朝鮮戦争が勃発したことで、「航空機の修理、国産化については昭和26年10月米国からのダグラス調査団の来日から始まる。朝鮮動乱で使用損耗《そんもう》した多数の軍用機を日本で修理することが時間的にも経済的にも有利であるが、これをどのように実行するか検討するための米軍の内意を受けてのものだった」

調査団は各社に「機体、発動機の見積計画書の提出を求めた。これが日本の航空工業復興の最初の点灯であった」と中川は語る。航空機生産再開の可能性を感じ取った各社の動きは素早かった。「荘田（泰蔵）副社長と私（中川）は渡米、受注促進を図ったものである。（中略）昭和27年初め、米軍機（ノース・アメリカン社製F86戦闘機など）オーバーホール作業の注文を取り付けることに成功したのである」

Ｆ86／航空自衛隊

三菱にとって、朝鮮戦争に出動していた米軍のジェット戦闘機「F86Fを手掛けたことは、偶然とはいえ、新しく工場管理方式を確立する観点から言えば幸せでした」。それは当時、「ノース方式が一番優れている」との評価だったからだ。しかし、戦後初めて荘田らが米国の「主要（航空機）メーカーを訪問して驚いたことは、日本の空白期間中（航空禁止の七年間）に外国の技術は格段に進歩していたことです」

昭和二七（一九五二）年三月、ＧＨＱの「兵器製造許可」を受けて八月、三菱は社内に「航空機事業委員会」を設け、名古屋には「臨時航空機工場建設部」を設置して、体制づくりを進めた。各事業所に分散していた航空関係の人材や工作機械を、戦前の航空機生産の本拠である名古屋に集結することになった。東條も役員の河野文彦から言い渡された。「お前はやがて名古屋へ行って飛行機をやることになるのだからな、そのつもりでいてくれ」

　それが実現したのは二年後だった。岡山県水島で自動車を手掛けていた航空技術者の久保富夫が部下を連れて名古屋に異動となり、技術部長に就任した。名機と謳《うた》われた一〇〇式司令部偵察機の主務設計者である。

「昭和二九年夏になって、まだ今日の名古屋航空機製作所ができていなかったが、『名古屋に行け』となった。久保さんの下に配属され、その後、昭和三一（一九五六）年に航空機の設計課長となった。技術部の久保さんの下には七つ八つの課があって、ジープ、スクーター、バス、産業機械などの設計課があった。その中の一つが航空機設計課で、課員はわずか二〇人くらいでした」

　ただし、仕事の現実は、朝鮮戦争で壊れた米軍機を持ってきて、それの修理やオーバーホールをすることだった。「それでも、自動車をやるよりは航空機の方がという意識だった」

　やがて、Ｆ86を自衛隊が導入することになって、ライセンス生産の準備や練習機の基本計画を進めた。ところが、Ｆ86の生産着手などには大金の三〇億円の先行投資が必要だった。取締役会での審議では「採算がとれる明確な見通しは立たなかった」が、藤井深造《ふじいしんぞう》社長の最終的な決断で乗り出すことを決定した。

　早速、ライセンス契約に基づきＦ86の図面やマニュアル、工作や品質管理などに関する大量のスペックがノース・アメリカン社から三菱に送られてきた。それらに目を通していくと東條らは驚かされた。「戦前にわれわれが手掛けて経験していた航空機設計の基本となる空力や材料力学が変わっていたわけじゃないが、設計や部品の工作、品質管理などの手法はまったく異質で新しかった」

　とにかく目指すのは「ノース・アメリカン社の方式を徹底して習得しようと『ノース通り』、その中で自分を失わない『ノーエクスキューズ』の精神」を合言葉にして突き進んだのである。

通産省が突如ぶち上げた国産旅客機開発計画

このような折、昭和三〇（一九五五）年一二月、通産省航空機武器課の三代目の課長として赤澤璋一が就任した。「戦前の航空機王国を再び」との並々ならぬ決意を持って、戦後初の国産旅客機YS11の開発計画をぶち上げたのだった。防衛生産の谷となるときに、民間機の生産でその穴を埋めたいとの狙いもあった。だがそれ以上に、〝取らぬ狸の皮算用〟の思いの方が強かった。大量に飛んでいる戦前からのDC3やC46輸送機などの一連の旅客機（輸送機）が一斉にリタイアする時期が来つつある。その代替機として「日本が開発した民間機を」との大風呂敷を広げたのである。

昭和一六（一九四一）年東京帝大法学部卒の赤澤は、翌年一月に商工省に入省、二週間後には短期現役で海軍に入り、戦艦「比叡《ひえい》」に乗船してのミッドウエー海戦が初陣だった。赤澤は思いを込めつつ語った。

「私は前線にいましたので、日本の戦闘機が戦っている姿を眼の前で見ていました。少なくとも昭和一七（一九四二）年までは、圧倒的に零戦は強かった。アメリカの戦闘機との空中戦では、『あれがいれば大丈夫だ』という安心感が艦隊員全員にありました。それに、昭和一四、五年頃の日本の航空技術、製造技術は世界に冠たるものだったと、その当時も思っていましたし、今もそう思っています」

前記の通り、戦前の航空機技術に対する評価や認識において、零戦の設計者である東條と、法学部卒の役人である赤澤との間には大きなズレがあった。東條はノース・アメリカン社製F86と日本との大きな技術格差を知っていただけに、YS11計画に対する見方は、冷めていて否定的だった。

「自動車をやっていて、GMの車がえらい良くても、別に手も足も出ないという気は持っていなかった。でも日本の航空機を取り巻く諸条件を考えてみるとき、戦後は一〇年間ほどが完全に空白だった。戦前のプロペラ機の時代と違って、ジェット機となっていて技術の性格が違う。ところがその経験を日本はほとんど持っていない。そこが全然違うのですよ」

しかも、東條らは軍用機の経験しかない。「軍用機は民間機と比べて取り組みも設計思想も規格もまるっきり違うのです。戦前の軍用機ならば、とにかく機体をまともな姿にして、後は性能がウンヌンというのがもっぱら設計の作業です。だから軍用機ではエンジン故障なんていうのはもう頭の外ですよ。とにかくスピードがいくら出るか。航続距離はどのくらいになるかといったことだけで、もし故障したら何とかだましだまし帰ってくればいい。どうせ、命を的に戦争をするのだからという設定ですよ。でもお客さんを大勢乗せて飛ぶ民間機となるとそうはいかない。クリアしないといけないいろんな安全性、信頼性が厳しく問われる耐空審査が要求される。となると当然、設計手法も機械加工の工作方法も、品質も信頼性も大きく違ってくる」

ＹＳ11は国策のオールジャパン態勢で開発を進めることになった。当初の基本計画段階では、零戦の主務設計者・堀越二郎ら戦前の名機設計者たちの五人のサムライらがリーダーシップを執って、二年ほどをかけて基本コンセプトをまとめた。その後に設立された日本航空機製造（日航製）の設計部長に、東條は不本意ながら就任することになった。

最大の難関と言われた予算取りに向けて、都合よくまとめられた大御所たちの作成した〝バラ色の計画案〟を、東條は「矛盾だらけで非現実的」として否定した。仕様を白紙に戻してゼロから再設計したのである。かなり地味にはなったが、それにより失敗を回避できて現在のＹＳ11が実現したのだった。

ＹＳ11の設計が一段落する頃、防衛庁がかねてから検討を進めてきたＣ１輸送機の開発計画が浮上していた。担当する防衛庁の技術開発官で、東條とは東京帝大を同期で卒業した元海軍航空技術廠の技術少佐・高山捷一は語った。「同じ輸送機であるだけに、ＹＳ11の設計経験でノウハウを身につけた若手の設計技術者たちに、この後の仕事として二機目のＣ１を担当させる。さらなるレベルアップが図れる絶好の機会で、これにこしたことはない。しかも日航製の設計者たちを各社に戻すこともなくなり、育ってきた貴重な設計者集団の分散も避けることができる。一石二鳥、三鳥だ」

東條は当時の人材について語る。「機体六社から派遣された寄り合い所帯だけに『うまくチームワークは取れるのか、大変だ』と危惧されていた。何しろ各社は競争関係にあるわけだし、こうした共同作業の経験も前例もない。ところがその点、技術屋というのは基本的にはフランクな人間なんだよ。仕事が中心で目標は同じだから、おれは富士重だ、三菱だ、川崎だといった勝手なことは言わない。みんなでワイワイ、ガヤガヤでやって、一部を除いて、非常にうまくいった」

"政官産"の不十分な論議で決定した生産中止

試作機XC1の設計作業は昭和四〇(一九六五)年頃から始まった。日航製の設計部員を第一技術部と第二技術部とに分け、後者がXC1のグループで、東條は後者の部長を兼務した。設計はYS11のときよりも、予想以上に順調に進んだ。その理由は明らかだった。YS11の設計時は、航空機についてまったく知らないほぼ新卒の若手技術者が多かったからだ。

YS11の開発過程では、つねに辛辣な言葉を吐いてきたYS11およびXC1のテストパイロットの長谷川栄三も絶賛していた。「XC1の場合はYS11の開発を一通り経験した技術者たちがそっくり移ってきましたから、彼らは、今度はどうすればいいかがかなりわかっていたのです。YS11での失敗の経験や身につけたノウハウを生かしたわけです」

加えて、このプロジェクトは、日本の航空機産業にとって将来への大きな期待を抱かせるものだった。YS11はプロペラ機だが、XC1はファンジェットのSTOL(短距離離着陸)性を備えた新鋭の輸送機で、技術は一段飛躍する。それを若い技術者たちが経験できる。しかも、ファンジェットは当時の新型旅客機の主流となりつつあったからなおさら好都合だった。

この先には、数年後から本格的に開発を着手する計画のＹＳ11の後継機ＹＸ（次期民間輸送機）の具体化も持ち上がっていた。敗戦後の「空白の七年間」で負った大きなハンディを乗り越え、日本の航空機産業の復活に向けたレールを首尾よく延ばしていくシナリオがようやく見えてきつつあるかに思われた。

ところが、思わぬ横やりが入った。このＸＣ１の設計を日航製でやることが国会で問題になったのである。「日航製は民間機に限って担当することと決まっているのに、防衛庁の軍用機をやるとは、けしからん、法律違反だ、両機は峻別《しゅんべつ》すべきだ」と追及されたのである。さらには、「ＸＣ１の航続距離からすると、近隣諸国に侵入できて脅威を与える。これは海外派兵を前提にしている。憲法違反だ」

戦争で悲惨な体験をした日本人が引きずる軍事への拒否反応や批判も底流にあって、受け入れられなかった。関連して、巨額の赤字を抱えていた日航製の財務体質もやり玉に挙げられ、これまた国会で追及された。政府はこの二つの問題を、野党からさらに深く追及されて責任問題に発展することを恐れた。早い段階で臭いものにふたをする形で、早々と「ＹＳ11の生産中止」「日航製の解散」を決める政治的決着を図ったのである。

世界を見渡したとき、主要な航空機メーカーでは、一つの機種の開発が終われば、次の新機種の開発に取りかかる。そうでなければ設計技術者は仕事がなくなり分散する。かなり時間を置いてからの新機種開発では、技術者の再結集が難しくなるからだ。

この世界の常識が、その頃の日本では理解されなかったし、受け入れられなかった。そればかりか、ＹＳ11の生産中止および日航製の解散の結論を出す際の、政、官、産での論議はお粗末だった。「赤字の責任のなすり合いとそれをどこが負担すべきか」との目先のことにばかり終始した。もっとも重要な、日本として今後、民間輸送機（民需）を、また航空機産業をどう育成していくべきか。その中でＹＳ11の事業とその実績をどう位置付けるか、将来を見据えた大局的見地に立った戦略的議論がきわめて不十分だったのである。いかにも日本的な、その場限りの取り繕った決着だった。

粘り強く進めたボーイングとの交渉

この時点において、防衛需要と並んで国産の民間機も大きな事業の柱として、日本の航空機産業を再建し発展させていくとのシナリオは崩れ去り、大きく遠回りすることになるのである。東條はYS11およびその事業について次のような見方をしていた。

「短距離離着陸で、競合機のフォッカー機の五割増しの客席ということで、実際に就航すると経済的だし、割に使い勝手が良かった。だから一八〇機で打ち止めにしなきゃよかった。とにかくブレークイーブン（赤字から黒字に転換する損益分岐点）までは累積赤字がどんどん増えることは確かだ。でもそこを超えると、次第に元を取って、やがては利益が出るかもしれない。事業の赤字がもっとも増えるあたりで生産を打ち切っちゃったから、結果的に見れば最悪のタイミングだった」

YS11からやや遅れて、三菱は一〇席クラスのターボプロップ機MU2を開発して、主に米国市場で七六二機を販売する。まずまずの成功だった。この後、やはり同じクラスのビジネスジェット機MU300を開発することを決めた。東條ら首脳は、事業計画を三段階に分けた。各ステップの最初に、先へと計画を進めるか否かの慎重な経営判断を行って、見通しが得られない場合、いつでも中止して傷を大きくしないようにとの経営的配慮からだった。それはYS11事業の失敗から学んだ教訓に基づく慎重姿勢だった。

MU2の実績もあって、事前受注は一一〇機にもなり、順調に進むかに見えた。だが、市場から大きく裏切られることになった。しかも予想もしていなかった事態が次々と起こった。

ちょうどDC10の大事故があって、FAA（米連邦航空局）の航空規則（耐空審査基準）がより厳しい方向に大幅に改正。予想に反してそれが小型ビジネス機にも適用されることになり、しかも新規則適用の第一号がＭＵ３００になった。さらにアメリカでの航空輸送の規制緩和（レギュレーション）によって、このクラスのビジネス機の利用方法が一変した。これに加えて機体のトラブルもあったことから、開発が二年ほど遅延、ＭＵ３００を市場投入する段になって景気が停滞、それが長期化した。小型機販売は景気に大きく左右されるだけに大量のキャンセルが発生した。

事業経営はいかんともしがたく、技術的な問題もあったにせよ、結局一〇一機しか売れなかった。千数百億円もの赤字に耐えられず、市場からの完全撤退を余儀なくされたのである。

総合的に見て、ＭＵシリーズ事業は、需要の七割を占める米国ビジネス機市場に根付いていなかったと言うべきであろう。ちなみに、現在のホンダジェットはその教訓も踏まえつつ、社是である「需要のあるところで生産する」をさらに一歩進め、最初から米国で開発をした。現地に工場を建て、従業員も米国人を多く採用している。それはＭＵシリーズの失敗の教訓から学んだのであろう。

ＹＳ11の後より高度化した民間機の開発費は一挙に巨額化したため、ＹＳＸ、ＹＸ計画は迷走。リスクも資金的にも日本単独での開発は難しい情勢となった。ＹＳ11の失敗で産、官も腰が引けていた。このため、昭和四五（一九七〇）年頃からボーイング社の呼びかけに応じる形で、日本初のＹＸ／７６７国際共同開発事業への参画を真剣に検討した。

日本側の三菱、川崎、富士重の三社と「民間機の王者」のボーイング社との間で、数年にわたる紆余曲折の息の長い交渉が始まった。国際共同事業の経験はなく、民間機ビジネスの経験もわずかな日本は、力関係も含めきわめて弱い立場だった。不可欠な国の資金的支援を受けるために伴う日本独特の予算制度や数々の制約が、民間機の国際共同開発にはなじまず、多くの障害になった。交渉は決裂寸前が何度もあり、両者によるハイレベルミーティングなどは四二回にも及んだ。

そのときの東條の基本スタンスを端的に示すやり取りがある。三社の代表責任者の役員クラスが、ＹＸ

／767を回顧しての率直な対談で、最終段階の交渉を前にしての三人のやり取りである。戦前、川崎航空機の土井武夫の下で軍用機の設計を手掛けていた川崎重工業の内野憲二副社長が「あなた（東條）は『民間機をやらなければいけない』と主張されましたが、私が覚えていることは、東條さんと（富士重工常務の）渋谷さんと、私と三人で、最終ネゴにシアトル（ボーイング）へ行ったときのことだね。（中略）俺が『もうやめて帰ろうや、これはとてもものにならん』と言ったら『冗談じゃないよ』と言ったのは東條君だよ。（中略）あんたに『冗談じゃないよ』と叱られたことを今でも覚えている。『君、ここまで交渉してきて、今頃やめて帰れるか』とね。（中略）（東條は）あの頃ボーイングは相当不当だった」と語っている。

当時から東條は、上司の常務が否定的だったにもかかわらず、「民間機は是非やらなければいかん」との信念で、公言もしていた。たとえ不利な条件であっても、「今はとにかく共同開発プロジェクトに食い込んで、ボーイングから民間機開発のノウハウを学び（盗み）取ることが第一である」との考え方だった。それは、「いつか自力で旅客機開発を」との狙いがあったからだ。

日本の航空機開発を巡る厳しい環境

昭和五五（一九八〇）年、東條は会社の命により三菱自動車工業に移ったが、前記の『二十五年史』（昭和五八年刊）で航空部門の後輩たちに託すとの思いから「民需事業の推移が将来を占う試金石」と題する一文をつづっている。「我が国航空工業の規模は、世界のレベルから見るとまだまだ小さい。企業の自由意思では解決のつかない幾多《いくた》の制約を担っていることを思うと、これもやむを得ない」

この「幾多の制約」とは、この時代の政府および国民的コンセンサスとなっている、例えば「武器輸出三原則」や、大枠で防衛予算のGDP一パーセント以内などを指しているのであろう。防衛需要がやがて頭打ちとなり、それに伴い航空機産業の発展も天井を打つ。そうした日本の現実を踏まえつつ、東條はつづけて次のような方向性を示している。「今後の課題は、民需分野での航空機事業を、事業として成立させ得る企業体質をいかに早く身に付けるかにあるのではなかろうか。その意味では、現在名航が取り組んでいるＭＵ―３００やボーイング７６７の事業の推移が、将来を占う試金石ともいえる気がする」（前掲書）

現在の日本の航空機産業はまさしく東條が目指すべきとした方向へと収れんしつつある。こうした東條の歴史的洞察の鋭さはどこからくるのか。長年携わってきた専門の航空機事業を通して学び身につけてきただけではないだろう。日米開戦時の首相であった父・東條英機の息子として、その十字架を負うことを宿命としていたがゆえに、口には出さないまでも、自ずと日本（および世界）の歴史とその将来に対して強く意識し、感覚を研ぎ澄ませてきたからではないだろうか。

東條が指摘した「幾多の制約」は、一九九〇年代に入るとより目に見える形で現実化してきた。米ソ二大大国による東西冷戦体制の崩壊に伴って世界的に軍縮の流れとなり、軍用機の生産は大幅に縮小した。突出する軍用機大国の米国をはじめ世界各国の国防予算も軒並み削減され、この結果、アメリカでも欧州でも半世紀に一度とも言える航空機産業の大再編と大合同が一気に進んだ。

日本では防衛庁が自主開発計画として発表したＦＳＸ（次期支援戦闘機）が、アメリカに頭を押さえられてつぶされ、日米共同開発に変更された。今後とも最先端の（主力）戦闘機の自前開発および生産を実行できるか否かは、取り巻く諸条件を勘案するならば、未知数いや絶望的と言えるだろう。

東條が期待していた民間機の一つ、ＭＵ３００の事業は、巨額の赤字を出して昭和六三（一九八八）年に全面撤退した。ＹＳ11につづく失敗である。手痛い二つの経験をも踏まえ、先の平成四（一九九二）年のインタビューでは、航空機にかかわってきた四〇年近くを振り返りつつ、日本の航空機産業の今後の選《せん》択肢《たくし》についても語った。

「航空機は自動車とは大きく違う。開発費は一桁大きい数千億円かかる。その投資額を数十万台で割る自動車と、数百機で割る航空機とは話がまるっきり違う。それに自動車のモデルチェンジはほぼ四年ごとで、四年で勝負が終わる。四年ならば、この間の為替相場の変化だとか金利の変化だとかは読める。だが、航空機のように（その期間が）一〇年、二〇年となると、とても無理です。このように、数も時間の長さも金額も違う。リスクの程度がまるっきり違うのです」

巨額の事業資金がかかる航空機開発のリスク

三菱自動車の社長、会長も務めただけに、東條は両産業のビジネスの性格の違いを踏まえたうえで、次のように指摘した。

「航空機の取り組み方は二つに一つしかない。一つは今やっている取り組みで、われわれが負える範囲内でリスクを背負っていく。その範囲をなるたけ拡大していこうという姿勢です。この路線では嫌だ、自動車のように世界に冠たる産業にしていきたいというなら取り組み方をまったく変えなくてはいけない。ちょうど欧州でエアバスがやっているように事業全体を言わば国が丸抱えにして、国を挙げてやる姿勢でないとできません。YS11のように政府は試作費だけしか出しません、量産の資金は知りませんでは、各企業が借金してやるしかない。（後者を選ぶとなると）必要な事業資金は巨額なだけに、金利負担も大きくリスクがありすぎて、とうていできない。要はどっちを選ぶかの問題です」

このときのインタビューから二一年が過ぎた。日本および航空機産業を取り巻く国際的な経済情勢は大きく変化した。そして五年半前、三菱は開発資金のおよそ三分の一を国から支援してもらう形で七〇から九〇席クラスの旅客機ＭＲＪ（三菱リージョナルジェット機）の開発を決断した。今のところＭＲＪの事業は、東條が挙げた二つの方向のどちらでもない。会社がリスクをもっと負う形態である。ＹＳ11のように寄り合い所帯ではないが、少なくとも量産資金もリスクも自前（民間の）負担である。

日本を取り巻く経済環境やＷＴＯなどの制約、国際的な民間機ビジネスの現実からして、「今回がラストチャンス」と踏まえ、三菱は時期的にこの選択を決断せざるをえなかった。中期的に見ての円高や国内産業の空洞化、中国など新興国の追い上げ、工業製品の低価格化の波も押し寄せる中で、ＭＲＪの開発、そして量産・販売の事業はスムーズに進展していくだろうか。さらに言えば、先のこととはいえ、ＹＳ11やＭＵシリーズのケースからして、損益分岐点はどれくらい後になるのか。いずれにしても波乱含みではあるが、東條が指し示した方向へと日本の航空機産業が進みつつあることは確かだと言える。

第三章 「飛燕」「屠龍」など二〇数機を開発したミスター・エンジニア

土井武夫（元川崎重工業航空事業本部顧問、元名城大学教授）

●どい・たけお／明治三七（一九〇四）年〜平成八（一九九六）年。山形県出身。東京帝国大学航空学科卒業。昭和二（一九二七）年川崎造船所（飛行機部に所属）入社。三式戦闘機「飛燕」など、敗戦までに二〇数種もの軍用機の設計にあたる。その後、川崎製鉄、川崎航空機岐阜製作所などを経て、昭和四四（一九六九）年から川崎重工業航空事業本部顧問。昭和四一（一九六六）年から名城大学教授も務める。

並外れた体力と強靭な精神力の持ち主

平成四（一九九二）年一二月、岐阜市内にある古びた佇《たたず》まいで夫人と二人暮らしする八九歳の土井武夫を訪ねた。戦時中、川崎航空機にあって、B29を何機も撃ち落としたことでよく知られる二式複座戦闘機「屠龍《とりゅう》」（キ45改）や、日本で唯一とも言える水冷エンジンを搭載して量産されたスマートな流線形の三式戦闘機「飛燕」（キ61）などの主任設計者である。

今日、三菱重工業に次ぐ業界第二位の航空機メーカーである川崎重工業航空機部門の礎を築き上げ、「日本航空史を代表する三人の戦闘機設計者の一人」と土井は称されている。他の二人は、九六式艦上戦闘機や零戦などの主任設計者として広く知られる三菱重工業の堀越二郎であり、もう一人は、九七式戦闘機や一式戦闘機「隼」（キ43）などの主任（主務）設計者、中島飛行機の小山悌《こやまやすし》である。

土井は、この二人よりも飛び抜けた実績を誇っていた。生涯において主任設計者として二二機種もの航空機を開発したからである。堀越が五機種であることからすると、その突出ぶりが際立っており、日本航空史において比肩する設計者はいない。

　昭和二（一九二七）年、土井は東京帝大航空学科を八人の同期生とともに卒業し、川崎造船に入社した。

「その三年前にドイツから来ていたフォークト博士の助手として一緒に五機種くらい設計して、そのあと独り立ちしました。川崎は三菱や中島飛行機と違って会社の規模がそれほど大きくないのです。だから、三菱で言えば、私クラスの主任設計者が堀越や由比、久保（富夫）さん、本庄（季郎）さんなどと、何人もいた。中島も同様です。それに比べて、川崎は若い人ばかりで、私のすぐ下が六つ違いだったのです。ですから、すべての機種は私が責任者になったのです」

　それは軍からの要請でもあった。彼らからすると、若い主任設計者は重責をこなすには頼りなく思える。経験の不十分さから、決定権を持って臨機応変に適格な判断や決断を下せない。コミュニケーションや融通性で何かと欠ける面が出てくる場合もある。このため、実績が豊富で信頼の厚い土井があれもこれもと主任設計者に指名され、掛け持ちになることもしばしばだった。

　主任設計者は体力的にも精神的にも激務で、体調を崩したり、ノイローゼに陥《おちい》ったりする場合もしばしばあった。実際、堀越も小山も開発の佳境に入った段階で入院を強いられたりしていた。

　これに対し、土井にはそれらをこなせるだけの並み外れた体力と強靭《きょうじん》な精神力があった。酒はめっぽう強く、部下たちを連れてのハシゴが好きだったが、翌日はケロリとしていた。酔うとよく逆立ちをし、ときにはバーの入口の階段を逆立ちで昇り、周囲を驚かせもしていた。

「現役の頃は午前〇時前に寝たことがなかった」と語るが、

土井武夫／川崎重工業

それでも「出勤はいつも始業の三〇分から一時間前には来て、仕事をしていた」「『仕事の鬼』それも『川（崎）航（空機）スピリットの鬼』ですよ」と部下たちは語っている。

年代が近い同社の林貞之助技師の人物評はこうである。「高エネルギー邁進型《まいしんがた》であり、内面的には高度の合理主義と世話好きとが同居している」「不合理な話には最初から耳も貸さぬどころか反撃の言葉すら返ってくる」

土井はその実績と実力から、当時としては異例の三七歳の若さで、最盛期には川崎の設計・試作部門の実質的な最高責任者である試作部長に就任した。その頃、三菱の堀越は課長になったばかりだった。

土井は振り返る。「川崎に入ってよかった！　三菱はすばらしい会社だが、川崎よりはるかに大きな会社で、組織も整っており、あまり勝手なことや冒険はやりにくいところがあった。その点、川崎は違う。三菱の仕事の進め方は堅実であるのに対し、川崎は、まず飛行機をつくって飛ばしてみるというやり方だった。このように会社の方針が違うのだからね。私は、設計者として恵まれていましたよ」。ちなみに中島飛行機の取り組み姿勢は、ちょうど両社の中間であった。

重責を担いつつ次々と試作をこなしていった土井だから、強権的で頭ごなしに命令してくる軍担当者や上層部と渡り合う場面もしばしばあった。逆に、命を賭《と》して飛ぶテストパイロットや前線に出動していく操縦士からは、事故やトラブルの発生時に罵声《ばせい》を浴びせられた。

「おれたちの命を何だと思っているんだ、バカ野郎」

幾多《いくた》の修羅場《しゅらば》をくぐり抜けてきただけに、土井はときには大芝居や駆け引きを演じたり、あるときには大胆な決断や豪放な振る舞いをしたりと、エピソードには事欠かず、〝業界の名物男〟としても広く知られていた。日本の航空界を代表する大御所であり、高齢なだけに、「果たして望み通りの取材ができるだろうか」との不安と緊張感を抱きながらの取材訪問だった。

ところが、目の前に現れた土井の姿を目にし、少しばかり言葉を交わしただけで、杞憂はまたたくまに吹っ飛んでしまった。小柄ながら若い頃に柔道で鍛えた体軀《たいく》はガッチリとしていて、どう見ても実際より十数歳も若く感じられた。その記憶力は噂を超えるほど抜群だった。大正そして戦前の昭和時代のことも含めて、次々と明確な答えが返ってきた。若造を相手にしながらも偉ぶることはなく、ユーモアを交えながら筋の通った丁寧な言葉で、こちら側を温かく包み込んでしまうのだった。

インタビューは長時間におよんだため、夕食にボリュームたっぷりのうな丼を取ってくれた。特製の山盛りであったが、土井はパクパクと平らげていった。その後、「君、アルコールの方は大丈夫かね」となってグラスに注がれ、自らも高級ブランデーをストレートで数杯飲みほしたが、その後も口調はまったく変わることがなかった。

第一次大戦を契機に飛躍した航空機部門

ここで川崎造船の飛行機部門の歴史を簡単に振り返ってみよう。明治二九（一八九六）年一〇月、川崎《かわさき》正蔵《しょうぞう》の個人経営であった川崎造船所が株式会社組織に改組され、初代専務取締役社長に松方幸次郎が選任された。薩摩出身の明治の大物政治家で首相を二度務めた松方正義の三男であり、その後の三三年間にわたり社長の座にあって采配を振った。

松方は美術品の収集家としてもよく知られ、一万点を超す浮世絵や西洋絵画を収集して、今日の東京国立博物館そして国立西洋美術館には「松方コレクション」として収められている。

大正七（一九一八）年七月、松方社長は、第一次世界大戦下、欧米先進国において急発展して大量生産されるようになっていた兵器としての飛行機に目を付け、社内に飛行機科を新設した。相前後して中島飛行機や三菱も飛行機研究所の創設や飛行機部門を新設するのである。

この頃、「欧州戦争」と呼ばれた第一次大戦は、日本にとっては対岸の火事であった。戦争にはさして深入りすることなく、欧州各国からの戦時特需で巨額の漁夫の利を得ていた。その最たる稼ぎ手が造船各社だった。ドイツの潜水艦によって次々と撃沈されて不足していた仏、英など連合国の船舶を建造して輸出し、「一隻売れば一〇〇万円儲《もう》かる」などと言われるほどぼろ儲けをしていた。

このとき、パリ滞在中であった松方は、この利益でもって仏サムルソン2A2型偵察機およびサムルソンAZ9型発動機の製造権獲得に動いた。併せて、それらの完成機三機も購入して、航空機製作の第一歩を踏み出すのである。

飛行機科から飛行機部に改称した大正一一（一九二二）年九月、松方社長に請われて入社した元海軍機関大佐の竹崎友吉は、その一年半後、東條寿《とうじょうひさし》ら数人の技術者を伴って渡独した。当時、飛行機のフレームは木製が主体だったが、唯一ドイツだけが全金属製の飛行機を早々と開発して生産しつつあった。竹崎は「これからの時代は全金属製の航空機の時代である」との先見の明をもって英断を下した。仲長著しい独ドルニエ社に全金属製重爆撃機の設計を委託し、併せて技術提携にもこぎつけたのだった。東條ら技術者たちはそのままドイツに残り、全金属製機の設計など技術習得に取り組んだ。

この年の一一月には、川崎造船が招いた世界的に有名なドルニエ博士が、日本各地で全金属製航空機の講演をして、その優秀性を説いていた。併せて、川崎が発注していたドルニエ社製ワール型、デルフィン型、リベレ型の三飛行艇や旅客機、戦闘機、陸上機など合計七機が相次いで川崎神戸工場に到着した。ギラギラと太陽の光を反射させながら飛行するその巨大な雄姿に、神戸市民は度肝《どぎも》を抜かれ、その話題でもちきりとなった。もちろん陸海軍は大いに期待をもって緊密なやり取りを進めていった。

やがて、先にドルニエ社に発注して設計された全金属製の重爆撃機も川崎造船に納入され、陸軍は虎の子としてその審査を極秘で進めた。昭和二年八月には、八七式重爆撃機として制式に採用した。「当時の第一線機である木製機はせいぜい四、五トンといったところですが、八七式は八トン近くもあった。しかも、主翼の上に双発のエンジンを串刺しにした形式の異様な姿だったので、ずいぶん評判になって注目されたものです」と土井は語った。

同級生中川とともに東京帝大航空学科に進学

土井はライト兄弟が人類初の動力飛行に成功した翌年の明治三七（一九〇四）年一〇月、山形市に生まれた。一〇人兄弟の七番目の子供で、父は教員だったが中学のときに病死。このため、土井少年は毎日、母親の荒物店を手伝っていた。兄たちは県外に出ていたので、縄ムシロや米俵を前の晩に荷車に積んでおき、翌朝登校する際に、これを曳《ひ》いて配達するのだった。空車を預け、学校の帰りにまた引いて帰宅する。こうした日々が五年間続いたのだった。少年の頃から母を助けて黙々と働いてきた土井は、持ち前の粘り強さ忍耐強さでもって、腐りそうになる気持ちを抑え、この不遇の日々を乗り越えようとしたのである。

「小さいときから木工やブリキ細工が大好きで、自慢の作を学校に持っていって先生にほめられたりもしました」と語る土井は、小学六年のときに、単式ピストンの蒸気機関車や飛行機の模型を作って部屋に飾り自慢していた。第一次大戦中であったことから、ちょうど発刊された『大戦画報』を夢中で読み、戦争で活躍する飛行船や飛行機、タンクなどの写真を食い入るように見入っていた。

アメリカから来日して全国巡回をしたアート・スミスの飛行曲芸団が山形に来たとき、学校の先生に連れられて練兵場に見物に行った。これが初の飛行機との出会いだった。大人も子供も夢中にさせた度肝を抜く連続宙返りのスリルあふれる曲芸飛行には息を飲んで見つめていた。

「でも同じようにアート・スミスの曲芸飛行を観覧して魅入られ、夢中になっていた（同窓の）木村（秀政）のような熱心な飛行機少年ではなかった」とも振り返る。

山形県には中学より上級の学校がなかった。心ひそかに「仙台の工業専門学校に進みたい」と希望していたが、父の死でそれもかなわぬと思い始めていた大正九（一九二〇）年のことだった。幸いにも、山形市に山形高等学校が開設され、これまでと同様に店の手伝いもつづけながら通うことになった。この年から通常よりも一年早く中学四年から高校への受験が許され、土井は最年少で見事合格したのだった。

高校は寮生活の学生が多く、しかもバンカラな時代だったので、青春を謳歌《おうか》する学生が目立っていたが、家の仕事を手伝う土井にはそんな暇はなかった。ただし、ガンバリ屋だっただけに、「勉強はよくやったと思っているし、第二外国語としてドイツ語を勉強して、その実力は理乙（ドイツ語を第一外国語とする）と同じくらい読めるようになっていた。それが、川崎に入社してから大いに役立った。もっぱら独ドルニエ社やＢＭＷなどから派遣されてきた技術者たちとのやり取りが多かったものですから」。

とはいっても、「工学的なものとしては、アメリカの雑誌『ポピュラー・メカニックス』を読む程度で、特段飛行機に関心を持っていたわけではなかった」という。

やがて、働き者の母のがんばりで商売は繁盛しだし、土井の大学進学も望みが出てきた。高校を卒業する年の初め、土井は学校の掲示板に張り出された大学入試の案内書で、東京帝国大工学部に航空学科があることを初めて知った。

自宅に帰って早速母に話すと、驚いた様子で、「飛行機は落ちるから止めた方がよい」と諭された。当時、飛行機は危険な乗り物と決まっていて、落ちるのが当たり前と思われていた。なにしろ、日本にはわずかな数の飛行機しかないのに、年間二桁もの操縦士が事故死していたほどだったからだ。「消耗品の割りばしと同じだ」と「飛行機割りばし論」が流行っていた。母親には、「乗る方ではなくて、つくる方だから大丈夫だよ」と説明して納得してもらったという。

山形高校で同学年だった中川守之も東京帝大航空学科を志望した。「彼はA組でトップの成績で、Ｂ組のトップは私だった。学校では互いに一番難しいところを受けるという雰囲気が自然と出てきたものだったし、互いに行き来していたが、意識もし合っていた」と中川は当時を振り返る。

この二人のほかにも、航空学科を志望する同級生たちが数人おり、加えて全国の名門高校から厳選された受験者が応募するだろうと予想された。ただ、入試の前年に関東大震災があったので、この年は建築学科に志願者が集中したため、倍率は二倍程度だった。

三月の入試試験では、土井も中川も「まったく自信がなく、これはとても受かりそうにない」と思った。このため、二人そろって京都帝国大学の理学部に第二志望の願書を出しに行ったのだった。ところが、京都の宿に着くと、友人から電報が届いた。「航空学科に合格した」。土井は信じられなかった。ただちに東京に引き返して、東京帝大の合格発表の掲示を自分の目で確かめ、やっと安堵《あんど》したのだった。

超エリートながら見習工として川崎造船に入社

土井が東京帝大を卒業するのは、ドイツ製最新鋭機が川崎造船の神戸工場に並び、大空を飛翔《ひしょう》する、まさしく川崎の飛行機部が、そして日本の航空工業が大きく発展しようとしていた時期だった。東京帝大からの就職は、卒業より半年以上も前の夏季実習の際や、教授などを通じて各企業から打診があったりして、早々と就職先を決めている学生が多かった。こうした点においてはのんびり屋だった土井は、「就職を考えねばならないのはもちろんわかっていたが、私は何ということもなしにあまりあわてなかった」

だから、卒業の少し前になってようやく教室主任の横田成年《よこたせいねん》教授に就職の依頼をした。「川崎造船飛行機部長の竹崎氏に話をしてみよう」と引き受けてくれて、就職が決まったのだった。ところが、その身分や待遇が驚くほど低かった。土井は超エリートで全国の青年たちが憧れる東京帝大航空学科卒でありながら、「実はアプレンティス（見習工）として入社することになったのです」と語る。

アプレンティス制度は、第一次大戦後の大不況時、松方社長が採用したものである。大学の工学部および工業専門学校を卒業した者を「会社が採用するというのではないのです。就職を希望するものに実習の機会を与えるといういわば臨時工なのです。だから、日給制で一日一円五〇銭。この頃は月に休みが二日ですから、残業をして四五円くらいになりますが、それが二年間も続いたのでした」と土井は振り返る。

他社に入った同窓生たちの給料はどうだったか。山形高校の同級生でもある石川島飛行機に入った中川守之はこう述べる。「あの頃、大学の工学部を出ても初任給は六〇円程度だったが、私は七五円でした。それに手当てがついて九五円と、破格の扱いにしてくれた」

同級生たちはほぼ七五円から九〇円くらいだった。土井はその半分で、しかも身分は一介の臨時工にすぎず、不安定である。超エリートで貴重な金の卵でありながら、「なぜこんなにも低い扱いを受けるのか、この間、心から憤りを感じていた」のも無理はなかった。アプレンティスとしての二年間を終えて、晴れの社員として正式に採用されたとき、土井と同期で川崎に入社した七人のほとんどはすでに会社を辞めていたほどだった。

土井について中川は語った。「彼は川崎へアプレンティスとして菜っぱ服（一番下っ端の工員のこと）で入ったが、なかなかファイトがあってね。よく我慢したと思うよ」

世界的な設計者フォークトに師事

アプレンティスという不安定な身分で入社し、給料も低かった土井だが、与えられた仕事は重要で、彼の前途が大きく開けてくることになる。それはドイツから招聘したお雇い外国人の主任設計者、リヒャルト・フォークトとの出会いであり、彼の助手として飛行機を設計することになったからだ。

大正一三（一九二四）年、ドルニエ社から七人の技術者たちとともに来日したフォークトは、川崎に約一〇年間居て、主任設計者として八八式偵察機（KDA2）、九二式戦闘機（KDA5）などの機種の航空機を設計し、川崎航空機部門の発展に大きく貢献した。また、「土井武夫技師をはじめとする当社の若いエンジニアを教育指導し、当時の数々の試作機の設計・製作技術は勿論のこと、当社の技術基盤確立に大きく貢献した。氏は卓越したアイディアのもとに自ら計算をし図面を描いたエンジニアで、天才的なひらめきをもった技術者であった」（川崎重工業『岐阜工場　50年の歩み』）

土井は「私にとってフォークト博士は、私が飛行機づくりを教えてもらった、たった一人の先生である」と何度も語っていた。「厳しい指導者だったが、今日まで、こうして航空機設計者として歩んでこられ、数多くの開発を手掛けることができたのも博士のおかげである」

第一次大戦の敗戦国だったドイツだが、その悔しさをバネにして、それまで航空機先進国と言われていたフランスやイギリスをまたたくまに追い抜いて世界の先頭に立った。新鋭機を次々に輩出していて発展がめざましいドイツ仕込みでならしたフォークトの航空機設計の手法を、土井はイロハから教わり、大いに鍛えられたからだった。

明治二七年（一八九四）年、ドイツ中部の大都市シュッツッツガルトの近くで生まれたフォークトは、来日したとき、二九歳だった。航空機の主任設計者としては若かったが、一〇代の頃からすでに飛行機の設計・製作の経験を積んでおり、きわめて優秀な技術者だった。

父親は飾り職人でマイスター（親方）だった。子供の頃から機械的（工学的）なものが好きで、まだ揺籃期の時代の飛行機については一通りのことを独学で学んだのである。高等学校の下宿の近くの原っぱには常に、当時の飛行機のパイオニアたちが集まって自作の飛行機を飛ばしたりしていた。

その中には、後にドイツを代表する航空機企業や航空界の重鎮となってその名が世界に知れ渡るエルンスト・ハインケルやヘルムート・ヒルト、アレキサンダー・バウマン、ハンス・ホルメーラー、グルックなどの錚々《そうそう》たる技術者や名パイロットたちが顔をそろえていた。刺激を受けつつ、若いフォークトはパイロットのグルックから飛行機の設計・製作を頼まれて完成させ、飛ばしていた。経験を通して、彼は単に航空の理論だけではなく、実際の設計、製作、飛行についても詳しかった。

大正三（一九一四）年に第一次大戦が勃発《ぼっぱつ》すると、ドイツの若者たちは競って出征《しゅっせい》を志願する空気となり、彼もその一人だった。激戦となった西部戦線での塹壕戦《ざんごうせん》にも参加し、またパイロットとしての訓練も受けた。しばらくして、航空機を設計・製作してきた経験を買われて召集が解除され、飛行船の製造で有名なリンダウにある独ツェッペリン工場に行くことになった。そこで、著名なドルニエ博士の下で全金属製の大型飛行艇について学び、若いながらも空気力学（空力）主任を命じられた。

四年後、大戦が終了すると、この工場を退職したフォークトは、二四歳でシュツッツガルトの工科大学に入学。そこで巨人機の設計では世界に知られたバウマン教授の下で学んだ。すでに航空機の設計も製作の経験も豊富なだけに、講義にはあまり出席しなかったが、バウマン教授の評価は高く、卒業後も引き続き同教授の下で助手を務めた。

さらには、わずかな期間だが、ハインケル社で飛行機づくりにかかわった。しかし、ハインケル社では従来からの鋼管や木材、羽布《はふ》による飛行機製作をしており、「これからは全金属製機の時代だ」との信念を抱くフォークトの意見が入れられず、この工場を後にした。

この頃、かつて指導を受けたドルニエ博士から再三にわたり、「ドルニエ社に戻ってくるように」と諭されていた。ドルニエ博士が川崎との間で、全金属製機の製造に関するライセンス契約を結んだところだったからだ。契約では、数名の技術者を川崎に派遣することが決まっていた。ドルニエ博士は全金属製機についてよく知るフォークトが主任技師として適任であるとして、「川崎に行ってくれないか」と頼んだのだった。

この頃、ドイツの敗戦処理を決めたベルサイユ条約によって、ドイツは国内での軍用機の製作が事実上、禁止された。そこでドイツの主要な航空機メーカーのユンカース社はスウェーデンへ、ドルニエ社はイタリアに、ロールバッハ社はデンマークへと工場進出して、飛行機製作を継続するのである。国外で生産するならば、条約に違反しないとの抜け穴を利用して、それを隠れ蓑《みの》にしたのである。

陸軍の競争試作で三菱、石川島に勝利

大正一五（一九二六）年の春、陸軍は初めての試みとなる航空機メーカー各社による偵察機の設計・試作の競争を決めた。川崎、三菱、石川島の三社による試作機の審査が実施され、合格すれば次期偵察機として制式採用されることになるのだ。

各社の主任設計者は、三菱がバウマン教授、石川島はラハマン博士でともに世界的に有名だった。これに対し、川崎のフォークト技師は三一歳でもっとも若く、この頃は無名だった。

三社が設計した試作機はいずれも軍用機向きの複葉で、それぞれ特徴を有していた。川崎での設計は、主任設計者のフォークトが連れてきた五人のドイツ人技師が主に担当し、細かいところは川崎の技術者も加わっていた。軍の要求は「主な構造には木材を使用せよ」だったため、全金属製機を専門としていたフォークトは苦手である。それでも陸軍の要求に沿いつつ、金属製と木製構造の折衷《せっちゅう》のようなＫＤＡ２型機を設計した。それは空気抵抗の少ない「冒険的」な飛行機だった。

ちょうどその第一号機が完成したのは、土井が入社する三カ月ほど前の昭和二年一月だった。この頃のことについて土井は『飛行機設計50年の回想』において次のように語っている。

七月から陸軍に納入する二号、三号機の飛行試験が始まり、その一員として新入社員の土井も加わった。トラブルはいろいろ発生したが、なかでも「高空に上がると燃料ポンプの燃圧がどうしても規定通りに上

がらない。納入する陸軍の所沢飛行場への空輸を数日後に控えて、当時の竹崎部長、東條技師以下全員気が気でなかったが、ちょうどそのときに私も居合わせてフランス語の説明書を読んでようやく原因を突き止めることができた」のだった。土井はフランス語もある程度こなせたからだ。

このような理由で、七月一日までに搬入と決められていた所沢入りが遅れていた川崎のKDA2は、陸軍から「もういらない」と告げられた。それでも一週間遅れの七日午前一〇時、悪天候を衝《つ》いて、岐阜の各務原《かかみがはら》飛行場を離陸し所沢に向かった。その際、「出発した」との電報を所沢に打った。

ところが、到着の返電が予定到着時刻をかなり過ぎても来ず、各務原でも所沢でも、いまかいまかとやきもきしていた。実は雲の中を飛ぶため、安全を見て、途中にある富士山頂より上空の高度五〇〇〇メートル以上をとって二時間ほど飛行しつづけた。

やっと切れた雲間から下を覗《のぞ》くと、眼下は大海原だった。びっくりしたテストパイロットは、やがて大きな川を見つけたので、利根川と判断して川沿いに飛んだ。燃料が残り少なくなっていたので、給油のために海軍の霞ケ浦飛行場に着陸した。すでに午後三時頃になっていたが、飛行機は目的地をはるか超して銚子沖まで達していたのだった。

納入が遅れたうえに空輸も遅れ、飛行距離もかなりオーバーしていたが、これが幸いすることになった。「もういらない」と言い放っていた陸軍の関係者らが、この空輸によるKDA2の長距離飛行を評価し、好印象を持ったのである。

フォークトと英語で激しい議論も

初めての競争試作だっただけに、陸軍もそのことを強く意識して、審査はきわめて厳しいものとなった。三社の試作機は、石川島のT2型機が審査の飛行中に補助翼が吹っ飛ぶ事故を起こしてしまった。三菱の

「鳶」型機は脚が故障して着陸事故を起こし、それぞれ一機を失っていた。バウマンもラハマンも教授あるいは研究者だったため、実際の飛行機設計やモノづくりについては行き届かないところがあったとも言われている。

それにひきかえフォークトは、若いながらも実機の設計経験を積んでいる。川崎のＫＤＡ２は会社の方針として自社のリスクでもって、第一号機の社有機を早く完成させていた。初期故障を把握するため、あらかじめこの機で社内での飛行試験を繰り返していた。その対策のおかげで、所沢の飛行場での二機の審査期間中はまったくの無事故だった。高く評価されたＫＤＡ２は総合審査において合格。昭和三（一九二八）年二月、陸軍の競争試作に勝って制式機に採用され、八八式偵察機と命名された。その際、賞金二〇万円が授与された。

「当時約七〇〇人の工場従業員はいずれもその恩恵に浴し、私も工員の一人として日給二円五〇銭の一日分をもらったことを覚えている」（前掲書）

取りまとめにあたった東條技師は三〇〇円をもらっていたが、その頃の彼の月給は一〇〇円だった。もちろん、フォークト技師もこの功績によってかなりの額を頂戴していた。八八式偵察機は軽爆撃機にも改造され、両機併せて合計一一一七機が生産された。「当時としては驚くべき数量であったし、これが川崎航空機部門の原点になった」と土井は語った。

このように、フォークトが最初に設計したＫＤＡ２は大成功だった。加えて、折しも昭和六（一九三一）年九月一八日に起こった満州事変においてこの八八式機が大活躍したことで、フォークトは世界の航空界で認知され、飛行機設計者として広く知れ渡るようになった。

つづいて、昭和二年三月、今度は中島飛行機、三菱、川崎に対して、陸軍が戦闘機の競争試作の命令を出した。土井は主任設計者フォークトの下で取りまとめとして最初から設計を担当。水冷ＢＭＷ６型六〇

○馬力を搭載したＫＤＡ３型戦闘機の設計に携わった。

「このときから、私はフォークト博士から直接、飛行機設計の指導を受けることになったのです。博士とのやり取りでは、学生時代にことさら意識して猛勉強したドイツ語が大いに役に立ったわけですが、実際は英語も交えてのちゃんぽんでした」

最初の仕事は、性能と縦安定性の計算だった。つづいて、翼組み全体の細部設計も担当することになった。この間のフォークトとのやり取りについて土井は、後輩たちにもしばしば語っている。

「長い時間をかけて、いろいろな角度から考え尽くして図面を書き上げ、『これで大丈夫なはずだ』と思って博士のところにもって行ってチェックしてもらった。すると二、三日後、あちらもこちらも真っ赤に直された自分の図面が突っ返されてきた。だから消しゴムで消すことができないのです。一からまた描き直さなければならない。そのとき、『なぜこんなにもだめなのか』と涙が出るほど悔しくて、『いまに見ていろ』と心の中で叫んだことが何度もありました」

それればかりか、両者が「〝ホットディスカッション〟を戦わして結論がつかなかったときには、博士は私に向かって口をとがらせて「アイ・ドント・ノー」と叫ぶ。その後、数十秒置いてから語尾にアクセントをつけて『ユー・ドント・ノー』と皮肉るように再び叫ぶのですよ。このときばかりは地団駄を踏むほど悔しかった」

しかし、土井は頭を冷やして熟考すると、フォークトの経験に基づく見識の高さに頭を下げざるを得なかった。「理論に実際の経験が伴ったときに初めてほんとうのエンジニアといえるのだと、またいわゆるオ（手）へんの拙計と言（ごん）べんの設計との違いはこんなところにあるのだと、しみじみ思い知らされた」（前掲書）

無茶なテスト飛行で事故が相次ぐ

翌年四月末、三機のＫＤＡ３が完成した。「ＫＤＡ２型のときもそうだったが、少し後には常識となる初飛行前に行う試作機の翼や機体の静荷重《せいかじゅう》試験を、この頃は行わなかった。陸軍は『メーカーのテストパイロットの手で独自にやれ』というわけですよ。五〇〇〇メートルの高度から急降下して突っ込み、一〇〇〇メートルに来たところで機体を急に引き起こすと大きなｇ（重力加速度）がかかる。それに耐えなければならないという荷重試験に代わる要求なのです。他社の技術者もともども、『むちゃくちゃな要求だ』と口々に話していました」

このとき、川崎のドイツ人テストパイロットのユーストは、乱暴な要求であることを分かっているため、嫌がってなかなかこの急降下の荷重試験をやろうとしなかった。彼の話によると、その前の通常の飛行試験を三〇分ほど行ったときだった。幸か不幸か、エンジンの最大回転数は毎分二〇〇〇回転だが、突然一五〇〇回転にまで落ち、どうしても馬力が出ないというのである。

次の三菱の「隼」型機が替わって飛び立ち、急降下試験に入った。「途中にあった雲の中から胴体だけの飛行機が凄《すご》い轟音《ごうおん》をあげながら垂直に降下してきたのには、地上で見ていたわれわれはびっくりしてしまった。ちょうどそのとき、白いものがパッと開いた」

実はこれが日本におけるパラシュート脱出の第一号だったのである。機体は飛行場近くの麦畑に突っ込み、機首は地中にもぐり込んだ。胴体は衝撃で提灯《ちょうちん》をたたんだようにグシャリとなって見る影もなかった。

このときの三菱のテストパイロットは、後の昭和一四（一九三九）年八月から一〇月にかけて、毎日新聞社が挑戦し、見事に世界一周を成功させた「ニッポン号」（海軍の九六式陸上攻撃機を長距離飛行機に一部改造した機）の中尾純利機長の若き日の姿だったのである。中尾はこの成功で「日本のリンドバーグ」と呼ばれることになる。

この事故のため、飛行審査は中止。陸軍自身で機体の破壊試験を実施することになった。メーカーの立ち会いは許されなかったが、後にその結果が公表された。陸軍の要求破壊倍数（安全率）一三に対して、川崎機は九・三、三菱機は七・七で二機ともに強度不足で失格となった。かろうじて中島機だけは、主翼のたわみが大きかったことが幸いして、合格となった。

ＫＤＡ３はその後、昭和六年まで、改良に改良を重ねて、やがて九一式戦闘機として陸軍に制式採用されることになった。この間、川崎では海軍関係の海防義会から発注された巨大な第四・第五義勇飛行艇や艦上偵察機をつくった。ところが、昭和六年に陸軍専用の工場となると、以後、海軍は手のひらを返したように見向きもしなくなった。

供覧飛行で強度計算の重要性を実感

ＫＤＡ３型の後、川崎はフォークトに対して、それまでの陸軍の要求に基づく設計ではなく、彼の自由な設計思想に基づく新しい複葉水上戦闘機ＫＤＡ４の開発を依頼。しかし、この機はエンジンの入手に問題があって中止となった。

そこで、つづいて水冷ＢＭＷ６型７００馬力を搭載する複葉戦闘機ＫＤＡ５の設計をスタートさせた。土井は昇格してフォークトのチーフ・アシスタントとして設計チームに加わり、ＤＶＬ（独航空研究所）や米ＮＡＣＡ（ＮＡＳＡ米航空宇宙局の前身にあたる米航空諮問委員会）などの最新レポートを調べた。それらの中から、設計する戦闘機に適したＮＡＣＡのＭ６とＭ12の翼型を選んだ。

主翼の桁は全面的にジュラルミンを採用し、風洞試験も行って、その性能も確認し、開発は近代化していた。ＫＤＡ３型で涙を飲んだ一三倍の荷重試験にも耐える一五倍で一昼夜放置する、寝ずの番での試験でも異常は見られなかった。

昭和五（一九三〇）年七月、完成した第一号機の試験飛行が各務原の飛行場で行われた。「私がフォークト博士の下ではじめから設計した戦闘機がKDA5でしたから、初飛行のときはものすごく緊張しました」と回想する。テストパイロットの田中勘兵衛による試験飛行が始まった。驚くことに最大時速三二〇キロを記録したのである。上昇能力も運動性能も抜群で、フォークトや土井ら川崎の関係者らを大喜びさせた。何しろ、当時、世界の最高速度記録を持つ英国の複葉戦闘機ホーカー・フュリーをもしのぐ高速だったからだ。

ただし、KDA5は水冷エンジンの冷却問題でてこずり、飛行中にエンジン火災を起こして、田中がパラシュートで脱出する事故も起こった。それは先の三菱の「隼」の事故につづくパラシュート脱出の第二号となった。

川崎は自主製作だけに、以前からこの機の性能の高さを陸軍に対して盛んにアピールを繰り返していた。そのかいもあって、昭和六年四月、陸軍大臣が出席しての供覧飛行が催されることになった。

午前中、田中は普段にも増しての鮮やかな急降下試験などの高等飛行を演じて喝采を浴びていた。その後、田中の報告を聞いていた土井に近づいて来た会社の赤池職長が、主翼を支える支柱を指しながら小声で伝えた。「支柱が挫屈で曲がっていますよ」

土井は「一瞬ハッとした。翼組みは私自身が強度計算して図面をひいたものである」からだった。それをすぐに田中に告げると、彼も驚きを隠さなかった。午後に本番の大臣供覧飛行があるからだ。それまでに修理する時間はない。中止するわけにもいかず、土井は急ぎ持参していた強度計算書をあたってみた。

その結果から、「通常の飛び方の飛行だけならば、強度的には問題がない」と田中に説明した。彼は「君を信用して供覧飛行を強行しよう」と決断し、悲壮な覚悟で臨んだ。地上で見守る土井らは手に汗握る緊張を強いられていた。一通りの高等飛行を終えて無事に着陸すると、土井は大きく息を吸って安堵《あんど》したのだった。

この後、支柱の荷重試験を行って強度を確認した。すると計算上で想定していた荷重が不十分であることがわかった。「飛行機の設計においては、規格にあるなしにかかわらずあらゆる起こり得る荷重について充分確かめておかねばならないことを私は身にしみて体験したわけである。なお、KDA―5設計当時には詳しい強度規格はなかった」(『飛行機設計50年の回想』)

KDA5はあらためて陸軍の審査を受けて合格した。昭和六年一一月、「空戦性が抜群」との高い評価を受けて合格し、九二式戦闘機として採用されることが決まった。この功績により、フォークトは川崎から再び相当額の報奨金をもらうことになった。

フォークトの推薦を受け欧州を歴訪

KDA5の供覧飛行で、陸軍の東京・立川飛行場に詰めっきりとなっていた土井は、この年の四月末、竹崎所長から思いがけずドイツ行きを命じられた。

「シベリア経由で、一〇日後にドイツに向けて出発せよ」「フォークト博士はカナダ経由で五月から半年間ドイツに帰国するので、できるだけ博士と一緒にドイツ、イギリス、フランスの航空機工場を視察せよ」とのあわただしい出発となった。

この一年半前の一〇月二四日、ニューヨーク株式市場が大暴落して「暗黒の木曜日」と呼ばれる世界恐慌《せかいきょうこう》が世界中を襲い、どの国も世情が不安定化していた。日本も従来にも増してのさらなる不況の波が押し寄せ、銀行や企業倒産が相次いだ。川崎でも不振の造船部門を中心に大幅な人員削減が断行されていた。

昭和六年五月半ば、神戸港を出発した土井はパリに出張する同社の三輪とともに、南満州鉄道、東清鉄道、シベリア鉄道を経由し、一三日後にベルリンに到着した。ここから、ドイツでの滞在地であるフリードリッヒスハーフェンに移動して宿泊するホテルに落ち着いた。ボーデン湖岸に面していて、窓からは対岸のスイスアルプスが望める風光明媚《ふうこうめいび》なリゾート地だった。

ここを拠点にして、土井はまずドルニエの工場にドルニエ博士を訪ね、期待していた工場内を見学した。だが、ベルサイユ条約によって軍用機の生産を禁止されていたため、この頃の工場は低調で、旅客機などを生産していたが、あまり見るべきものはなかった。

この後、七月中旬から、フォークトと合流して、仏、英、独の名だたる航空機工場や研究所を次々と見学して回り、併せて、欧州航空界の大物たちにも会見した。その旅の途中においてフォークトから、KDA5の成功のご褒美の意味合いもあってか、竹崎所長に「若い土井の欧州派遣を推薦した」とのことを聞かされた。KDA5での仕事ぶりが評価されたことをあらためて知ることになった。

土井は晩年にいたっても「若い時期に約一年半近くの間ドイツに滞在してヨーロッパの文明に接し、航空機工業の技術を直接見聞できたことと、外国にいて祖国日本を見ることができたことは、その後の私のものの見方、考え方にきわめて大きな影響を与えたものと確信している」(前掲書)と語っている。同窓でやはり同時期に欧米の航空機メーカーなどを視察・研修留学をした堀越もまた同様の体験をしていたのだった。だが土井の滞在中に満州事変が起こり、欧州各国での日本の評判は悪かった。

この頃のドイツは大きく変貌しようとしていた。昭和七(一九三二)年三月に行われた大統領選挙では、現職大統領のヒンデンブルグ元帥が僅差でヒットラーの票を上回って当選したが、それまでのワイマール政権の低落は疑うべくもなく、代わってナチス党の台頭が目立っていた。

三カ月後の国会議員選挙では、ついにナチス党がドイツ社会民主党と共産党の合計数をも上回って、第一党に躍り出た。このため、翌年一月、大統領はヒットラーを首相に任命したことで、ナチス政権が誕生した。この年の一〇月、ヒットラーはジュネーブ軍縮会議および国際連盟からの脱退を発表した。ベルサイユ条約を反故にして、再軍備することを国内外に向けて宣言したのである。またもドイツは欧州における台風の目になろうとしていた。やはり同じ年、日本も国際連盟を脱退し、ドイツとともに国際的孤立の道を突き進むことになる。

昭和七年一〇月末、一年半にわたる欧州各国の視察を終えて土井が帰国した。川崎では、その一年ほど前に日本に帰国していたフォークトの指導の下で、陸軍の単発軽爆撃機KDA7（後のキ3）の設計が進められていた。その後、翌年四月に初飛行、八月には審査も順調に終えて、九三式単発軽爆撃機として制式採用が決まった。

世界における戦闘機の当時の趨勢《すうせい》は、それまでの複葉機から低翼単葉型戦闘機へと移ろうとしていた。フォークトもこの流れを念頭におき、それまでの複葉機に代わって、意欲的な片持式低翼単葉型戦闘機KDA8の開発を進めていた。

ちょうどそのとき、川崎は陸軍から、九二戦闘機に代わる新型の戦闘機（キ5）の試作を命じられ、フォークトの先の基礎設計を基に開発を進めることになった。主翼が逆ガル（胴体から翼端への途中で上向きに曲がっている主翼）の意欲的な機体だったが、エンジンの高空性能の不足など種々の問題もあって、昭和九（一九三四）年九月、キ5は不採用を宣告された。不況下にある川崎にとっては深刻な事態だった。この責任をとって竹崎所長が辞任した。大正一〇（一九二一）年から川崎の航空機部門を率いて陣頭指揮してきた竹崎の辞任は、土井にとっても大きな痛手だった。

土井は解説する。「大正一三年に来日したフォークト博士が、川崎における各種の飛行機の設計、試作に存分の能力を発揮できたのは、竹崎所長によるところがきわめて大きいと私は思う」（前掲書）

この事態に加えて、土井の場合はさらに大きな試練が待ち受けていた。この辞任に先立つちょうど一年前、フォークトが一〇年近くにおよぶ日本での技術指導を終えて、ドイツに帰国していたからだった。

ヒットラーの再軍備宣言によってドイツでは、これまで軍用機の生産禁止に甘んじていた航空機メーカー各社が一斉に動きを活発化させた。このため、世界の航空界にその名が知られるようになっていたフォークトには、ドイツの二社から「祖国に戻って航空機の開発にあたらないか」との要請があった。フォークトはブローム・ウント・フォス造船所（後のハンブルグ航空機社）を選んだ。

フォークトの実力を高く評価していた陸軍は手放したくないため、常々、土井に対してけしかけていたという。「川崎はフォークト博士を一生飼い殺しにするべきだ」

陸軍はフォークトの功績を高く評価して、陸軍大臣が同氏の功績を讃え、謝意を表する晩餐会《ばんさんかい》を催した。その席上、陸軍大臣は「満州事変で勝利を得ることができたのは主として博士が設計した八八型機によるものである。帰国したらヨーロッパの人々にこのことを話したらいい」とスピーチで称賛した。

気骨あるフォークトは、やゆする言葉で返したのだった。「ヨーロッパでは満州事変はあまり評判が良くないのですよ」（前掲書）

二八歳で設計者として独り立ちを余儀なくされる

ドイツに帰国したフォークトは、その後、航空機設計者として目覚ましい活躍をして、その名声を高めていった。ヒットラーやゲーリング元帥とも直接やり取りする人物となるのである。戦後は、米ボーイング社の要請を受けて、技術コンサルタントを引き受けることになる。

フォークトの帰国について、土井は直前まで知らされなかっただけに、なおさらショックだった。主任設計者フォークトの指導の下で土井は約六年間を送った。その間に関係した試作機の数は五機種だった。土井は飛行機人生を振り返っている。

「博士が川崎を去った後に私がまとめたのが九五戦闘機およびキ28で、この頃（昭和一二年）になってようやく戦闘機についての設計思想を自分でもつかむことができたようである」

とかく技術者にとっては、意欲的でなんでも吸収しようとする多感な若い時期に受けた有能な指導者による影響はきわめて大きいものがある。土井はその典型例だった。

最先端のドイツ式の航空機設計の思想や手法、目には見えない技術者としての心構えや発想法などを、フォークトから大いに学び、多大な影響を受けていたからだ。土井にとっては幸運でかけがいのないフォークトとの邂逅《かいこう》であった。これら一連のノウハウは、この後、土井を通して後輩たちに伝授されていくことになる。

土井にとって絶大な信頼と指導を得ていたフォークトの帰国は、彼の下で、五機種の設計を経験してきたとはいえ、入社から六年を経たにすぎず、まだ二八歳の青年技術者だった土井に対し、自立して突き進むことを促した。それは川崎の航空機部門全体としても同様だった。

しかもフォークトが去った後を受けて土井が引き継いだキ5は不採用となった。これにより、川崎の航空機部門は生産がガタ落ちとなった。業績不振に陥《おちい》って、三菱機の下請け生産に甘んじるまでになり下がっていた。しかも三菱とでは生産のための規格や工作法（工作機械）の違いなどから、それはスムーズにいかなかった。従業員たちは出勤してきてもする仕事がなくて遊んでいる日々が続いた。ただし、土井は大きな手ごたえを感じていた。「キ5は不合格になったとはいえ、私にとっては戦闘機設計に対する思想を与えてくれた機体である」

もしかすると、土井は会社および自らが置かれた逆風を跳ね返したい思いから、あえて自分にそう言って聞かせ、強がりの前向き思考で臨もうとしていたのかもしれない。土井には休む暇もなく、師匠なき後の切羽詰まった苦闘する日々が待ち受けていた。

「フォークト博士が去り、今度こそ真の意味で主任設計者として独り立ちすべき、一からの取り組みだけに、その責任の重大さを意識して、息苦しさを覚えていた」と当時の心境を語る。

　陸軍が要求するキ10戦闘機の設計に取り掛かることになった。この頃の事情について、後の昭和四一（一九六六）年に、土井が名城大学理工学部交通機械学科の教授として招聘され、その後、学科長、学生部長を経て退任する際に発刊された文集『時代と共に生きる男』で触れている。教授退任の際、こうした文集が発刊されるのは初で、これは土井が型破りの名物教授で教員や学生にも強烈な印象を与えていたのが理由だった。

　四〇人ほどの陣容である設計室の機体の設計者たちを集めて、土井は自身の決意のほどを語るとともに、彼らを鼓舞した。

「君達も知ってのとおり、今、我々の会社は経営的に苦しい状況に追い込まれている。だから、今度の試作にもし敗れるようなことがあれば、我々は飛行機造りを断念しなければならないだろう。私も非才だが、君達と力を合わせてやれば何とかなる。俺達には恩師フォークトから受け継いだことがあるじゃないか！皆、私と一緒にガンバロー」

　ただし、土井の取り組みは慎重だった。やたら新技術を追う姿勢は避け、「大事なことは同じ失敗を繰り返さないことだ」と自らに言い聞かせていた。

　土井が選択した形式は、種々の検討の結果、逆戻りとも言える複葉だった。〝最後の複葉戦闘機〟の思いを胸に秘めながらである。競合する中島のキ11は逆に、新鋭の低翼単葉機だった。

　昭和一〇（一九三五）年九月、完成した両機の飛行試験の結果、キ10は運動性や上昇能力でキ11を大きく上回っていた。ただちに陸軍は九五戦闘機として採用したのだった。このニュースが伝えられたとき、重苦しい空気が漂っていた社内が湧き立っただけではなかった。「川崎の株価がだいぶはね上がったほどだった」と土井は語る。

思い出に残る二〇機を超える試作競争

キ10の成功で気を強くし、戦闘機設計に対する自信をつけてきた土井は、つづくこの年の末、陸軍から、またも戦闘機の試作を命じられた。中島（キ27）、川崎（キ28）、三菱（キ33）の三社による競争試作だった。結果は、土井の強い意気込みに反し、キ28は採用されなかった。

このとき、審査を担当した陸軍の木村昇技師は「この三機は正直いってどれも実に良い戦闘機であった」と評し、なかでもキ28の性能を高く評価していた。しかし、BMWの水冷エンジンの故障が頻繁《ひんぱん》に起こり、それが「致命傷だった」と語っている。「もしエンジンが優秀だったらおそらくキ28が採用されたのではないかと今でも思っている」とも評していた。

後に土井は「長い設計生活の中で一番思い出深いことは何ですか」と問われたとき、一時を置いて、伏し目がちにこう述べていた。「それはやはり競争試作でしょうね。九五戦や九七戦の時は実に凄かった、九二戦の悪いところを徹底的に直してたんだけど、エンジンがいうことをきかなくてネ。（中略）どうしても勝たなくちゃいかんと思って、全く固い決意でやったんですよ。石にかじりついても——と言う気になっていました」（前掲書）

土井は半世紀以上におよぶ航空機設計者としての人生を振り返って語る。「航空機のタイプとしてパラソル型、単葉、複葉、一葉半などの経験を経て、一九三〇年代の半ばには現代の航空機の基本タイプとなった片持式単葉機に到達したのである。私がその設計に関係した航空機で、試作され実際に飛行したものは、一九四五年の終戦までの一九年間に一六機種（各機種の二型（派生型機）を含めると）二四機種となる」（『飛行機設計50年の回想』）

そしてフォークトが川崎を去って後の「一九三四年から一九四五年までの一二年間は川崎の設計主務者（主任設計者）として（中略）それぞれの設計に携わったということである」（前掲書）

加えて、設計試作された二〇機種のうちで敗戦までに量産されたものを列挙すると次の通りである。陸軍の九二式戦闘機（三八〇機生産）、九三式単発軽爆撃機（二四〇機）、九五式戦闘機（五八〇機）、九九式双発軽爆撃機（キ48、一九七〇機）、一式貨物輸送機（一二〇機）、二式複座戦闘機（一六九〇機）、三式戦闘機（二八八〇機）、五式戦闘機（三八〇機）およびキ一〇二襲撃機（二三〇機）の合計九機種である。

フォークトが去って、土井ら川崎の設計陣の手によって一から開発が進められたのは、昭和一二（一九三七）年一二月末からスタートする陸軍の双発戦闘機（キ45）および軽爆撃機（キ48）からである。

後者のキ48は主流となってきた片持式単葉機であって近代的なスマートなフォルムをしていた。この一カ月前、川崎造船の飛行機工場が分離独立して川崎航空機が設立された。このとき、岐阜工場に設計部が設けられ、第一、第二、第三の各設計課と艤装《ぎそう》（航空機としての機能を発揮するための装備）設計課に加え、研究課によって編成された。土井は第一設計課長と艤装設計課長を兼任する重責を任されることになった。その五カ月前、中国大陸で盧溝橋事件が勃発し、戦火は拡大の一途をたどって、日中の全面戦争へと突入しつつあった。戦時体制に入り、軍用機の増産や新型機の開発がより活発化していたからだ。

主任設計者として開発した「屠龍」が大戦果

風雲急を告げる重要な時期に、土井は初めて主任設計者として采配を振るうことになった機種がキ48だった。その設計そして試作は順調に進んで九九式双発爆撃機として制式採用され、量産された。土井は主任設計者としての自信をさらに深め、社内や軍からの評価をより高めることになった。

キ45は土井より二年後輩の井町勇が主任設計者としてリーダーシップをとった。そのでき栄えも性能も良かったが、川崎として初めて採用された空冷エンジンのハ20乙の不調に悩まされ、手こずることになった。

このため審査に合格せず、エンジンを出力アップしたハ25に改装することとなった。キ48の技術も流用して性能向上機となったこともあり、井町に代わって土井が担当となった。このキ45は重爆撃機を援護する役割の双発戦闘機で、後に、二式複座戦闘機（キ45改「屠龍」）として採用されることになる。日米開戦後、この機の部隊が編成されて、南方戦線に出動して活躍する。

もっともその名を馳《は》せたのは昭和一九（一九四四）年六月一六日だった。中国大陸の奥地、成都《せいと》基地に進出した米軍のB29が、初めて日本本土を空襲。八幡製鉄所など北九州地区を爆撃したのである。そのとき、これを迎え撃つため、本土の防空部隊の主力である「屠龍」が飛び立った。

地上からは幾条《いくじょう》ものサーチライトによって目標機を照らし出すため、B29の乗員は下方の視界が利かない。「屠龍」はその下方に潜り込んで並行に飛行しつつ、操縦席の背後に装備された二〇ミリ砲で銃撃を加えたのである。結果、七機を撃墜《げきつい》、四機を撃破する大戦果を挙げた。

この後、土井は引き続いて、主任設計者として主に戦闘機や襲撃機などを次々に開発する。その中でも最高傑作と言われたのが単発の三式戦闘機（キ61、「飛燕」）で、昭和一五（一九四〇）年二月、陸軍からキ60戦闘機と併せて試作命令が出された。

これまでの川崎製の機体には、主にBMW製（ライセンスで国産）エンジンが搭載されていた。キ61では独メッサーシュミットBf109などに搭載されて評価の高いダイムラーベンツ製DB601、一一〇〇馬力を国産化、搭載を決めたのだった。

キ45改「屠龍」／探検コム

「私の理想とする戦闘機をまとめてみるつもりであった」と土井が口にするキ61は、空戦における旋回性能と上昇力を重視して計画された。日米開戦直後の昭和一六（一九四一）年一二月に行われた各務原飛行場での飛行試験では、「当時としては驚異的な時速五九〇キロ」を出して注目を集めた。しかも、水冷エンジンに加えて新しい冷却器の効果も手伝って、高度六〇〇〇メートルで時速六一〇キロを出し、高度一万メートルの上空で編隊飛行ができるなど、日本軍機の主流である空冷エンジンでは実現しにくい優れた性能を有していた。

その後の陸軍の審査でも優秀な成績を示したため採用され、翌年八月には早くも三式戦闘機として量産第一号機が完成し、合計二八八〇機も生産されたのである。

その姿態は見事なまでの流線形をしていて、「戦前の軍用機の中で際立って美しい」と言われるほどである。その大きな理由として、空力的な設計の良さもあるが、なんと言っても川崎が得意とする水冷エンジンを搭載していることだった。

空冷エンジンの場合、その構造上からどうしても大きな外径で正面面積が大きくなり、それを機首に装備するため、頭でっかちになる。空気抵抗も大きくなってマイナスである。

その点、細長い外観の水冷エンジンは重くなるマイナス面はあるが、横置きにできるので、機体の先端が尖った鋭い流線形にすることができ、性能面で何かと有利になる。しかも、スタイルもスマートにすることができるのである。

戦闘機の空戦において重要になる急降下速度は、華奢《きゃしゃ》につくられている零戦が強度不足から時速六七〇キロに制限されていた。これに対して、丈夫なキ61は八五〇キロまで許容されていた。敵機との戦闘時には、音速を超えることもあったと言われるが、空中分解することはなかった。

三七歳のとき試作部長に昇進、大臣表彰も

キ61はその高性能が高く評価されて、昭和一七（一九四二）年一〇月、東京日日新聞社および大阪毎日新聞社から「ニッポン号」記念賞を受賞した。土井にとっては同じ月、うれしいことが続いた。若干の三七歳にして早くも異例の試作部長に昇進したのである。部下は四〇〇人を超えていた。

翌年の一二月、社長室に呼ばれた土井は、鋳谷正輔《いたにしょうすけ》社長から言い渡されたときのエピソードを『飛燕』の中で語っている。

「土井君、陸軍省から呼び出しがあったから東京に行ってくれ」

「ハイ、まいりますが、どういう用件でしょうか」

「まあ、行けばわかるよ」

普段から口数が少なくて豪腹で知られる鋳谷社長はそれ以上伝えようとはしなかった。通常、陸軍との仕事上の打ち合わせや審査などでは、航空本部の技術部や審査部にいくことが通例だった。ところが陸軍省だというので土井は首を傾げた。試作や改良などいくつも掛け持ちで同時進行だけに、土井は忙しい日々の連続である。時間を無駄にしないため、東京への行き来は夜行を利用することをつねとしていた。

一二月二一日、市ヶ谷にある煉瓦《れんが》造りの陸軍省の建物に入ると、顔見知りである三菱の稲生光吉《いのうみつよし》発動機工場長のモーニング姿が目に入った。

「稲生さん、モーニング姿とはまたなんですか」

「土井君、君は知らないのか？　今日は、われわれの大臣表彰があるんだよ」

「ええ、しまった、おれは平服で来ちゃった」

社長は人が悪いと思ったが、今さらどうしようもない。稲生は三菱のエンジンにおいて、土井はキ61の設計に対して表彰を受けることになっていて、両人はそれぞれ会社を代表していたのだった。午後から催

された表彰式には、軍服姿の陸軍大臣兼首相の東條英機と、富永恭次陸軍次官ほか陸軍の高官らが顔をそろえていた。

かん高い声で首相が表彰状を読み上げているとき、場違いの平服である土井は緊張しながらも、「なかなかいい声をしているなと思った」という。尺八やピアノをたしなむ土井の音感からかもしれない。

土井はキ61の協力者で補佐の大和田《おおわだ》信《しん》技師とともに、陸軍技術有功章の徽章《きしょう》および副賞の一万五〇〇〇円が授与された。帰社した土井は早速社長室に向かい、社長に副賞を差し出して手渡そうとした。すると、「お前の勝手にせよ」との言葉が返って来て、土井は頭を悩ますことになった。

キ61「飛燕」／探検コム

当時の一万五〇〇〇円というと、現在なら一五〇〇〇万円を超す金額であろう。この処置について大和田と相談したが、あまりの大金に適当なアイディアが思いつかない。思案しながら、土井はその大金を鞄に入れたまま会社と自宅を二カ月ほど往復していたというのである。

「このままではどうしようもない」と思い立ち、結局、試作部の課長と係長とを合わせ合計一〇〇人ほどに、一〇〇円の国債を一枚ずつ配った。「残りの五〇〇〇円は飲んで騒いで使い果たそうと決めた」。約四五〇人いた試作部員を三つに分けて、一五〇人ずつ、岐阜駅の近くにある料理屋を三晩借り切り、使い切ったのだった。いかにも土井らしい振舞いだった。

このとき、三晩とも宴会に最後まで付き合った土井は、いつもに増して上機嫌だった。十八番にしている宝塚歌劇団の「すみれの花〜咲く頃……」や「紅い灯、青い灯、道頓堀の川面にあつまる恋の灯……」という歌詞の『道頓堀行進曲《どうとんぼりこうしんきょく》』が飛び出した。

敗戦後の図面焼却に無念の思い

太平洋戦争下では、目の回るほどの忙しさの中で奮闘した土井だが、戦局はいよいよもって押し迫ってきた。昭和二〇（一九四五）年一月一九日、川崎の航空機生産を担う明石工場は、米軍の爆撃によって二一九人の死者を出した。前年末から疎開を進めていた岐阜工場も、六月二二日と二六日にB29による爆撃を受けて一トン爆弾が命中するなど、甚大な被害を受け、火災も発生した。

このとき、試作部長の職にあった土井は幹部十数名とともに、人気のない本館の中央玄関の左側一〇メートルほどの一階地下壕に立てこもって、息を潜めていた。やがて接近してくるB29の轟音《ごうおん》とともに爆弾が次々と投下された。大爆音とともに地下壕は大振動に揺すぶられ、部屋中が砂ぼこりに包まれ、目の前が見えなくなった。

B29の轟音は聞こえなくなったが、ゴーゴーとにぶい音が響いてきて、地上に出て見ると、本館前の建物が炎に包まれていた。玄関の右側一〇メートルほどのところには、直径一〇メートルほどの一トン爆弾の大穴があいていた。爆弾は三階建ての屋上から一階までの天井、床の分厚いコンクリートをもすべて突き抜けていた。

土井はその惨憺《さんたん》たる光景を目にしてつくづく思った。「もしこれがもう少し左だったら、と思うとゾーッとした。人間の運不運はこんなものかもしれない」

全国の主要都市や軍需工場などが次々と爆撃されて、もはや日本の敗戦は時間の問題となっていた。八月一二日、土井は海軍の技術者たちの要請で湯河原に向かった。特殊兵器、いわゆる特攻兵器に関する打ち合わせのためだった。それが終わると、そのまま上京した八月一四日午後、軍需省の疎開先である西荻窪の立教高等女学校を訪ねた。すると、部員たちが荷物をつぎつぎと運び出したり、大量の書類を焼却したりしていたため、「何かあるな、いよいよ来るべきものが来たのか……」と直感した。

翌一五日正午、西荻窪の宿泊先の旅館で、土井は天皇の玉音放送を聞いたのだった。放送が終わったとき、「『これでよかったんだナ』とホッとする実感もあった」と語る。

ただちに土井は列車で岐阜の自宅に帰った。翌日、歩いて十数分のところにある設計室の疎開先、大日本紡績に顔を出した。そこで目にした光景に唖然《あぜん》とする。工場の広場には図面や書類が山のように積み上げられていて、従業員たちが次々と焼却していて、すべてが目の前で灰になろうとしていたからだ。

「これらの図面は先輩やわれわれ技術者が30年近くにわたって蓄積した技術的財産である。敗戦とはこんなことであろうが、このことは今でもあきらめきれない」と、敗戦から半世紀近くが過ぎたインタビュー時においても、無念の思いを口にしていた。

失業また失業で苦しい生活がつづく

八月二五、六日頃のことだった。東條寿工場長がやって来て従業員たちに言い渡した。「これで日本はどうなるか分からん。君たちは若いから早く方向転換したほうがいい。これで（川崎に派遣されていた陸軍技術将校らが）召集解除になって、（飛行機の製造ができなくなった会社を）辞めて新しい方向を探しなさい」（「『飛燕』設計関係者との懇談録」）

会社の従業員で最初に首となったのは土井が率いる設計部の研究課そして各設計課だった。資材課や現場は航空機の材料などが大量にあったので、これらを活用しての鍋、釜など生活用品をつくって売ることができるからだった。

九月に入ると、ＧＨＱ（連合国軍総司令部）は「航空禁止令」を公布して、航空機の研究や生産の一切の活動が禁止され、航空学科も廃止された。各種の航空機に関する試験設備などもすべてを徹底的に破壊。このため、「日本の空には模型飛行機すら飛ばない」と言われたほどだった。

一〇月までには、三万人に膨《ふく》れ上がっていた川崎航空機の従業員たちのほとんどが首になり、郷里などに帰っていった。「どうやって食っていくか、まず考えたが、あわてたってしょうがない。少し蓄えがあるから、一家五人がさしあたり食べていくぶんはなんとかなるだろう」と土井は腹を据えた。

わずかに残っていた川崎が試作・生産した飛行機の写真や、入社以来そのつど書きとめてきた二五冊のメモ帳を整理し始めた。さらには、数少ない資料をもとに、記憶を頼りとしながら、航空機の五〇分の一ないし一〇〇分の一の概要設計図面を描いていった。

一〇月、突然、土井はGHQの呼び出しを受けた。早速、皇居のお堀端にある第一生命ビルのGHQ総司令部に出向いた。川崎が試作したすべての航空機に関する取り調べが行われ、「航空機の図面や説明書を提出しろ」と命じられた。その後、元設計部門の部員たちを呼び戻したりして、各自がひそかに持ち帰っていた図面や説明書なども含めて、三カ月ほどかけて報告書をまとめ、一二月末にGHQへ提出した。

土井は「日本の置かれたこの状況からして、航空機の生産が再開されることはあるまいと予想し、今後一切、航空機に携わることもないだろう」と思わざるを得なかった。

一年間ほど、残務整理などをしていたが、インフレの進行があまりに急激で、目算が狂ってきた。大丈夫だと思っていた蓄えは目減りして、先行きが怪しくなったのである。

そのような折、たまたま戦時中、仕事上で知り合っていたドイツ人技師と出会った。彼は、日本の開戦で帰国できなくなっていたドイツの元高級船員ら約三〇名と、日本人約四〇名を集めて、ゼーオーという町工場を経営していて、リヤカーや荷車をつくっていた。

「今何をしているのか」と問われた土井は、「アルバイトローゼ（失業者）だ」と答えた。

「それなら、今からここで働かないか。月給は八〇〇〇円やるから」となって一年半ほど働いたが、やがてGHQの命令で、在留ドイツ人はすべて敵国人として本国に強制送還されることとなり、会社は土井が引き受けることになった。

この後、航空機の残材などを使って四〇トン積みのジュラルミン製大型トレーラーや電気自動車などを製作したりした。ところが、昭和二四（一九四九）年に吹き荒れたドッジデフレのあおりを受けて、従業員の半分を整理する事態になった。このとき、土井も自ら退社して、再びアルバイトローゼとなった。

昭和二五（一九五〇）年一〇月、切羽詰まってきた土井は思い切って、川崎重工から分離独立した川崎製鉄の気鋭の経営者・西山弥太郎社長を訪ね、直談判して頼み込み、神戸の葺合《ふきあい》工場で働くことになった。

昭和二七（一九五二）年四月になると、占領体制の終わりを告げる対日講和条約の発効によって、「航空禁止令」が解かれた。戦前の航空機メーカーである三菱や旧中島飛行機、川崎岐阜製作所などが、自社のリスクで小型航空機の設計試作を開始したり、東京・立川にある米極東空軍の軍用機のオーバーホールに関係した仕事を引き受け出したりしていた。

一年間の療養生活の後、航空業界に復帰

土井は、昭和二一（一九四六）年から相変わらず出稼ぎの単身赴任で、岐阜に家族を残したままである。寝泊まりは神戸にある川崎製鉄所の独身寮住まいだった。そんな彼のところに、昭和二七年八月、川崎の岐阜製作所の若い永野喜美代社長がやって来て要請した。「小型飛行機の設計をやるので、ぜひ手伝ってほしい」

「航空機とは一生お別れと思っていたので、感慨無量だった」とそのときの心境を語った。岐阜製作所ではベテランの航空技術者がいなかったので、なおさら必要とされ、「ぜひとも」と懇願されたのだった。

川崎製鉄への恩義もあるので、申し出は断ったが、代わりに週に一回、夜行列車で神戸と岐阜とを往復して、小型のプロペラ機、ＫＡＬ１やＫＡＬ２など、後のビジネス機あるいは自衛隊の連絡機となる設計

の指導に当たることにした。体力は抜群で、バイタリティーあふれる土井だけに、相変わらずその働きぶりは休むことを知らなかった。

ところが昭和二九（一九五四）年、この神戸と岐阜とを夜行で往復して休みなく仕事する一人二役の激務によって、五〇歳にならんとする土井の身体も悲鳴を上げ、結核にかかってしまった。

古巣の各務原の川崎病院に入院し、一年間、療養生活を送ることになった。それでも、ただ療養するのではなかった。医者の忠告も聞かず、ドイツ語と英語の航空機関係の本を取り寄せて読みあさり、欧米の最新の航空技術の情報を知り、その吸収に努めた。

昭和三〇（一九五五）年六月、世界の趨勢はジェット機時代となっており、川崎は米ロッキード社と技術提携し、防衛庁のT33ジェット練習機のライセンス生産を始めることになった。

すでに退院していた土井は、またも週一回の岐阜通いを続けていた。

昭和三二（一九五七）年のある日のことだった。自宅に帰ると、妻は寝込んでおり、子供たちは学校へ行って居なかった。そんな家族の現状を見て「これじゃ困る。何とかしないと、自宅から通える岐阜に勤めることができればいいが……」

こうした折、渡りに船の声がかかった。岐阜製作所では「技術顧問として来てくれればありがたい」となって、一二年ぶりの航空復帰となった。昭和三二年八月のことである。若い岐阜の航空技術者たちは大喜びで、土井の本格復帰を歓迎した。これまで以上にアドバイスを求め、指導を仰ぐのである。

〝サムライ〟の一人として「YS―11」開発に参加

ちょうどこの年の四月、かねてから通産省の赤澤璋一航空機武器課長が意欲的に根回しを進めていた中型輸送機（後のYS11）の実現に向けた、基礎的な設計研究を行うための予算が承認された。これを受けて、四月五日、研究組合の性格を持つ「財団法人輸送機設計研究協会」（輸研）が設立され、業界挙げての理事、役員などが人選された。

この中でもっとも注目されたのは、中型輸送機の基本計画となるコンセプトの概要設計・研究を進める技術委員会だった。なかでも実質的な計画を決める委員の顔ぶれだった。新聞や週刊誌などは「戦後初の国産旅客機の実現なるか」などと騒ぎ立てていた。国民の強い関心も呼び、「再び、戦前の航空機王国の復活なるか……」といった夢も与えていた。

この委員会を中心的に担ったのは、通称「五人のサムライ」と呼ばれた、戦前の名機設計者らだった。三菱で九六式艦上戦闘機や零戦、「烈風《れっぷう》」など主に艦上戦闘機の設計主任を務めた堀越二郎。周回航続距離世界記録を樹立した航研機やA26の一部設計を担当した東京帝大航空研究所の木村秀政。彼は日大教授だったので、「中立の立場で」との名目で技術委員会委員長に就任した。川西航空機で「紫電改《しでんかい》」や二式飛行艇の主任設計者の菊原静男。中島飛行機で九七式戦闘機や「隼」戦闘機を設計した太田稔。そして、三カ月遅れの八月から参加したのが土井だった。

「技術委員会のメンバーはみんなお互いによく知ってましたし、木村、堀越はクラスメートですから違和感はなかった」と土井は語る。

彼らの下に、戦後、大学の工学部を卒業した若い技術者たちがつき、具体的な設計・研究作業を進めることになった。木村や堀越らは週に一回ほど輸研に顔を出す程度での指導や打ち合わせだった。ところが、土井はまたも東京の川崎航空機に単身赴任して、意欲的にかかわったのである。

このように、戦前の主要機体メーカーなどの主任設計者クラスの五人を集めた訳は、YS11プロジェクトを自らぶち上げた通産省の赤澤璋一航空機武器課長の思惑があったからだ。赤澤は役人ではあったが、現代のコマーシャルの時代を先取りしたキャッチフレーズやコピーづくりは抜群だった。それも、敗戦を

YS 11

経た昭和三〇年代当時の日本人の心情をくすぐるものだった。

「日本の空を日本の翼で」とか「航空機工業ダイヤモンド論」などと吹聴し、マスコミ受けを狙っての憎いまでの演出が功を奏した。多くの業界人が不可能と思っていたYS11開発の予算取りにも成功して、各航空機メーカーの寄り合い所帯で事業主体となる特殊会社の日本航空機製造を設立した。巨大なナショナルプロジェクトを実現するとなれば、こうした赤澤のような才能や演出、プロパガンダも不可欠だった。

その一つの戦略が、国民受け、マスコミ受けする戦前の各航空機メーカーを代表する花形主任設計者の五人の顔をそろえた〝オールスター総出演〟で、話題づくりをやってのけたのである。

赤澤の思惑どおり数々のマスコミが飛びついた。例えばその一つ、「週刊朝日」（一九六二年二月二日号）は九ページのトップ特集記事で報じた。

「YS―11と五人のサムライ――喜びも悲しみもすべてツバサに」との見出しが躍った。敗戦、そして「航空禁止の七年間」の苦節の時代を乗り越えて、再び登場した五人のサムライのプロフィールを、やや浪花節調で伝えていた。

堀越にも啖呵を切った設計者としての強烈な自負

そんな当時の五人を振り返りつつ、土井はしみじみと語った。「YS11をやった五人のうち、私以外はみんな亡くなってしまった。一〇年前に堀越、つづいて木村、菊原、太田と……。輪研の後の昭和三四（一九五九）年六月に（YS11の開発・販売する事業主体の）日本航空機製造（日航製）ができ、堀越や木村それに菊原君が実務（実機の設計）から手を引くが、私と太田君（管理面を担当）の二人はその後も残って担当したのです」

太田は主に日航製で企画・営業面を担当。その意味において、この世代では、YS11の実際の設計を通して身近に接し、戦前・戦中に培った日本の航空技術を戦後の世代に直接伝えた昭和一桁代は土井ただ一人だった。名機零戦を設計したことで、もっとも広く国民に知られた堀越は、その特異な性格から、若い技術者たちとのコミュニケーションが成り立たなかった。自ら進んで彼らの中に入っていったり、フランクに指導したりといった姿勢はもち合わせていなかった。

このとき土井は五四歳。細かくて神経を使う航空機設計にコミットするには高い年齢だった。それも、戦後に大学を卒業して、まだ航空機設計のイロハも知らない息子同然の二十数歳も年下の若い技術者たちの中へと積極的に入っていって、設計を進めていったのである。

加えて、自らが経験して身につけてきた豊富な航空機設計の技術やノウハウを、実務を通してアドバイスし、指導をしていた。通勤ではいつも登山帽をかぶり、着古した地味なレインコートを羽織っていた。片手には重そうな大きな鞄を持ち、もう一つの手には風呂敷を持っていることもしばしばだった。

若い連中と一緒に赤提灯の暖簾《のれん》をくぐり、酒を酌み交わしながらの気さくな談笑の中で昔話を語り、航空機設計の心構えや神髄を伝えていたのだった。

「飛行機はずっとやってきましたから、横目で見てもこれが適当かどうかわかります。だからYS11の担当（艤装）以外のことでも口を出したのです。それに（コンセプトづくりのときは）堀越（二郎）や木村（秀政）は（東京帝大航空学科で）同じクラスですから、何も遠慮はいらないのです。おれ、お前の関係ですから」

土井がこうした設計作業を通して若い技術者たちに語って聞かせた重要な基本姿勢の一つは、「航空機の設計というのは〝アート・オブ・コンプロマイズ〟（高度な次元での妥協）なのだ」という考え方だった。その意味するところは、「最近よく耳にする〝トレード・オフ・スタッディ〟と同じ考え方である」とも解説する。航空機の設計はすべての面で、あちらを立てればこちらが立たずの関係にある。これらの様々な条件や長所、短所を比較検討して詰め、全体としてもっともバランスのとれたコンセプトやシステム構成を決定することを意味していた。

土井が自信たっぷりに語るのは、堀越などよりはるかに多い二十数機種もの設計を手掛けていたからだ。それも戦闘機、大小の爆撃機、輸送機など多種類を主任設計者として手掛けてもいたからだ。このため、YS11の計画づくりにおいて、五人が取っ組み合いの喧嘩になりそうなほど侃々諤々《かんかんがくがく》の議論を戦わしたときだった。土井は啖呵《たんか》を切っていた。

「戦闘機しか設計したことのない堀越なんかが、この大きい輸送機（YS11）の設計の何がわかるか」

とかく、重い責任を負うことになる主任設計者は自ずと神経も細かく、また気難しかったりする傾向が強い。しかも、この頃の航空機設計者は超エリートであるだけに、自らの信ずる理論や信念、手法に固執したり、プライドが高かったりする場合が少なくない。とくに、五人のサムライでは堀越と菊原は学者肌だった。そんな中にあって、まず行動力ありきで旺盛な土井は一人、ざっくばらんな性格で、若手と自然なコミュニケーションを図っていた。

それは子供の頃から苦労し、また戦後の時代も失業や日雇いあるいは出稼ぎ的な泥臭い仕事もこなしてきたからであろう。それだけに、取り巻く周りの現実を見据えつつ、柔軟な対応で、YS11の実現に向け、五人の中ではもっとも大きく貢献していた。

自ら「縁の下の力仕事を引き受けた」と語るように、予算獲得のための泥臭い役も買って出た。ときには、超エリートの設計技術者らしからぬ大芝居（ハッタリ）を打って、まんまと役人や政治家を乗せて感激させたりする演出も手掛けていた。

予算取りのためのモックアップ作成

土井へのインタビュー当時、日航製の解散からすでに一〇年がたっていた。とはいえ、YS11の事業オープンにはできない業界の様々な問題を集約的に内包していたため、この業界ではタブー視されていた。だから、当事者に赤裸々に語ってもらうことは難しいと見られた。

しかし、気さくに取材に応じてくれたため、長時間にわたり、いろいろなことを聞くことができたが、そのインタビューを通して強く意識したことは、「航空機開発における技術の経験とその継承について」だった。そんな実例を二、三紹介しておこう。

有名なYS11の実大模型（モックアップ）の製作を巡ってのエピソードがある。昭和三三（一九五八）年七月、まだYS11を太胴にするか細胴にするかの基礎案も決まっていないし、まともな図面もできていない段階の頃だった。その年の一二月末に経産省がYS11の試作の予算付けを決定することになるが、その四カ月前頃のことだった。「急きょモックアップを前倒しでつくって、大臣や関係者らに見せてアピールしようではないか」との話が出てきた。五人のサムライたちの意見は真二つに割れた。

潔癖でごまかしを許さない堀越と菊原は正論を吐いて強く反対した。「まだ早過ぎる。基礎設計が本当に固まってからでないとモックアップはつくる意味がない」

一方、現実主義者の土井は実利を追った。「そんなこと、わかりきっている。でも、今度のモックアップは政府からの金を引き出すのが第一の目的なんだから、技術的な細かい点はひとまず抜きにして、国会の予算審議に間に合わせてつくるべきだ。もし、予算が獲得できなければ、何もかもがおじゃんになってしまうのだから」

議論は平行線で紛糾したが、土井が押し切ってモックアップをつくることになった。急ぎ概要図面を作成して、突貫工事で飛びきり立派なモックアップをつくりあげてしまった。

素人受けする外観の形状や操縦席などを含むコックピットは本物そっくりだった。機内の調理台やトイレ、照明などインテリアや西陣織の布張りシート（一席五〇万円）も、金に糸目をつけず、ことさら見栄えよくまた豪華につくった。土井はそのでき栄えについて自慢げに語った。「どうせ見学者は国会議員などの素人が多いのですから、とにかく、一般の人が見て感心するようなモックアップであれば良いと割り切りました」

「戦前にはその例をみないほどの本格的な旅客機のモックアップ」との触れ込みでアピールもした。ただし、見た目はすばらしくて素人受けするのだが、元になった図面はかなりおおざっぱなものである。このため、元海軍の技術士官で、数多くの航空機を開発し、また目にしてきた防衛庁の技術幹部の高山捷一《たかやましょういち》らはすぐに気づいて、土井に疑問をぶつけてきた。

「このモックアップは何だ？」

土井は手の内を明かす。「実は、横から見ると主翼が少し後ろ過ぎるのです。いわゆる重心位置がそれているのが目でわかるんです。だから、飛行機をたくさん見てきた専門家は『おかしい』とすぐ気がつくわけですよ。でも、できちゃってるんだから、そう言われても、嘘をやったんですよとは言えないので、『脚もナセル（発動機房）の中に収納できるようにつくってあります。まあとにかく、艤装の方を見て下さい』と受け流しました」といった調子なのである。

土井らの最大の狙いは、ＹＳ11の予算獲得に重要な役割を果たすことになる政治家の高碕達之助通産大臣や大蔵省などの高級官僚たちだった。ベートーベンの「田園」交響曲が流れる会場の建家に入った高碕は、ライトアップされた演出で浮かび上がるモックアップに驚きの表情を見せ、満面の笑みで五人のサムライたちに語りかけた。

「私は今日、十年若返った。非常に気持ちがよい。私は満州航空で終戦を迎えた時、戦後は日本で飛行機を作れないものと思い、技術者を引き連れて中国に帰化しても作りたいと思っていたが、はからずも今日この輸送機の実物大模型を見て感無量の思いだ」（杉本修著『わが空への歩み』）

この大芝居の演出もあって、ＹＳ11は予想に反して、予算がつき、その後、日航製が設立されて、本格的な開発が進められることになるのである。

戦前の超エリートで、東京帝大航空学科卒などの航空技術者は、どちらかと言えば西洋趣味のモダンボーイのようなタイプが多い。ゴルフをたしなんだり、三つぞろいのスーツにソフト帽を被ってビシッと決めて出勤したりしていた。あるいは近寄りがたい存在で屹立《きつりつ》している場合も少なくなかった。若い技術者たちとの率直な会話があまりできず、せっかく身につけてきた豊富な技術経験が必ずしも上手く戦後の世代に受け継がれることがなかった。

土井は語った。「私は川崎を辞めて、中小企業を点々として荷車の製造をやったり、電気自動車をつくったりしましたが、五人のサムライのうち、菊原や堀越、太田らは戦前からいたメーカーにそのまま留まって戦後を送った。われわれに近い年代の航空技術者は経営的なことも含めて、なかなか泥臭くはできないのです」

このときのモックアップの製作費が五五〇〇万円、現在ならば一〇億円以上にも相当する巨額である。土井は「政府をたぶらかして金を出させることが目的だから」と言い放つが、もし予算が取れなかったとなると、多額な無駄金を使ったことになり、責任問題にもなる可能性があった。

モックアップをつくる、この決定の善し悪しは別にして、取り巻くマクロ状況を踏まえながら、航空機設計者（主任設計者）という立場を超えて、腹をくくって決断できる姿勢を土井は持ち合わせていたのだった。若い技術者には「働くのは各自の〝餌〟のためである。不平不満も各自の自ら選択した結果である」との割り切った考え方を言い聞かせていた。

大小様々なトラブルに見舞われた「YS―11」開発

昭和三七（一九六二）年八月三〇日、YS11は初飛行に成功した。その後は、引きつづき飛行試験が来る日も来る日も行われた。その間に次々と出てくる大小様々なトラブルの改良、そしてその確認試験を繰り返す日々だった。

数多くの問題はあったが、その中で大きな問題の一つが機体の横安定性だった。横安定性とは、例えば双発エンジンの片方が故障して一発で飛行したり、横風を受けたりしても、機体が常に安定した状態を保てる（復元する）とともに、離着陸もできるような性能とコントロール可能なことが求められる。

この問題の原因は、主翼にあった。一般に主翼は水平に対して胴体の付け根からやや角度（上反角）をつけて上方に反らせている。YS11の場合は、「上反角を小さくした方が、横風を受けたときに機体の揺れが少なくて乗り心地が良くなる」との判断から、小さい値の四・一九度にしていた。確認試験がかなり後に実施されたため、横安定性が悪いとの結論が出たとき、スケジュールは押し迫っていた。

その対策をめぐって日航製内がすったもんだしていた頃、土井はアメリカにいた。川崎でライセンス生産することが決まっていたロッキード社製の対潜哨戒機《しょうかいき》P2Vおよび、それを日本が大幅に改造・開発して新型機（後のP2J）とする計画について、同社との打ち合わせなどで三カ月間滞在していたのだった。

帰国して川崎の岐阜工場に出社した土井は、現場で見慣れないうちわのような形をした主翼の先端部を製作しているのを見つけて担当者に問うた。「あのうちわのようなものは一体何かね」

「ＹＳ11の横安定性を改善するために主翼の先に取り付けるもので……」

その〝うちわ〟とは、旅客機やビジネスジェット機などの主翼の先端部を斜め上方に折り曲げたようにしているウイングレットである。土井は「基本的な問題の箇所に手をつけず、輸送機にこんなものをつけたんではしょうがない」と呆《あき》れ返ってしまった。

と同時に、反射的に三〇年ほど前の戦前、自分が同様の問題で逆ガル（カモメが飛んでいるときの姿に似た翼の形状）のキ５戦闘機を改造したときのことを思い起こしていた。「姑息な手段だったが、主翼を取り付ける胴体との部分にクサビのスペーサーを入れて上反角を増やしてやれば、十分ではないが改善される」

そのことを若手の開発リーダーたちに提案したのである。このとき、初飛行までの開発リーダーだった東條は、三菱重工業本社からの命令で、「初飛行を一つの区切りとして戻って来い」として、四、五歳年下の若い世代にバトンタッチしていた。

しかし、彼らは戦時中に大学を卒業していて、航空機の設計は部分的にしか経験していなかった。彼らは、〝うちわ〟による改良も含めて、いくつかの改良案を考案してトライしたが改善しなかった。結局、「ここに至っては時間がかかるが仕方がない。上反角を大きくした主翼をつくり直さざるを得ない」という結論に至っていた。主翼だけに改良となれば、完成は早くとも半年先になる。すでにスケジュールが遅れており、競合機に市場を食われつつあったため、販売などからこの主翼の改良案は猛反対されていた。

さりとて土井の提案は、若手のリーダーたちからすると、「あまりに乱暴だし、ゴマカシみたいなやり方だ。ＹＳ11はお客さんを乗せる旅客機であって、荒っぽかった戦前の戦闘機や輸送機とは違うのだ」との不信感が先に立ち、とても受け入れられなかった。同時に開発の経験も豊富ではないので、「土井の改善案で上手くいくのか、大丈夫なのか」との判断もできなかった。

後輩に身をもって示した実践的な設計

「口でいくら説明しても理解されない」として、土井は独自行動をとった。簡単な図面を描き、自分で工場へ行って現場の人間を集めて指示をした。クサビを入れる主翼および胴体の繋ぎの部分の模型を木で作らせ、またクサビも作った。取り付け部分周辺を一部削ったりしたうえで、これらの部品を長くしたボルトで締め上げることができるかどうかを実際にやってみた。ギリギリながら、上手くいくのである。もちろん、図面上でもそのことを確認した。

ただし、クサビの挿入によって上反角の反り具合が二度大きくなるので、主翼に組み付く主脚やエンジンがその角度分だけ斜めになってしまうのである。若手たちは反対の論拠を指摘した。

「安易な対策のクサビもさることながら、脚が二度傾くと、斜めの力が加わることになるので、脚の支柱が強度的に弱くなる。そのうえ、双車輪（タイヤが二列横に並んでいる）の内側のタイヤだけが先に接地して、しかも強い力がかかるために片当たりになって、減りが大きくなる。やがてパンクする危険もある。とてもそんな変更は危なくて採用できない」

これに対し、土井はさらなる提案をした。「外側のタイヤの内圧を内側のものよりやや高くしてわずかに大きく膨らませて、両輪が荷重をできるだけ均等に受けるように変更すれば問題は解決する」

この頃、YS11がトラブルを多発し、スケジュールが遅れていることを心配していた東條が、自ら上司に申し出て、日航製に復帰することになった。土井は東條に上反角の改善案を示し「このやり方ならば一カ月半の工事で済む」と説明した。東條は「大先輩の土井さんがクサビを入れる改造をやってくれるという。とにかく角度を大きくするしかない。だから、土井さんの案をやろうとなった。こっちは（解決できそうで）ヤレヤレだった」と了解し、早速実行に移したのだった。

YS11は横安定性以外にも重大トラブルがいくつもあって、解決のめどが立たたず、スケジュールが大幅に遅れていた。これらのトラブルをマスコミが取り上げて騒ぎ出していた。「いつになったら飛ぶのか欠陥飛行機のYS11」「時代遅れのプロペラ旅客機」「醜《みにく》いあひるの子」……。政府省庁あるいは政治家、エアライン関係者も、さらに、かねてからYS11の開発に疑問を呈してきた航空評論家などが新聞や雑誌などに厳しい論評を載せていた。

土井の改造案に沿って試作機にクサビを挿入するなどの改造が行われて後、飛行試験を実施すると、横安定性も強度上も全く問題なく、問題が見事に解決され、東條流に言うなれば、まさに〝ヤレヤレ〟であった。もちろん、量産機の主翼は最初から角度を増す形状に図面変更を行った。

このほか、機体の重心位置がずれており、乗客が後ろの方に乗ると、前方の主（首）車輪が浮き上がり、滑走するときの直進性を保つのが難しい問題もあった。これも若手のリーダーたちは「前方の胴体部分を二〇〇ミリ長くし、反対に後方の胴体は二〇〇ミリ短くする」という大がかりな改造を計画していた。

これについても、土井は戦中に開発を手掛けた大型爆撃機で行った解析と実験の経験を披露《ひろう》した。「検討すべき問題は主翼と主車輪の位置関係である」と提案したのである。それは、主脚の取り付け位置はそのままとするが、その主脚をいっぱいにまで出したとき、後方斜めに傾けた状態でセットする小規模改修案だった。これによって、主車輪のタイヤ接地位置を主翼に対し一〇〇ミリ後退させることになる。きわめて簡単な改修案で問題は解決したのだった。

東條から代わった若手の開発リーダーである三菱出身の島文雄は語った。「土井さんは非常に経験がありで、ためらう我々に『やればいいじゃないか』と言ってくれたわけです。それまでは思い切ってやれなかったし、土井さんのようなアイディアまでは思いつかなかった。やっぱりベテランで経験があるから

Ｐ２Ｊ

なんですね。我々にはなかなか思い切ってやるという決断はできません。確かに言われたようにやっていくと、あとはスムーズにいったのですから、偉い人の助言というのはありがたいとつくづく思いました」

当時の若手設計者が語る土井の手法

富士重工業出身の鳥養鶴雄《とりかいつるお》はＹＳ11設計の中核を担うとともに、Ｔ１初等ジェット練習機、Ｃ１輸送機、Ｔ２高等練習機など、戦後に大学を卒業した世代でもっとも多く国産機の設計にかかわった。その後はボーイングとの共同開発となるＢ７７７でも、日本側のリーダーとして相手と渡り合い、開発の実現に大きく貢献した。

鳥養は「年齢はかなり離れていたのですが、土井さんにはずいぶんざっくばらんにつきあってもらったし、教育もされました」と語った後、以下のように付け加えた。そこから土井を通して学ぶべき重要な教訓が浮かび上がってくる。

「現代の航空機開発では、コンピュータを使った最新のシミュレーション解析をはじめ、トラブルを未然に防ぐ手だてが出てきている。でも、それだけでは十分ではないのです。事前に予測できないトラブルはつきもので、その解決に手間取ってスケジュールが大幅に遅れたりすると、それによって開発費が膨れ上がって巨額になる。民間機ならばコンペティターに市場を食われて、事業が挫折しかねません。このため限られた時間内での迅速な解決が求められます。そのときにものを言うのが経験なんです。でも、こうした経験は実際の開発をいくつもこなさないと生まれてきません」

この意味で、日本でもっとも多い二〇数機種もの航空機を設計・開発してきた土井の経験はきわめて貴重であったし、ＹＳ11の開発事業の危機を救った。航空技術者としての思考方法や心構えなどを、ＹＳ11の実際の開発や生産を通して、直《じか》に若い世代に伝授すると同時に、自ら実践してみせたのだった。

そのときの土井の姿は、主任設計者として自立を求められ苦しかった戦前の競争試作の頃や、いくつも掛け持ちで開発にあたった極端に多忙な戦時中のときとは違っていた。若い世代に交じって酒を飲んで論じ、大いに飛行機づくりを楽しんでいる風であった。

ＹＳ11の設計が終わり、飛行試験を進めていた頃、土井は先に紹介したようにロッキード社製のＰ２Ｖのライセンス生産に関する業務をこなしていた。併せて、日本（川崎）が開発するＰ２Ｊ改造設計に携わっていた。それは戦後に土井が手掛けた四機種目の設計で、戦前からすると二四機種目となり、これが最後の航空機開発となった。このＰ２Ｊが初飛行したとき、土井は六二歳であった。

滞在していたロッキード社の幹部や現場の技術者らとのやり取りでは、豊富な経験と博識、それにフレンドリーなキャラクターも加わってか、尊称が込められた「ミスター・エンジニア」と呼ばれていた。

昭和の初め、日本の航空機産業のちょうど自立期から、敗戦後の「航空禁止」の時代も乗り越えて、再度復活させたその半世紀以上を、土井はつねに先頭に立って全力疾走で駆け抜け、結果として日本を代表する設計者の一人として、その名を航空史に刻み込んだのである。

二年後輩の井町からは「土井さんにも定年があるのかね」と言われたりしていたが、平成八（一九九六）年一二月二四日、九二歳で死去した。土井の薫陶《くんとう》を受けた鳥養や島も含めて、日航製のＹＳ11や川崎重工での各種航空機の設計において深くかかわった戦後世代の主要な技術者たちは、その後、日本の各航空機メーカーで幹部として活躍し、日本の航空機産業の発展に大きく貢献したのである。

第四章　業界の〝三賢人〟は「呑龍」の軽量化で新人から頭角を現す

渋谷　巌（元中島飛行機設計者、元富士重工業常務）

●しぶや・いわお／大正三（一九一四）年～平成一五（二〇〇三）年。富山県出身。東京帝国大学航空学科卒業。昭和一二（一九三七）年中島飛行機入社。入社後すぐに設計にかかわった一〇〇式爆撃機「呑龍」で超軽量化を実現。昭和二四（一九四九）年東北大学教授を経て、昭和三一（一九五六）年富士重工業宇都宮製作所航空機工場長となる。同社取締役、常務取締役などを歴任後、日本航空機開発協会副理事長に就任。

自由闊達な中島飛行機に入社

東京郊外の多摩川近くにある渋谷巖元富士重工業常務取締役の自宅を平成二（一九九〇）年頃から一〇年前後の間に四度ほど訪ねた。戦前の中島飛行機および戦後の富士重工業の時代における航空機開発について話を伺うためである。

渋谷は日本において戦後初となるジェットエンジンＪＯ１の開発を主導。これも初となるボーイングとのＢ７６７の共同開発事業においては、三菱の東條輝雄、川崎重工業の内野憲二とともに尽力して、困難な共同開発をなんとかまとめあげた。三人は権限のある会社役員であったが、航空機に対する熱い情熱を共有し、互いの利害や思惑を超え、足並みをそろえて臨んだ。大局的見地に立って粘り強く交渉を重ねたことで、その後の日本の航空機産業の発展に向けた道筋をつけることに成功したのである。この功績によって、彼らはこの業界の「三賢人」と呼ばれることになる。

インタビューはいつもざっくばらんな雰囲気で長時間におよんだ。渋谷は第一線を退いてから夫婦で各地をよく旅行をしていた。その際、風景をスケッチすることが多く、帰宅してからそれをもとに油絵として仕上げていた。

私自身、長年にわたり、各分野のアーティストたちとの親交（酒を飲んで騒ぐなど）を重ねてきたので興味があり、渋谷の部屋の隅に立てかけている描きかけの絵だけでなく、押入にしまい込んでいるものも拝見させてもらったりした。絵は具象の風景画で、そのモチーフの多くはかなり標高の高い山々（山脈）だった。静かな隠居《いんきょ》暮らしをしている高齢者の絵とはとても思えなかったので、感想を求められたときにこう応えた。

「失礼ながら、ご年齢（八〇歳代）と思えないほど力強くて迫力のある絵を描かれますね。何か内にある思いなんでしょうか。絵にはその人の内面が自ずと表れ、またにじみ出てくると言いますからね」

戦前・戦中の激動の昭和において、名だたる軍用機を何種類も設計してきた渋谷氏の内にある深層部分が、絵の中に込められているように思えたからだ。「まあ、そうかもしれませんが。やはりこうした力強い山々をどうしても描きたくなってしまうのですよ」と笑みを浮かべながら語っていた。

渋谷巌

昭和一二（一九三七）年四月に東京帝大航空学科を卒業した第一五期生の八人は、昭和二（一九二七）年卒の五期生とともに当たり年と言われた。後の航空界で大きな功績を残す大物技術者（経営者）たちを輩出したからだ。その中の一人が渋谷巌であって、三菱と双璧をなしていた中島飛行機に入社し、陸軍機設計部に配属された。この頃、中島飛行機の陸軍機設計は陸軍から「三菱より強力」と称されて、高評価を受け、第一線の戦闘機などが次々に制式採用されていた。

戦前だったが、エリートの集まりである設計部は自由な空気だった。技師たちの間では、「たとえ上司であろうとも、課長とか部長とは呼ばず、さんづけとかニックネームで呼ぶのが通例だった」と渋谷は振り返る。新人であろうが、ことさら上下関係に気にすることなく率直な議論ややり取りをする雰囲気だったという。

実質的な社長で鉄道大臣も務めた政友会の大物議員の中島知久平《なかじまちくへい》すらも、「知久平さん」とか「大社長」と呼ばれていたのだった。後に中島知久平は、一代で三菱に比肩する航空機会社を築き上げたこともあって「日本の飛行機王」と呼ばれることになる。

ワンマンで太っ腹でもある知久平は、文系の社員からは嫉妬を買うほど独断的な方針をとっていた。それは「『将来の事業発展の基礎である』として設計重視、技術者重視」をし、とくに設計者を厚遇していた。しかも、若い技術者にも重要な仕事をどしどし任せることにしていたのである。

加えて、原則として「仕事上の失敗は問わない」としたため、競合他社と比べて、リスクを取って挑戦的な開発を積極的に推し進める気風がみなぎっていた。技術者である渋谷らからすれば「大変居心地が良かった」というのはもっともな話だった。

それだけではない。財閥系の名門で一流企業だった三菱重工が、昭和一〇年代に入っての工学系学卒の初任給が七〇円であったのに対して、中島は八〇円から八五円で、東大航空学科卒は九五円だった。これは彼らにとって自慢であった。

このような給与制度をとっていた理由の一つには、三菱や川崎などと比べて、中島飛行機は急成長した新興企業だけに、知名度も含めて総合的に見たときの世間の評価はワンランク落ちる。航空機メーカーは最先端技術を手がけるだけに、給料の点でも技術者を厚遇することで優秀な人材を集める。それによって三菱との競争に勝ち抜いていこうとしたのである。

「巌コル」と呼ばれる頑固な性格

渋谷も入社して少しすると早速ニックネームを頂戴した。「波板の巌さん」または「巌コル」と呼ばれるようになったのである。「コル」とは、波板のことを英語では「コルゲーテッドシート」と呼ぶからだった。

渋谷は機体の設計が専門で、最初は主に胴体や主翼などを担当した。高校時代から数学が得意だったので、航空機の設計経験が乏しい新入社員であるにもかかわらず、難しい数式を駆使して徹底的に計算をして、従来よりもかなりの軽量化を実現していた。

薄い板をトタンのように波形に加工した波板をサンドイッチ構造にすると、重量は減っているが曲げやねじり強度は高めることができる。際限《さいげん》のない軽量化が要求される航空機だが、波板を多く用いた設計は性能の向上にも貢献するので、大いに賞賛されたのだった。

「波板の巌さん」は賞賛も込めての呼び方だが、「『巌コル』の方は、若いにもかかわらず技術面や日常でも妥協せず、頑固だったからでしょう」と自らを語る。

例えば、戦時中、度重なる航空機の増産要求に対してなかなか体制が整わないことにしびれを切らした軍が航空機メーカー各社に命令した。「トラックの量産を行って成果を上げているトヨタ自動車の挙母《ころも》工場を見学して生産効率アップの参考にしろ」

各社の航空技術者らとともにこの見学会に参加させられた渋谷は、工場を見て回ると、「何だ、これじゃ（中島飛行機の）太田製作所や小泉製作所の半流れ作業の機体組立工場の方がよっぽど進んでいる。参考にはならん、たとえ軍の命令でも、おかしいものには従う必要ない」と一方的に決めつけ、無視してただ一人、彼だけ午前中でさっさと切り上げて帰ってきたというのである。

確かにこの両工場は日本の航空機工場としては新しく、日本でもっとも最新の生産方式を導入していた。

そのことを象徴する実例として、三菱が開発して大量生産された零戦は、海軍の命令によって小泉工場でも生産され、その総機数は三菱を大きく上回っていた。

中島知久平は明治末頃の日本の航空の草創期《そうそうき》から、この世界を担っていたわずかな数の軍人の一人であった。海軍にとっては貴重な存在であり、四度ほど海外に出張していた。明治三五（一九〇二）年に締結された日英同盟に基づく両国の親善の意味を兼ねて、イギリスを訪問する際、異例の申し出をしてマルセイユ港で降ろしてもらい、当時、航空機ではもっとも進んでいたフランスのアンリー・ファルマンの飛行学校やブレリオ社の機体工場などを見学した。明治四五（一九一二）年七月には、渡米して、命じられていた米カーチス飛行機工場を見学するだけではなかった。勝手な行動でカーチス機の操縦術も習いライセンスも取得して帰国した。

このため、上官からきついお叱りを受けることになった。命令以外の習得もしたからだ。中島は航空機技術や整備、操縦、そして各国の航空機メーカーについても詳しい存在だけに、将来を大いに嘱望《しょくぼう》されていた。ところが、既成概念にはとらわれず、しかも独断的な面がある中島だけに、何かと規則や決まり、階級や身分の違いで縛られる海軍は次第に窮屈に思えてきた。

航空機を発展させることに使命を感じていた三三歳の中島は、欧米のように「飛行機工業民営の企図は国家最大最高の急務」（「退職の辞」）であるとの信念を実行に移したのである。

大正六（一九一七）年、上層部の慰留《いりゅう》も無視して海軍を退職。郷里の群馬県尾島に、ほぼ日本初と言える航空機製作会社の飛行機研究所（後の中島飛行機）を立ち上げた。今で言う脱サラのベンチャー企業である。

当初は、退職の経緯からして折り合いが悪くなった海軍ではなく、陸軍に食い込んだ。陸軍航空の実力者で、特別に長い髭《ひげ》を蓄えた名物男の井上幾太郎少将の知遇を得て、受注を次々に獲得したのである。

海外の飛行機を輸入して組立あるいはライセンス生産し、さらにはそれらの欧米機を真似て自作する。昭和の時代に入ると、今度は自主開発機の試作・量産をして、悪戦苦闘をしながらも急成長を果たした。やがて、エンジン生産にも乗り出して、大正一二（一九二三）年、東京・荻窪にエンジン工場を建設、機体ともども開発・生産して、渋谷が入社した頃には、規模や生産機数、エンジン生産台数でも三菱重工業の航空機部門を上回っていたのだった。

入社のきっかけとなった糸川の強引な誘い

昭和九（一九三四）年、富山高校の学生だった渋谷は、「とくに航空が好きだから航空学科を専攻したというわけではなかった」。担任の教師から勧められたからである。「東京帝大の航空学科はむずかしいが、お前なら試験を受けりゃ入れるだろうから、受けてみろ」

航空学科の定員は一学年七、八人でしかない。工学系を志望する全国の高校生にとって憧れの学科だけに、本当に優秀な学生しか受験できない。しかも倍率は高いのでとびっきりの難関だった。にもかかわらず、担任教師がこんな言葉を吐くほど渋谷は優秀だったのである。本人も「数学が好きだったし、航空は数学をたくさん使うだろう。それに、難しいというなら、あえて受けてみようと思った」とさらりと言ってのけた。

東京帝大卒業の前年の六月、同じ航空学科の二年先輩にあたる糸川英夫（ニックネームは〝糸さん〟）が大学にやってきて、ぶっきらぼうな口調で渋谷に言った。「お前がまだ就職先を決めていなくて、中島に入ってもいいという意思があるなら、入社できることになっているからな」。彼は中島飛行機陸軍機設計に所属していた。

糸川は若い頃から、相手や周りの人間への配慮などお構いなしで、自分が思っていることをストレートに口にし、また反抗したりする性格だった。だから、渋谷の意思など訊くこともなく、否応なしに中島入りを決めたかの口振りだった。今で言う典型的な青田買いである。貴重な航空学科の学生をいち早く確保しようとしたわけだ。

その糸川は、戦後、日本のロケット開発の先駆者となり、東大生産技術研究所でペンシル・ロケットをはじめ一連のロケットを自主開発する。マスコミの寵児《ちょうじ》となって、「ロケット博士」の異名をとることになる。

実は、数年前までは「大学は出たけれど」の就職難の時代だったが、満州国の建国を経て、当時の工業系学生の就職事情は徐々に改善しつつあった。なかでも急拡大する航空分野はメーカーも陸海軍も人員を急増させていた。卒業までまだ時間があったため、渋谷はのんびり構えていてあまり就職のことを真剣に考えてはいなかった。

それでも、「三菱や川崎に就職するならば中部や関西に行かねばならないが、中島なら東京ないし関東圏に勤務できる」という糸川の誘いには心を動かされた。糸川の勧誘から四カ月ほどして、中島知久平が「一度会ってみたいと言っている」との連絡が入った。

一〇月、渋谷は中島飛行機入りを決めていた同じ航空学科の同級生・内藤子生と連れだって、有楽町の中島飛行機の本社に出かけていった。今ならば会社訪問である。

顔合わせを兼ねた面接試験のような知久平とのやり取りだったが、その中味はただ一般的な話をしただけで、堅苦しいものではなかった。もう中島側は、当然のごとく二人の入社を決めていたのである。渋谷は切り出した。

「ところで、会社にはいつから行けばいいのでしょうか」

「いつからでも、気が向いたら来ればいいいさ」

そんないい加減とも言えるやり取りで、二人の中島飛行機入りが決まったのである。

すでに就職が決まったからというわけでもないが、渋谷は三年になってからはほとんど授業には出ていなかった。ただし、卒業論文である「薄板構造挫屈論」の勉強については熱心に取り組んだ。早々と八月にまとめあげたので気は楽で、「(その年の) ほぼ半分は遊んでいた」が、それでも図書館だけは熱心に通っていた。

「大学の図書館で、建築関係も含めて、保管されている挫屈関係の論文のほとんどに目を通したが、七、八〇点以上はなかった。だからやることがなくなってしまった」

やがて三月を迎えて卒業となり、内藤と相談した。

「いつから会社に行こうか」

「四月を過ぎた頃になると金がなくなって、具合が悪くなるだろうから、それから行くか」

予想通り、金がなくなった。四月八日、二人は群馬県太田にある勤務地、中島飛行機機体工場の本拠である太田製作所に初出社することになった。

この内藤とは、戦中に開発された高速偵察機「彩雲《さいうん》」の設計者である。戦後は日本初のジェット機となる自衛隊のT1初等ジェット練習機の主任設計者としても知られることになる。戦後の富士重工業時代には、渋谷とともに二枚看板のリーダー技術者として、またともに役員として航空機部門を引っ張り、三菱や川崎とつばぜり合いを演じることになる。

二人は東武伊勢崎線の太田駅を降り、左右が桑畑の道をしばらく歩き、三年前に建てられたばかりの巨大な鉄骨構造の太田工場に入った。そこは活気に満ちていた。工場とは別に、製作所の正面にタイル張りの本館があり、その三階に陸・海軍機設計部の部屋があった。

新人で「呑龍」の胴体の軽量化に成功

渋谷が入社して一年も経たない昭和一三（一九三八）年初め、陸軍から中島飛行機に対して一〇〇式重爆撃機キ49「呑龍《どんりゅう》」の試作命令が出された。渋谷は入社して間もない新人ながら設計を命じられた。

後に「呑龍」は陸軍で最初の近代的な高速爆撃機と言われる。昭和一二年七月七日、盧溝橋《ろこうきょう》事件に端を発して起こった日中戦争、そして昭和一六（一九四一）年一二月八日の真珠湾奇襲攻撃に始まる太平洋戦争において活躍した九七式重爆撃機（キ21）に引きつづいて陸軍が発注したものである。戦闘機の護衛を必要としない高速でかつ武装していることが特徴だった。

昭和一三年一二月、当初の予想に反して日中戦争が一方的に拡大していったことで、急遽《きゅうきょ》、陸軍はイタリアからフィアットBR20（イ式）重爆撃機を八八機輸入した。この頃、陸軍はまともな爆撃機を保有していなかったからだ。

キ49「呑龍」／富士重工業

ところが、全機とも中国軍の戦闘機に撃墜《げきつい》される散々な結果となった。その原因は、この機の尾翼の背後に死角があったからだ。編隊を組んで飛行しているとき、その死角を見抜いて、その方向につけた敵戦闘機が銃撃してきた。このため、端から次々と撃墜されていき、ついには全機を失ったのである。あまりにも無様な結末だった。爆撃機についての経験が乏しい陸軍が調査不足のまま、イタリア側の調子いい説明に乗せられて鵜呑みにしたことと、購入を急いだことで足元を見すかされたことが原因だった。

この失態の反省から、「呑龍」では機体の後部に機関砲を装備する構造に変更することを決めた。となると、狭い胴体後部まで射手が移動して、横向きになって射撃できるだけのスペースを確保する必要があった。この点について渋谷は解説する。

「それまでの飛行機の水平尾翼は胴体を突き抜けて通し、左右が一体の構造になっていたのです。そうしないと強度的にもたなかった。しかし、『呑龍』では尾翼のところまで人が通れるように空洞にしなければならないから、水平尾翼の左右は別々に作って胴体に組み付ける。その構造になると、水平尾翼の付け根が弱くなるため、強度的に問題がないような設計にしなければならなかったわけです」

この技術課題は、渋谷の入社以前から問題になっていたが、計算が難しいこともあって、そのままにして設計を一通り終えていた。しかし、主務設計者で数々の設計を手がけてきた小山悌《こやまやすし》課長は放っておくわけにもいかないとして決断を下した。

「パイロットの安全を考えたとき、やはり確実性のある設計に変更すべきだ」

「呑龍」の設計チームは小山が他機種も兼任する形で主任設計者となり、これに渋谷の先輩格の西村節朗《にしむらせつろう》、木村久寿、糸川英夫らが設計を担当し、渋谷も末席に加わった。

渋谷がいきなり命じられた設計の仕事は、技術的に難しくてペンディングとなっていた先の尾翼の接合部分を含む胴体の設計だった。もちろん、航空機の設計経験などほとんど皆無だけに青天のへきれきだった。ところが、新人で失敗の経験もないだけ、怖いもの知らずでひるむことなく取り組んだ。

「コンピュータのない時代ですから、この複雑な計算は大変でしたが、なんとか計算方法を独自に考え出して設計したんです。うまくいって会社からごほうびとして四〇〇〇円ももらいましたがね」。給料の約四カ月分のお金をもらった計算だ。

渋谷が設計した機体の胴体の重量はわずか三九〇キロしかなかった。「世界中であんな軽い胴体をつくったことはないでしょう。だから、尾翼のすぐ後ろに配置した二〇ミリ機関砲を撃つと、あまりにも機体が軽い（華奢）ので、その反動で胴体がしなるほどなんです」。先輩たちは口には出さないものの内心不安を感じているようであったが、渋谷に言わせれば、「航空機として強度的には十分に持つように設計されていた」と強調する。

この設計が終わった段階の昭和一四（一九三九）年半ば頃、東京帝大航空学科の教授で学位を授かった小野《お》鑑《の》正《あきまさ》教授から、渋谷に何度か誘いがかかっていた。「『東大に戻ってきて先生にならないか。モノをつくるのもいいが、若い学生をつくるのもいいんじゃないか』と言われました」。昭和一四年の秋から翌一五（一九四〇）年五月まで部屋が用意された東大に通うことになった。

渋谷が中島飛行機を留守にして東京帝大に通っていたその間、彼が設計した「呑龍」の胴体は変更が加えられた。使用する〇・四ミリの板厚を、彼には何の連絡もなく〇・五ミリに増したのである。

「先輩たちが『この板厚じゃ、いくらなんでも不安だ』と恐れをなして、〇・一ミリ厚くしたんです。それで結局、胴体の重量は五〇〇キロくらいに増えてしまいました」。この変更は無理もない面があった。机上での強度計算上は問題ないとしても、やはり経験的な要素も加味して総合的な観点から判断する必要があった。

「呑龍」は型式がⅠからⅢ型まであり、次第にスピードをアップしていき、最後のⅢ型の最大時速は五四〇キロとなり、爆弾搭載量は一トン、全備重量は約一三・五トンとなった。

入社早々、これまでの先輩たちの常識を破る設計を、独自に立てたむずかしい計算式の裏付けによって実現させたその力において、渋谷に対する評価が一気に高まった。同時に、渋谷にとっても、以後の航空機設計に対する自身の考え方を決定づけた。得意とする軽量化設計の考え方をより進めて、これまでの中島飛行機設計部の常識を変えていくことになる。

小野教授から強く求められて教師になる件は、「陸軍参謀本部が強く反対したのです。とくに航空本部からは『航空機の設計技術者が不足する。渋谷さんにはやってもらいたい仕事を用意しているので』として強引に『待った』をかけられました」

当時を思い起こしながら、渋谷はやや不満気な口振りで語った。「私のときは軍が反対してだめになったのに、糸川さんのときはＯＫを出して助教授となった。二人ともほぼ同時期の日米開戦も間近に控えたときなのに不思議です。両者に対する判断が違った理由は説明されなかった」

中島飛行機の陸軍設計部は五〇〇人ほどの陣容であった。その中に第一課があって全体的な基本設計を担当していた。渋谷は三〇歳になったばかりの若さで早くもこの第一課の課長に昇進した。異例のスピード出世であり、慣例にとらわれない、いかにも中島飛行機らしかった。部下の課員は約二五〇人もいたが、いずれも若く、多くは二〇代だった。強度試験や模型作りを担当する技術者が一〇〇人ほどを占め、残りが純然たる設計担当で製図工なども含まれていた。

課の中は専門ごと、空気力学、重量、艤装《ぎそう》、脚・油圧、動力、電気などの各班に分かれていた。第二課は一課が行った基本設計に基づいて実機の試作設計を行い、それを具体化する業務だった。第三課は、実際の量産に向けた量産設計および改良設計を担当していた。これらに加えて、図面の標準化や設計基準などを作成する統制課の合計四つの課があった。

小山と議論しながらキ87の設計に従事

「呑龍」の後、渋谷が第一課長として担当した大きな仕事は、昭和一七（一九四二）年八月に陸軍から試作命令が出されたキ87の基本設計である。これはヨーロッパ戦線で対独爆撃に大活躍していた「空の要塞《さいよう》」Ｂ17およびそれにつづくＢ29を迎え撃つ高々度戦闘機であった。ただし、陸軍はまだＢ29の詳しい情報は入手しておらず、当初はヨーロッパ戦線に登場していた高々度飛行が可能な米リパブリック社製戦闘

キ84「疾風」／富士重工業

機Ｐ47「サンダーボルト」に対抗できる戦闘機として計画がスタートした。

一万メートル以上を飛行するＢ29の撃墜も可能であること。陸軍の要求仕様には「高高度近距離戦闘機および高高度防空戦闘機両者の性能を具備する」とされていた。高度一万一〇〇〇メートルでの最大時速七三〇キロ（最高時速は八〇〇キロ）が求められた。加えて遠距離戦闘機なみの航続距離も求められるなど、あまりにも欲張った要求だった。

キ87の主務設計者は「呑龍」と同じで、技師長に昇格していた小山だった。小山は、昭和一四年一月に初飛行した陸軍の一式戦闘機「隼《はやぶさ》」（キ43）を担当していた。そればかりか、さらにつづく二式戦闘機「鍾馗《しょうき》」（キ44）も、さらには、後に陸軍最強の戦闘機と呼ばれることになる「疾風《はやて》」（キ84）の主務設計者も担当することになった。大正一四（一九二五）年に東北帝大を卒業して中島飛行機に入社した小山は、航空機設計の経験が豊富なだけに、陸軍からの絶対的な信頼を得ていた。

渋谷は語る。「小山さんからキ87はお前が担当しろと言われ、初めて時速七三〇キロくらいを出すつもりで取り組みました。排気タービン付き空冷のエンジン『ＮＢＨ』（後のハ44で二列星型）は今までよりかなり大きい二五〇〇馬力を二発搭載する戦闘爆撃機です。こういうのをやらないと、Ｂ29が日本本土にやってきたとき、とても対抗できないだろうと思いました」

実際の機体の試作着手は遅れて昭和一八（一九四三）年七月から始まった。機体の総重量は、「陸軍最強」と言われた重戦闘機キ84「疾風」の約一・六倍もあり、日本ではきわめて大型の戦闘機だった。空気の薄い高空では、プロペラの効率が落ちるので、外径はキ84より一八パーセント大きい三・六メートルとした。日本の軽戦闘機では貧弱だった各部の防弾も強化した。主翼は左右が単桁式応力外被構造（モノコック）となっており、形状は脚取り付け部あたりから外側に上反角がついている。胴体断面は単座戦闘機に多い円形の断面ではなく、楕円形の半張殻式構造で、垂直尾翼の安定板は胴体と一体形状となっていた。

従来の戦闘機と比べて数々の新しい要素を取り入れている重戦闘機だったが、設計者からすると一番の問題は、高々度性能を発揮するための排気タービンだった。渋谷は当時を振り返りながら問題について語った。「先輩の青木邦弘さんと二人で部屋にこもり、キ87の基礎設計を進めて、三面図は私と部下で描いたのですが、小山技師長もつきっきりでした。描いても描いても小山さんが気に入らず、首を縦に振ってくれなかったんです」

小山が気に入らなかったのは排気タービンを装備する位置だった。小山は主張した。「排気タービンを機体の下部に装着すれば、エンジンと合わせて一箇所に集めることになる。もし被弾したとき、漏れた燃料が高温の排気タービンの熱で引火し、乗員に危険がおよぶ。だから胴体の横に取り付けるべきだ」

ノモンハン事件のとき、陸軍の中島製九七式戦闘機でパイロットが大やけどを負った苦い経験があったからだ。胴体に装備していたスターター用の小さなタンクに被弾、タンクから漏《も》れた燃料に火がついて火災となった。「パイロットの生命と安全が第一」をモットーとする小山は、「キ87では胴体に一〇〇〇リットルくらいのタンクをつけるというので、これは九七式戦よりはるかに危険になる」として譲らず、強く反対したのだった。

渋谷や青木は、「どこか一箇所やられれば、結局は同じことなのだから、下部に取り付けてもかまわないではないか。小山さんが推す排気タービンを胴体の横に持ってくると、エンジンと排気タービンとの距離が短くなって、排気ガスの温度が下がらないまま、もろにファンに当たるため、熱に耐えられなくなって溶ける恐れがある」

押し問答が何度か繰り返された結果、結局は小山技師長の主張通り、横に持ってくることになった。軍用機設計に対する両者の認識の違いだった。経験の浅い若い世代の方が、より先鋭的に走りがちだった。こうして概略設計がほぼ終わったところで、渋谷はキ87の担当を外れて、次の新たな新型機の計画作業に移ることになった。

社長が打ち出した超大型爆撃機「富嶽」構想

昭和一八年一月末頃、中島飛行機で極秘の集まりがあったと伝えられている。「大社長（中島知久平）からの重大な話があるので、中島倶楽部（群馬県・大田町）に集まるように」

連絡を受けて、中島飛行機の機体生産の本拠となる群馬県にある太田製作所（陸軍機）や小泉製作所（海軍機）、東京郊外の三鷹および荻窪にある陸海軍の各エンジン工場などから、会社の首脳、および技師長、部長、課長クラスら二〇数人の主要技術者が参集した。その中の一人に、陸軍機設計部第一課長（太田工場）の渋谷巌もいた。

日米戦の戦況は大きな分水嶺を迎えていた。前年の六月五日、ミッドウエー海戦で日本海軍は航空戦を有利に展開するための制空権確保に不可欠な空母四隻を、不覚にも失っていた。八月八日以降の三次にわたるソロモン海戦を経た一二月三一日には、大本営が奪回を狙って展開したガダルカナル島における度重なる総攻撃で全員玉砕が続き、遂に撤退を決定した。

開戦から続いた勝ち戦の様相が一変したのである。劣勢を強いられることになった大本営は、撤退を「転進」と言い換え、大損害を「損害軽微《そんがいけいび》」と発表。それを新聞がそのまま流す虚偽報道が当たり前となっていった。

大物政治家であり、中島飛行機の実質的な社長でもある中島知久平は、この集まりで今後の戦況の見通しと対応について大演説を行ったのである。戦時下においては誰も口にしてはならない、ましてや軍用機を生産する日本を代表する企業のトップなら、なおさらであるにもかかわらず。

「ミッドウエー戦頃から日本の地が出てきた。このままでいくと国体はなくなる。完全に敗戦してなくなる。『皇忠の国だ』『神国だ』とか言っているが、今はすでに夢に過ぎなくなっている。諸君らがつくっている飛行機もエンジンも、つくったとしてもほとんど役に立たなくなる」

理由を要約すると以下の通りである。急激な増産体制を取りつつある米国の航空機生産は、日本より一桁多いだけではない。すでにヨーロッパ戦線に登場してドイツの爆撃に大活躍しているB17につづき、「開発中の高々度飛行が可能で航続距離が長大な四発のB29、続いて六発のB36が登場してきて、日本を完全に射程圏内に収める。成層圏飛行によって高々度から侵入してきて本土を爆撃する」

彼の大演説は約三時間におよんだ。戦後から振り返ると、その内容は、後の日本が置かれることになる無惨なまでの戦況をかなり言い当てていた。知久平は海外に独自の情報ルートを持っていて、軍部もまだ掴んでいないような欧米列強の軍事情報を入手していたのだった。

開戦から一年余しかたっていない時期である。しかも予期もしていなかった驚くべき指摘だけに、参集者たちの誰一人、声を発する者はいなかった。彼ら技術者たちにとってもB29やB36は初耳だったからだ。聞き入る一同の胸中に衝撃が走り、大社長の言葉だけが室内を圧していた。

何しろ、中島飛行機がそれまでに試作あるいは生産してきた航空機はと言えば、そのほとんどが単発か双発にすぎなかったのである。米ダグラス社製DC4の技術を購入して輸入し、それをモデルにして何とか試作した四発機の大型攻撃機「深山《しんざん》」も事実上、失敗に終わっていた。

「富嶽」完成想像図

大社長は続けた。「この戦況をひっくり返して、大勢を挽回するには、方法は一つしかない。たとえ挽回しても負けるかもしれない。けれども有利な形で講和するには、アメリカ本土を直接攻撃して米国民の人心を混乱に陥れることである。それにはどうすればよいか。今あなた方がつくっている飛行機では、その航続距離からしてとても向こうまで飛んでいけない。B36を上回る六発の爆撃機を、全精力を傾けて至急つくり、アメリカ本土を爆撃する。一発の発動機は五〇〇〇馬力でなければならない。また爆撃して戻ってくる飛行機でなければならない」

中島知久平は約七カ月後、この爆撃機を「富嶽《ふがく》」と名付けた。その計画概要を図面や表、グラフもまじえた九八ページの対米「必勝戦策」としてまとめて、軍首脳および東條英機首相兼陸軍大臣に献策するのである。

長年、航空機の開発・生産に携わってきた技術者にとって、五〇〇〇馬力の六発を搭載する爆撃機など、日頃、思い描く次元をはるかに超えた度肝を抜くような壮大な構想だった。それは気宇壮大でドンキホーテ的な挑戦とも言えた。だから、常識からして「現実離れした構想」として首を傾《かし》げる幹部や技術者もいた。

しかし、それ以上に出席者たちは真剣に説くワンマン社長の大雄弁に圧倒されていた。「この計画はもうすでに陸・海軍に具申してある」

東條英機の日々の言動を秘書官が克明に記した『東條内閣総理大臣機密記録　東條英機大将言行録』に

は、例えば昭和一八年四月二三日、「中島知久平氏来訪要談（大型飛行機の用法及建造に付）」。昭和一九（一九四四）年五月一六日には「中島知久平氏来訪要談（大型機試作に関する件）」といった記述が、数度見られる。東條首相は「富嶽」計画を承認していたのである。

ところが中島飛行機のエンジン部門の現実はと言えば、二五〇〇馬力級のエンジン「NBH」（ハ44）がトラブルを多発させながらもようやく試作を終えようとする段階でしかなかった。この後の量産化がうまくいくか否かはかなり不透明な状況にあった。にもかかわらず、大社長は「五〇〇〇馬力を一馬力たりとも下まわってはならない」と厳命した。空冷だけに最大の技術課題は冷却にあると見られていた。

大社長の演説の後、急ぎ「富嶽」の基本計画をつくりあげるため、内藤子生を中心とするチームが編成されて作業に取り掛かった。その結果、昭和一八年六月頃までに「富嶽」基本設計に関する次のような計画概要をほぼ一通りまとめ終えた。

全幅六五メートル、全長四五メートル、全高一二メートル、主翼面積三五〇平方メートル、燃料は胴内タンクが四万二七二〇リットル、翼内タンク五万七二〇〇リットル、翼面荷重一平方メートル当たり四五七キロ、自重六七・三トン、正規全備重量一六〇トン、三六気筒空冷星型エンジン六発で合計三万馬力、性能は高度七〇〇〇メートルで時速六八〇キロ、実用上昇限度一万二四八〇メートル、航続距離一万七〇〇〇キロ（爆弾二〇トン搭載時）。

機体の大型化がもたらす大幅な重量増加

日本の航空史上において前例がない巨人機だった。あらゆる面で高性能が求められて、それまでの航空機の設計値を飛び抜けていた。この後、「富嶽」計画は航空本部や大本営で承認され、陸海軍協同のプロジェクトとなった。それは大軍事企業の中島飛行機を擁する大物政治家、中島知久平の政治力でもあった。

　これについて、ダグラスＤＣ２をモデルにした比較的大型の「ＡＴ」輸送機などを設計してきた中島飛行機陸軍機設計部の西村節朗部長は否定的な見方をしていた。若いがゆえに恐い者知らずの渋谷や内藤より五年ほど先輩の西村は、東北帝大機械学科卒の技術者で、経験が豊富だったからであろう。

　その西村に対して、社長から絶対的な信頼を得ている技師長の小山悌がたしなめた。「お前は結論を出すのが早すぎる。やらない前から『これはできない』と否定的なことを技術屋は言えないはずだ」

　とにかくやってみなければわからないし、最善を尽くして何としてもまとめあげる覚悟で臨む必要があることを説いたのである。その小山自身も本音は「こんな夢みたいなのができるのか」との否定的な見方をしていたが、その思いを殺して、とにかく技術の限界に挑戦する姿勢で臨もうとしていた。

　実現に向けた不確定要素を含む技術課題は山のようにあった。なかでも最大の技術課題の一つが主翼の構造設計だった。ここでは主に、渋谷が担当することになった主翼に焦点を当てることにする。

　当時、大型の二式大艇や「紫電《しでん》」「紫電改《しでんかい》」などを手がけ、名設計者と謳《うた》われた川西航空機の菊原静男は述べている。「大型機の構造設計の難しい点は、二乗・三乗の法則で自重の増加は寸法の増加よりもはるかに大きくなることである」。その法則とは、航空機を大型化するためには、材料が同じならば、部材を二倍の寸法にすると、面積はその二乗であるから、強度は四倍になる。ところが体積（重量）は寸法の三乗に比例するから、もし部材を二倍にすると、重量は八倍になるのである。

　どのような航空機の開発においても、設計者は決まってこの重量増に悩まされ、さんざん苦労を強いられるのである。とりわけ大型機はそれが著しく、後のＢ７４７の設計者たちもまた吐露《とろ》していた。「Ｂ７４７の開発はSquare Cube Low（二乗・三乗の法則）との戦いだった」

　「富嶽」は求められる航続距離が長いだけに、主翼内の燃料タンクを満載したときの燃料重量が全体に占める割合がかなり大きくなる。重量推算係の百々義当は語った。「長距離を飛ぶので搭載燃料は二五メートルプール一杯分だったと覚えています」

内藤は語る。「主翼内の燃料重量は下向きの力としてはたらくが、それでも飛行中は上向きにはたらく揚力によってある程度は相殺されてかなり助けられる。また偏西風を利用すれば、苦しい航続距離を少しは稼げる。二〇、三〇パーセントは楽になるかもしれない」。こうした点をいかにうまく活用するかも主翼構造設計のポイントだった。

大問題は巨大な主翼の製作

五年ほど前、渋谷は新人ながら「富嶽」と同じ爆撃機の「呑龍」の機体を、先輩たちが驚くほど軽量に設計した経験がある。ただし、それは一〇トンそこそこで、富嶽の重量はその十数倍もある。それだけに、「呑龍」の延長上で「富嶽」がどうにかなるといったしろものではなく、渋谷の悪戦苦闘が始まった。

「中島飛行機の大型爆撃機といっても、DC2やDC4を買ってきて改造するというのが実情で、本当の意味で技術的蓄積はなかった。なにしろ『富嶽』は燃料などを搭載し、すべての荷重がかかると、主翼の先端が四・五メートルもたわむんです。さらに最初は燃料で重量が重いのだが、次第に燃料が減って重さが軽くなってくると、今度は別のたわみ方をする。飛行状態によって翼がねじれて迎角も変わってしまう。機体の重心位置の変化も問題になる」

離陸時の機体全体の重量が一六〇トンというのは、この時代の世界でほぼ初めてとも言える。日本ではこうした経験は実質的に皆無であるだけに、軽量化設計を得意とする渋谷も考えあぐねることになった。

だが、ここでも「波板の巌さん」の愛称で呼ばれる渋谷は、「呑龍」で用いた薄板をトタンのように波型に加工してサンドイッチ構造にする方法を使うことにした。彼はこの技術研究で博士号を取得し、専門中の専門だった。

材料は、軽量化を図るため、住友金属が開発して零戦でも用いられた当時最高の超々ジュラルミン（ESD）を使用した。ただし、「富嶽」の主翼においては、材料の供給それ以上に「サイズの大きな板をつくれるかどうかが問題だった」と渋谷は指摘する。

「何しろ主翼の面積は三五〇平方メートルもあるのです。小サイズの板の継ぎ接ぎでは、それだけ継ぎ目部分の補強やリベットがより多く必要になって、重量増につながるし、強度的にも低下する。日本では小型機しかつくってこなかったので、アルミ合金のメーカーも小規模の設備しか持っていない。その中でもとくに必要だったのが、板を成型するときの押し出し加工機でした」

専門家を集めて開いた大型機作成のための研究会

昭和一九年三月末から四月初めにかけて、中島飛行機は空力、機体（構造）設計、材料、計器、油圧機器などの各メーカーや大学などの各専門家ら五〇人ほどに小泉工場に集まってもらった。出席者は当時の日本におけるその道の権威者ばかりで、各専門分野に分かれてのそれぞれの研究グループをつくった。

その集まりの一つとして「大型機翼型研究会」が開かれた。集まった専門家から広く意見やアドバイスを受けようというものだった。このときの記録をみると、主翼の概要設計はほぼ終わっている様子だったが、この時点に至っても、「富嶽」を設計するうえでの根本的な問題点や不確定要素がかなりあったことが示されている。

この席で、中島飛行機の技術者たちが専門ごとに順番に出ていき、「富嶽」の技術課題などを説明していった。トップバッターは基本性能を担当する内藤。つづいて渋谷が登場して主翼材料の超々ジュラルミンの説明をすることになっていた。自分よりもかなり年上の大先輩たちや大学の教授、各機体メーカーの権威者らを前にするだけに、渋谷は気後れ気味だった。これに対し、研究発表会の前、大社長は薫陶を授けていた。

「私も議会で演説するときには原稿を自分で書いて、そのあと五〇回は繰り返して読んでみる。各界の専門家であるお客さんを招いて話すのだから、五〇回くらいは読んで原稿を見なくても全部しゃべれるくらい精通してから出るようにしなさい」

渋谷はこのときの薫陶をいまだに教訓としているという。問題だった主翼の超々ジュラルミンの材料は、古川電工日光製銅所から「なんとか作れるでしょう」との返答をもらい、解決のめどが立った。この返事を受けて、この材料ができることを前提に波板構造による主翼設計の詰めを急いだ。

「当時、キ87の速度が毎時七三〇キロくらいを狙ったのに対して、『富嶽』の速度は六〇〇数十キロくらいですから、そんなに高い要求ではないのです。材料さえできれば、あとはなんとかなったと思うのだが……。たとえ飛行機全体ができなくても、なんとか主翼だけでも完成させたい」と思っていたという。

ところが、中島知久平の「必勝戦策」に基づく「富嶽」計画は頓挫《とんざ》し、作業は中止されることになる。

長年にわたり日本を代表する航空機企業を率い、しかも欧米の航空先進国の事情にも詳しい中島知久平が、あえてこの時期に、技術的に難度の高い気宇壮大な「富嶽」をぶち上げたのか。その狙いや意図には様々な憶測がある。その中の一つを、「富嶽」主任設計者を務めた小山が推測する。

「知久平さんは戦後復活する日本の航空機工業のことも考え、たとえ戦争に間に合わなくても、あえて巨大な航空機の開発を行わせていたのではないか」

戦時において急発展していた航空機の技術は、戦後においても留まるところを知らないであろうし、より大型化することも必然的な道筋であったからだ。敗戦からまもなくして渋谷は中島知久平宅を訪れて問うたときの答えがそうだった。

「今後、将来どうしたらよいのでしょうか」

「今は飛行機の生産や研究が禁止されているが、三年から五年後には必ず飛行機は再開される」

この頃、GHQ（連合国軍総司令部）から「航空禁止」の命令が下されて、航空技術者たちは〝陸へ上がったカッパ〟となっていた。

「あの当時、日本の航空機工業が再開されるなんて、われわれ技術屋は誰も思っていなかった。それもたった七年後に。先がまったく見えなかった時代状況だったんだ、あの頃は。でも、知久平さんはちゃんと見通していた。もしかすると、大型化も含めた新しい航空機の時代を念頭に置いて、日本の航空技術を温存しておこうと、あえて不可能と思えるくらいの高水準を狙った『富嶽』をやっておこうとしたのではないだろうか」

大型機から特攻機に設計の重点が方向転換

一〇カ月前に開かれた御前会議で決定し、東條英機首相が死守を言明していた「絶対国防圏」があっさり破られた。昭和一九年七月一八日、これにより、東條首相は責任を問われる形で総辞職。代わって小磯《こいそ》国昭《くにあき》内閣が誕生した。同時に、大本営の選択は、大西瀧治郎中将が打ち出した「如何にしてB29を邀撃《ようげき》するか」を主目的とする攻撃機の開発または既存機の改造に転換することになった。具体的には、それ以前から開発を進めていた近距離戦闘機、高々度戦闘機、夜間戦闘機の三種類の流用であった。

そしてこれとは別に、陸海軍の協同試作として、B29や日本沿岸に接近する敵艦船への体当たり特殊攻撃用のロケット機やジェット機、簡素化した攻撃機、いわゆる「特攻」兵器の開発が緊急の課題となった。

「富嶽」の主翼の実現に向けて悪戦苦闘していた渋谷も、この作業を中止して、近距離用の爆撃（攻撃）機や特攻機の開発を手がけることになった。

その最初がキ115「剣」であった。渋谷は一年先輩にあたる青木邦弘とともに計画を進めることになった。キ87戦闘機および「剣」の試作（開発）責任者だった青木をインタビューしたことがある。当時、「米軍の進攻が予想以上に早くなっている」と受け止めていた当時の中島飛行機の設計技術者たちの不安と焦《あせ》りを重い口調で語った。「キ87が完成するまでには少なくとも一年はかかる。同僚の設計者たちは誰も口にはしないまでも、この戦闘機が間に合わないとの思いは皆が抱いていた」という。

　渋谷もまた「富嶽」を担当する前、キ87の基本設計を担当した。青木も渋谷も同じ思いだった。「ならば、このままキ87の開発に固執していていいのか」との疑問が頭を支配し始めていた。そこで渋谷や青木ら若手の設計者たちが集まり、忌憚《きたん》のない思いをぶつけ合って出した答えが、実質的な特殊攻撃機だった。

キ115「剣」／探検コム

「これまでの戦闘機のような複雑で細かい技術はいっさい省略し、簡略化した飛行機ならば、今からつくっても間に合うのではないか」

　通常ならば踏むべき手順の風洞試験や強度試験は省略し、荷重倍数（安全率）も半分とした単座の特殊攻撃機の基本計画を、渋谷は青木とともに作成した。同様に通常ならば当然装備しているべき「降着装置」は、「主脚は工作困難な引込式を排し、かつ性能の低下を来さないように投下式」とし、離陸すると脚を切り離して投下してしまうのである。すべてにおいて簡略化してつくりやすくするためだが、理由はそれだけではなかった。当初の基本計画段階では、特攻機としていたため「片道飛行用」だったからだ。

　社長の中島知久平に、この基本計画の事前承認を得るため、青木と川端清之の二人が三鷹に赴いて概要説明を行った。すると中島はきっぱりと厳命した。「最初から死ぬことがわかっている飛行機はだめだ。生還できる見込みのある計画に変更しろ」

この後、設計変更したが、その「計画説明書」が数十年後に発見されたという。そこには、「船舶の爆撃に任ずる」小型爆撃機とし、「着陸は胴体着陸とし人命の全きを期す」としていたという。資材面や構造は簡単にするため、胴体断面は円筒形状になっていた。

基本設計のみを担当した渋谷は語った。「離陸後に脚を切り離すことはそのままとしたが、帰還の着陸の際に胴体着陸できるように機体下面の鋼板を厚くする設計変更をした」。この変更により社長の承認を得て、実際の詳細設計、製作へと進んだ。その作業は太田製作所から、新築した三鷹研究所に移して進められ、青木が主任設計者となった。

青木は当時の心境を思い起こすように語った。「B29による日本本土爆撃、さらには、予想される米軍の本土上陸作戦を目の前にして、飛行機製作はアルミ材を鉄板に代替するといった状況でした。物資も欠乏してきたため、省略の限りをつくした、簡素化の極限を狙った設計です。だから、技術的にはとりたてて語るようなことはなに一つありません。日本の最後の飛行機のつもりで戦闘機を爆撃機（特攻機）に作り変えたものです」

迫り来る米軍の爆撃が目前と感じながら、軍用機設計者らが「何とかしなければ」との焦る思いから、当時の三〇歳前後の軍用機設計者たちが考え出したのが特攻機だったのである。大社長とは違い、若い彼らは思い詰め、当時の軍部と同様の焦燥する心理状況と相まって、劣勢が著しい戦争の大波に飲み込まれていた。

変更された「剣」は敵船舶に爆弾を投下した後、ただちに引き返し、砂浜や畑なり、空き地に胴体着陸する生還可能な小型爆撃機とされた。しかし、「剣」は戦後、かなりたってから「非人道的な片道飛行の特攻機」と一部のマスコミで取り沙汰された。

それを設計した責任者としての青木は批判を浴びた。だが、青木が語る当時の軍用機設計者が置かれていた心理状況や、切迫した状況下で「技術者として何かしなければならない」との思いから生み出されたキ115の意味合いと、当時の苦しい状況を十分に受け止めたうえでのマスコミ報道ではなかった。紋切り型の捉え方で指弾していた。

青木は「剣」と命名した由来を語っている。昭和一九年秋、フィリピン戦線で日本軍と米軍の決戦が行われるとの大きな新聞記事が掲載された。その見出しの中で司令官が、「フィリピンは広い、戦いがある。われに剣を与えよ」といった意味の言葉があった。その言葉は「手持ち兵器の不足を訴えているのではないか」と青木は受け止め、その見出しの「剣」の一文字を取ったのだという。

ジェット戦闘機の設計に着手

「剣」は一〇五機製作されたが、実戦には用いられないまま、敗戦を迎えることになる。「剣」の基本設計を終えた渋谷は、この後ターボジェット戦闘攻撃機（特攻機）キ201「火龍」の機体の設計・試作に没頭することになる。この機は、中島飛行機および日立製作所で開発を進めるジェットエンジンの「ネ230」、陸軍研究所の若手技術者と石川島芝浦タービンの共同で開発する「ネ130」のどちらかを搭載する予定としていた。

計画では、昭和二〇（一九四五）年八月下旬にモックアップ（実物大模型）審査、一二月には試作第一号機完成というスケジュールで試作が進められた。

戦前日本では、独自のジェットエンジン研究が昭和一三年頃から海軍航空技術廠《ぎじゅつしょう》において小規模ながら手探りで研究が進められていた。昭和一九年七月ドイツから潜水艦で帰任した独駐在武官の巌谷《いわや》英一《えいいち》技術中佐が、日本の試作研究の成果も踏まえつつ、ドイツのBMW社やユンカース社などで入手したジェットエンジンのわずかな技術情報や一部断面図を得て、開発に力を入れることになった。海軍だけでなく、陸軍、さらには中島飛行機や三菱、川崎、石川島、日立などの各メーカーにも各種タイプの一〇種類ほどのジェットエンジンの開発がそれぞれに割り当てられたのである。

だが、レシプロエンジンと違って情報は極端に少なく、経験は皆無なだけに、各社は悪戦苦闘することになる。先の海軍のジェットエンジン開発の実質的な責任者である元航空技術廠の永野治技術中佐は、戦前に唯一、ジェットエンジン「ネ20」の試作に成功した。敗戦の一週間前に中島飛行機製の双発の特攻機「橘花《きっか》」に搭載して、わずか一二分間の初飛行に成功したが、終戦を迎えることになる。

その永野にもインタビューしたが、当時をこう記している。「鎖国状態に近かった戦時の日本では、外国の技術界の消息は鉄のカーテンを通してのぞくよりもむずかしく、ジェットエンジンの初期研究は、全く新世界の探検開拓に等しかった」（『世界の航空機』）

機体を設計する渋谷らも同様だった。ジェット機特有の後退翼や離発着時の機体のコントロールなどの技術課題は未知の世界だった。「火龍《かりゅう》」は「橘花」と同じくドイツの双発機メッサーシュミットＭｅ２６２のコンセプトを採用した迎撃戦闘機で、主な仕様は次の通りだった。

高々度を飛行するＢ29を迎撃する目的の特攻機である「火龍」は、初速が遅いプロペラ機と違って、高度一万メートルに達するのにわずか一五分ほどで可能とし、最高速度毎時八一八キロ（高度一〇〇〇メートルの場合）。全幅一三・七メートル、全長一一・五メートル、自重四・五トン、全備重量七トン、武装三〇ミリ機関砲二門、五〇〇キロから八〇〇キロの爆弾を搭載する。

「火龍」の設計は、渋谷が率いる陸軍機設計部の手で進められることになった。しかし、北九州の工業地帯から始まったＢ29による爆撃は、やがて関東地方にも及んでくることが必至と見られていた。このため、群馬県の太田にある中島飛行機太田工場の技術部門は疎開をすることになった。

爆撃の激化で疎開を余儀なくされる

飯野優次長が率いるキ84戦闘機「疾風」の技術グループ約一〇〇人と、渋谷が率いる「火龍」を開発する設計部隊の約二〇〇人、実験部門約六〇人、トレーサーの女子や図面の統制課など約一五〇名、これに試作工作課の工員も加わった合計約五五〇人が二つのグループに分かれた。渋谷らのグループは、前橋の利根川べりにあった元紡績会社の工場跡に移った。会社創設以来からの膨大な量の図面や製図板や机、実験機材、食料や寝具など身の回りの品々などを、軍用トラックの延べ一八〇台で運んだ。

手探りの試行錯誤で進められていたネ130の試作の方は、未知なる技術課題やトラブルは頻発したが、第二陸軍航空技術研究所（第二陸軍航研）・中村良夫技術中尉ら担当者自身が意外と思うほど開発はスピーディーに進んだ。図面出図からわずか三カ月余の昭和二〇年三月には、第一号機が組み上げられる猛スピードだった。東京都下にある立川の陸軍特兵部に納入され、運転試験が開始された。立川地域への空襲も頻度が増してきたため、信州の松本に疎開して運転をつづけることになった。

一方、渋谷らが手がける「火龍」の機体の設計も急ピッチで進んでいた。だが、つい数カ月前まで彼らの本拠としていた太田工場は、予想していた通り、二月一〇日にB29の爆撃を受けて壊滅的な被害を被っていた。

この日の午後、渋谷と飯野は用があって太田工場に向かった。彼らは「今日は空襲がありそうだ」と予見していた。それは、数日前からB29が飛来して、工場の上空を何度も旋回してから引き返していたからだ。明らかに爆撃前の偵察飛行と思えた。

太田工場での用をすませての帰り、前橋に戻る途中の伊勢崎付近で、突然、空襲警報が鳴り響いた。渋谷と飯野は車から降り、東の空を見上げた。B29の編隊が銀色の一塊となり太田工場付近を北西に向かって、かなり高速で飛んでいくのが確認できた。彼らは大急ぎで黒煙がのぼる太田工場に引き返した。そこで目にしたものは、日本最大の航空機機体工場といわれた太田工場の変わり果てた姿だった。二人は疎開先の前橋工場にも空襲の危険が迫りつつあることを感じ取っていた。

三鷹研究所に移っていた青木や渋谷の上司であった小山所長らは、キ87や「剣」の設計、改修作業などを進めていた。だが、中央線の三鷹駅を挟《はさ》んで三鷹研究所と反対側にある東洋一と言われる中島飛行機のエンジンを生産する武蔵工場が再三にわたる爆撃を受けていた。彼らもまた岩手県黒沢尻への疎開を開始していた。

様々な面で指導をしてもらったかつての技師長である小山所長が黒沢尻に向かうため、渋谷と飯野は上野駅まで見送ることにした。三月一〇日未明の東京大空襲（死傷者一二万人、二三万戸喪失）の後だったため、都心近くはすでに焼け野原と化し、無惨な姿をさらしていた。そんな焼け跡の中を上野駅に向かって走る車中で、小山は同行した二人に盛んに説得を試みていた。「B29の空襲の恐れがない黒沢尻に疎開して、『火龍』などをつくり、再度がんばろうではないか」

それまで敬愛する上司としていつもしたがってきた渋谷であったが、このときばかりは小山の説得に応じず、否定的だった。「われわれも黒沢尻に行って調査してきましたが、あんな雪の深いところでは飛行機は飛べません。疎開しても命があるだけで、不便で何もできないのでは意味がありません。僕らは前橋で『疾風』や『火龍』戦闘機をやります」

「いや、そんなことはない。向こうでだってがんばれるはずだ」

激しいやり取りがあったが、渋谷らは最後まで小山の言葉を受け入れず、やがて車は上野駅に着いた。渋谷が最後の口を開いた。「ここで別れましょう」。小山は一人、東北本線に乗り、渋谷は飯野とともに車で前橋に引き返した。

「火龍」の模型審査時に出血に見舞われる

その後五月初め、予定より三カ月早く、前橋工場で「火龍」の模型審査が開かれた。ベニヤでつくられた実物大模型のコックピットにベテラン・パイロットが乗り、装置機器やメーターの配置、操作性などに問題がないかどうかのチェックが行われ、注文や改善を要求した。

この審査には、エンジンの開発を担当した第二陸軍航研の中村中尉らも立川から「飛燕《ひえん》」に乗って駆けつけていた。中村は語った。「利根川べりにある前橋飛行場に強行着陸したのだが、冷や汗を掻く一幕もあったが、そのとき私は配給の大豆を醤油でいためたものを木綿の袋に入れて持参し、手を突っ込み、口に放り込んでポリポリいわせていた」。すでに食料も資材も逼迫《ひっぱく》してきていたからだ。

渋谷はドイツから届いたMe262などの写真も手がかりにしながら、それまでのプロペラ機には見られなかった後退翼を採用するなどして、迎撃戦闘機の基本設計を終えていた。中村はその三面図を見ながら、「なかなかスマートな迎撃戦闘機だ」との印象を抱いたという。「当方フツウのヒコーキもロクに操縦できないクセに『火龍』のコックピットにおさまって、ベニヤ板製ではない、ホンモノ『火龍』の姿を夢見ていた」(『クルマよこんにちわ』)

このとき渋谷は、立ち会った陸軍の緒方中将を相手に説明を終えた直後、激しい鼻血に見舞われた。当時のことを渋谷は次のように語った。「一生でこういうことは一回しかありませんでした。本来の仕事である『火龍』の設計だけでなく、宿の手配、食事のこと、五五〇人の部下の残業する夜食の心配などで、疲労がたまっていたのでしょう」

模型審査も終え、「火龍」の試作作業が山場にさしかかったところで、前橋も危険となった。太田町毛《も》里《り》田《た》の小学校に再疎開することになった。渋谷は述懐した。「毛里田に再疎開するときは、運搬車は牛車がただ一台、一日に毛里田を往復するのが精いっぱいでした。最初の疎開のときはトラック一八〇台使えたのが、たった八カ月で牛車一台になってしまったのです。これで国土防衛ができるでしょうか。まもなく前橋も空襲を受けました」

もはや「火龍」の機体製作は事実上、不可能になっていた。一方、立川から松本の明道《みょうどう》工業学校に移って運転を再開していたネ130は、七月中旬、第一回目の自力発火運転を実施した後、陸海軍の大佐以下の技術将校を迎えて、第二回目の運転を実施した。回転数はそれまでよりかなり高い八〇〇〇回転に達したところで定常運転に入った。

全力運転には至っていなかったが、一応の成功と言えた。まったく経験のないジェットエンジンの開発を、設計開始からわずか八カ月の超スピードでここまでこぎ着けたことに誰もが信じられない思いだった。ほぼ成功の見通しを得たことで、「火龍」が大空を飛翔《ひしょう》する姿を想像させたが、この一カ月後、敗戦を迎えるのである。

敗戦後、中島飛行機を離れ東北大教授に就任

敗戦直後、渋谷は太田製作所の技術関係の責任者に任じられた。だが、GHQ（連合国軍総司令部）が「航空機の生産・研究・実験をはじめとする一切の禁止」を命令したため、航空機にかかわる活動はできなかった。太田工場は二〇〇人しか残さないことが決まり、民需転換に向けて、自転車やリヤカー、電熱器などなどを作ることが計画された。しかし、渋谷にとってはとても気乗りする仕事ではなかった。「あんなに一生懸命にやったのに、負け戦になってしまった……」というのが正直な気持ちだった。

決断すると直ちに行動する性格の渋谷は、九月に入ると太田を引き払って、さっさと東京・小金井にある実家に帰省してしまった。仕事の当てがあるわけでもなかった。また日本がこれからどうなるのか見当もつかなかったので、渋谷は二駅ほど先の三鷹に中島知久平の別荘、泰山荘を訪ねた。そこで「三年後か

五年後には必ず飛行機は再開される。今はつくれなくても、技術力が落ちないようにしておいたほうがいい。自動車をやるか大学に行くかして、そのときを待つことだ」とのアドバイスを受けた。

日本の自動車の技術水準は、飛行機と比べてあまりにも低く、魅力を感じなかった。そんなとき、鉄道技術研究所（鉄研）の中原寿一郎所長から誘いの声がかかった。「よかったらうちにこないか」

鉄研に二年ほど在籍した渋谷は、昭和二二（一九四七）年一〇月、東北大に招請《しょうせい》されて助教授になり、二年後には教授になった。

敗戦後、中島飛行機は財閥解体で解体・閉鎖・分割され、各地にあった工場のうち、主要な一五の工場がそれぞれ独立した会社として再スタートすることになった。

ところが、昭和二七（一九五二）年四月九日、ＧＨＱによる「航空禁止令」が解除となった。すると、三菱や旧中島飛行機、川崎などの戦前の航空機メーカー各社は待ってましたとばかりに、航空再開に向けての胎動《たいどう》を本格化させることになった。

このような状況の中で、旧中島飛行機の一社で、昭和二五（一九五〇）年八月、従業員三〇〇人で発足した大宮工業は、その後、大宮富士工業と改称して、このとき、素早い動きを始めることになった。しかし、敗戦時に人材が散逸していたため、渋谷に声をかけたのだった。「わが社も航空に乗り出すことを決めた。ぜひ、戻って来てほしい」

戦前の航空技術者が戦後、大学の教授になった例は少なからずあった。その場合、名誉や地位も安定しているばかりか、ゼロからスタートする「航空再開」後の先行きの見通しが暗かったため、そのまま大学に収まることが多かったが、渋谷は違っていた。要請を受け入れて復帰したのである。やはり、根っからの飛行機屋であり、航空機の開発・生産の魅力に取り憑かれていたのである。

戦前は機体の構造専門であった渋谷が、間もなくして航空機分野への進出の第一歩として「自ら進んで買って出たのはジェットエンジンの開発だった」

七年間の空白を踏まえつつ、欧米の航空先進国を追いかけようとする渋谷や大宮富士工業の認識はこうだった。「戦前にわれわれが手掛けたプロペラ機からジェット機時代を迎えつつあった戦後の世界を見渡すとき、欧米の航空先進国から大きく後れを取る日本は、まずもってジェットエンジンを自前で開発しなければ何も始まらない」と語る。

そのための計画は早く、昭和二七年三月の「航空解禁」の一カ月後だった。その三カ月後に航空機製造許可が公布されると、渋谷はただちに、旧中島飛行機の富士精密および富士工業の協力を得つつ、通産省から三二〇万円の補助金を得て、戦後初のジェットエンジンＪＯ１の開発に着手するのである。彼らの手にあるジェットエンジン関係の資料は乏しかったが、戦前、三菱と競い合ったトップ企業としてのプライドであり、果敢な挑戦と言えた。

このとき、渋谷は大宮富士の設計部長となっており、プロジェクトリーダーとして陣頭指揮した。彼の部下で実際の開発の中心的な存在となった西野宏は、これ以前に東京・日比谷にあったＧＨＱ民間情報教育局（ＣＩＥ）の図書館で、欧米のジェットエンジンの文献や動向を調べて準備をしていた。

渋谷はジェットエンジン開発を手掛ける理由とその意気込みのほどを、この一年後の社内報において述べている。

「吾が国の技術を世界水準に引き上げる為にジェットエンジンのようにあらゆる工業を包含した精巧な原動機を作ることが一つの早道であること又空の旅行を吾々の手で開拓することが出来るとすれば技術者として本懐とする所であり且将来日本でジェットを製作するとすれば旧航空機工業関係者に白羽の矢が立つものとして進んでこの仕事を買って出た。（中略）

旧富士産業が幾つかの工場に分割され技術者は小さな枠のなかで限定された機械設備に喘ぎ大きな組織

と工場設備の要を痛感し統合を計画中であった。

そこで第一のテーマとしてジェットエンジンの研究が提案され昨年春工場長会議で正式に採用された」（「ジェットエンジンの試作について」）

このとき、戦時中にネ20やネ130などを手がけ、またアドバイザーとして加わったりした東京大学の中西不二夫教授や八田桂三、岡崎卓郎、熊谷清一郎の各助教授らとの毎月一回の意見交換や指導を受けていた。

戦後初ジェットエンジン開発に成功

JO1の開発では様々なトラブルが発生した。それでも、昭和三〇年末、海軍航空技術廠が開発したネ20のときよりははるかにスムーズに進み、推力は設計値の推力一トンを下回ってはいたものの、戦後初のジェットエンジンの開発に成功するのである。

この奮闘ぶりを見たネ20の開発者である永野治元技術中佐は、戦前の体験を思い出すように、JO1について語った。「若い人がいろいろやって、まとまった試作の活動を勇敢にやったのは、大宮富士の渋谷、西野、あと諸々と、こういうのが一番熱心だった。現に自力でつくったんだから、ちょうどネ20と同じくらいの大きさのJO1というやつをね」

しかし、JO1は実用化にはならなかった。その理由は、第一に軽量化が至上命題のジェットエンジンとしては重量が重く、設計推力も一トンを下回っていたからだ。

この後、渋谷は、分割された元中島飛行機の各社が合同して発足した富士重工業にあって航空部門のリーダーシップを取り、LM1、KM2、戦後初のジェット機である防衛庁のT1などの各練習機、小型民間機のFA200、FA300、ライセンス生産機などを世に送り出した。

日本にとっては初の超音速機である自衛隊向けのT2高等練習機の受注を巡っては、渋谷が責任者となってプロポーザル（基本設計計画書となる設計提案）の要求計画案をつくり、トップ企業の三菱と絶えず競い合っていた。

渋谷は富士重工業航空機部門の責任者として、戦後日本の航空機産業の一翼を担い、確固たる土台を築き上げてきた。重要な一例として冒頭で紹介したが、日本の航空機産業の国際化の走りで民間機事業の発《ほっ》端《たん》となるボーイングとの共同開発プロジェクトB767を、三菱重工業の東條輝雄や川崎重工業の内野憲二らと協力してまとめあげるのである。

同じ日本の航空機メーカーでも、母体が総合重工業の三菱や川崎とは異なり、自動車部門が主体で、それも中堅メーカーである。主力銀行であった旧日本興業銀行の航空機部門への力の入れ方や資金面での支援は今一つだったこともあってハンディがあり、「思い切った新しいプロジェクトを計画しようとすると き、何かと難しい面が多々ありました」と言葉少なに語っていた。

ともあれ、戦前は三菱とともに陸海軍の軍用機生産で双璧を成した中島飛行機の際立つ進取精神を、渋谷は数々の新型機開発で先頭に立って実践してきた。その伝統と精神を、戦後においても自ら体現し、後の世代へとバトンタッチする橋渡し役も果たすと、平成一五年（二〇〇三）年八九歳で死去した。

第五章　傑作機「彩雲」を設計、戦後「T―1」で音速の壁を初突破

内藤子生（元中島飛行機設計者、元富士重工業取締役）

●ないとう・やすお／明治四五（一九一二）年～平成一五（二〇〇三）年。兵庫県出身。東京帝国大学航空学科卒業。昭和一二（一九三七）年中島飛行機入社。艦上偵察機「彩雲」の設計を担当。昭和二九（一九五四）年富士重工業宇都宮製作所航空機工業技術部長、T1ジェット練習機設計主任、昭和三七（一九六二）年取締役宇都宮製作所長。富士重工業退社後、東海大学教授を務める。

戦後、口を閉ざした名機の設計者

不思議に思われるかもしれないが、戦前の名機を設計した技術者で、昭和四〇、五〇年代頃、大企業の幹部（役員）クラスに昇り詰めていた人たちは、戦前の航空機開発について、あまり口にしたがらなかった。たとえインタビューを申し込まれても断るか、通り一遍のことしか語らないことが多かった。

まえがきでも触れたが、その理由の一つには、当時の軍事技術者が置かれた状況や立場が、理解されにくいばかりか、赤裸々な戦前の体験談は、一般消費者をユーザーとする自動車メーカーなどの場合、所属する企業にマイナスのイメージを与える可能性がある点を懸念《けねん》したのだろう。とくに富士重工業の場合、戦前、中島飛行機の機体関係を担当した技術者にその傾向が強かった。

昭和二八（一九五三）年に横浜国立大学を卒業して富士重工業の航空機部門に入社した鳥養鶴雄《とりかいつるお》は語った。「私は無類の〝飛行機少年〟〝軍国少年〟だったので、戦前の航空機（軍用機）が大好きで自ずと詳しくなっていたから、戦前に軍用機開発を担った技術者とのコミュニケーションもかなりスムーズにできました」

内藤子生

鳥養は、戦後に富士重工業も含めたオールジャパン体制で取り組んだYS11やC1輸送機、T2超音速高等練習機などを設計し、ボーイング社とのB777共同開発ではリーダーシップを発揮して、何機種もの開発を手掛けた。

その間、上司で戦前に航空技術者として活躍し富士重工業の幹部になっていた内藤子生や渋谷巌、近藤芳夫らの部下として開発を手がけ、彼らと緊密なやり取りをしていた。「社内には中島飛行機時代に活躍されて、名機と呼ばれる軍用機を数々設計された技術者たちが何人もおられたが、なぜか当時のことはあまり口にされなかった」

中島飛行機は軍用機生産で肩を並べていた三菱と比べて、技術開発の実現性が危ぶまれるようなきわめてリスクの高い軍からの開発要求に対しても、ひるまずチャレンジする姿勢が目立っていた。それを別の見方をすると、技術者として、または会社としての理にかなった判断はひとまず脇に置き、軍に気に入られて受注を得ること、もしくは自らの提案が受け入れられることを優先させる傾向があった。もっと厳しい言い方をするならば、軍に取り入る姿勢が強く、拙速《せっそく》気味の開発もあった。

このような実態を踏まえつつ、中島飛行機のエンジン部門で技術面のトップだった関根隆一郎技師長は、「試作の反省」の弁を雑誌『航空情報』（一九五二年七月号）に寄稿している。その中でまず中島飛行機が手掛けたエンジンの数が、三菱や欧米の有力エンジンメーカーと比べてやたらに多かったことを指摘している。

そのうえ、エンジン形式の「列型、星型を通算すると、成功率は実に6／23という低率となっている。（中略）かような低位の成功率では普通の営利本位の企業体では成り立つ余地はないのだが、中島エンジン部門はＪ字型上反り（二次関数的な上昇カーブで）の発展の経路を辿ったのはなぜかを、我々は深く反省しなければならないのである。知る人ぞ知ると言うに止めて敢えてここではその説明を加えないでおこう」（『中島飛行機発動機二〇年史』）

　意味深長な言い回しだが、当時は次のような背景もあった。大正六（一九一七）年一二月、海軍機関大尉の中島《なかじま》知《ち》久《く》平《へい》が興した中島飛行機は、巨大で政治力があった三菱など財閥企業に伍して急成長。昭和一〇年代ともなると、航空機生産において三菱重工業と肩を並べるほどに巨大化していた。

　社内では〝大社長〟と呼ばれていた中島知久平は大物政治家だったが、株は公開せず、中島家一族で所有して中島飛行機の経営を支配していた。このため、政商と見なされ、敗戦後の昭和二一（一九四六）年七月二日、ＧＨＱの反トラスト・カルテル課長のヘンダーソンは、中島飛行機一社だけに対して「スペシャルメモランダム」を発表した。

「戦時中巨大な産業として存在した（旧中島飛行機は）今回の整理案に依って15に分割され、各々の工場が第二会社として独立することとなった」（『富士重工業三十年史』）。政商とみなされた中島飛行機および中島知久平はＧＨＱから目の敵にされ、三菱重工や川崎航空機よりも徹底的な解体（分割）を命じられたのである。

　彼はＡ級戦犯容疑者に指定され、逮捕命令が出るとともに公職追放となった。ただし、糖尿病を患っていて重病であるということを理由に、逮捕には応じなかった。東京・三鷹にある別荘の泰山荘に「自宅拘禁」され、臨床尋問も受けたが、臆することはなかった。

　この頃の日本はもちろん占領下で「航空禁止」である。旧航空機工場は閉鎖され工作機械や設備は賠償の対象となって接収されることが決まっていた。大学の航空学科や研究機関なども廃止され、航空雑誌すらも「発禁」となった。こうした厳しいＧＨＱの対応を目の前にした戦前の航空技術者の多くは、「これからの日本は永遠に飛行機にタッチすることができない」と思ったという。

このような状況下で、昭和二八（一九五三）年七月、前年に発効した対日平和条約および日米安全保障条約を受けて、旧中島飛行機の会社群は再合同して、現在の富士重工業が誕生したのである。

高速偵察機「彩雲」で知られる名設計者

昭和六〇年代の初め、ＩＨＩ（旧石川島播磨重工）を退職した私はすぐに、旧中島飛行機や戦前の三菱重工業、旧川崎航空機などの軍用機設計者たちへのインタビュー取材を矢継ぎ早に進めた。この頃ともなると、冒頭で紹介した時代から十数年が過ぎていて、それ以前とは少しばかり様子が違っていた。彼らはほぼ現役（一線）を引退した頃（一九八〇年代末）だったからだ。たとえ顧問や相談役としてまだ会社に籍を置いていても、さほど周囲に気を遣う必要もなくなっていたのであろう。

また、それ以前には、戦前に手掛けた軍用機開発について語ることを意識的に抑制していたこともあって、高齢になった今、記録として自身の証言を残しておこうと思ったようである。このため、幸いなことに、私は次々と大物の元航空技術者たちをインタビューすることができた。

このような中の一人に、中島飛行機の海軍機設計部に所属していた内藤子生富士重工業元取締役がいた。三度ほどインタビューしたのだが、最初はインタビュー要請の手紙を出した後、電話を入れると、かなり素っ気なかった。「難しいインタビューになるかもしれない」と正直懸念もしたが、実際にお会いするとまったく逆だった。年齢は七〇代半ばだったが、社交ダンスの帰りということで、新宿の静かな喫茶店で長時間にわたり、冗談やユーモアも交えながら語ってくれた。

内藤は航空解禁後の富士重工業にあって、渋谷巌常務取締役との二枚看板で航空機部門を牽引《けんいん》してきた。ともに昭和一二（一九三七）年東京帝大航空学科卒の同期で、二人そろって中島飛行機の機体設計部門に入社した。

戦前における内藤の最大の功績は、この世界ではよく知られている通り、海軍の高速偵察機「彩雲《さいうん》」の設計である。ワンマン社長であった中島知久平は、「優秀な学卒の若手技術者には大いに仕事を任せて存分に能力を発揮させる」との方針を掲げており、超エリートの内藤は数学が得意だったこともあって、入社早々から、それが十分に生かせる基本性能の計画（空力・性能関係）といった重要な仕事が与えられた。このため数多くの軍用機開発を手掛けることになった。

ＹＳ11を開発した日本航空機製造の設計部で主査（課長）だった得能健次郎《とくのうけんじろう》は語っていた。彼は昭和一六（一九四一）年一二月の日米開戦のときに東京帝大航空学科を繰り上げ卒業して川西航空機に入社したが、すぐに短期現役で海軍中尉となった。

戦後、富士重工に入社して内藤の部下となった得能は、五年先輩にあたる内藤や渋谷の仕事ぶりについて触れた。「内藤さんと渋谷さんのお二人の航空機に対する姿勢はものすごいのです。彼らの異常とも映るほどのすさまじい仕事に対する意気込みには圧倒されました」

そんな言葉を内藤にぶつけるとこう答えた。「得能君は昭和一六年卒で、しかもすぐに海軍に取られて降着装置（脚）を担当したようだが、戦時下のバタバタしている時期で、じっくりと航空機の設計に取り組めるような状態ではなかった。だから彼なんかも実質的な設計はあまりやっていない。

むしろ、戦後に手掛けたＴ１で本格的な設計を経験し、その後日本航空機製造に出向してＹＳ11の設計主査に就任した。われわれ昭和一二年卒くらいまでは、絶えず大きな責任がある仕事を与えられ、リーダーシップも執らないといけなかった。厳しいことばかり乗り越えさせられる役柄で、偵察機だけでなく爆撃機や戦闘機などいろんな機種も経験をさせられて、自ずと鍛えられることになったのですよ」

Ｔ１とは防衛庁の初等（中間）ジェット練習機で、富士重工業が主契約者となって開発・生産を担当した。開発の責任者は内藤だった。航空禁止による七年間の空白を経ての、日本初のジェット機開発だけに経験がなく、技術情報も少なかった。このため、開発では大変な苦労を強いられたのだった。先の鳥養もこのT1の設計を担当し、内藤から厳しく指導された一人だった。

内藤と渋谷は第二章で取り上げた東條輝雄と同期だった。このときのクラスは九人だったが、その中で内藤は変わり種だった。数学が得意で大阪帝大の数学科に入り学生となっていたが、途中で気が変わった。回り道をしてでも東京帝大航空学科に転学したいと思い、受験したのである。見事合格して一学年から再度やり直したのだった。

このときの一二年卒には、数学が得意の学生が多かった。少なくとも私がインタビューした渋谷、内藤、東條、高山捷一《たかやましょういち》（海軍航空技術廠に入り零戦や「紫電改《しでんかい》」の審査などを担当した）の四人はいずれもそう語っていた。航空機の設計では空力や構造などの計算において高度な数学を駆使する必要がある。その点からすると、数学好きの学生は航空機開発の技術者に最適なのだ。いずれにせよ皆文句なく頭が良かったのである。

基本設計を手掛けた「富嶽」の全容

本原稿では、渋谷の章でも若干触れたが、内藤が手掛けたことがあまり知られていない米本土爆撃機「富嶽《ふがく》」の基本計画（性能計算）についてあらためて紹介しよう。中島飛行機がGHQから目を付けられた理由の一つに、この「富嶽」が挙げられよう。様々な事業部門を有する三菱や川崎（現川崎重工業）とは違い、このような過激な対米攻撃をも企図した爆撃機を、大物の政治家でもある自社の大社長が自ら提案した軍用機専門の企業だったことも、かつての航空機設計者たちの口を重くしていた要因の一つなのかもしれない。

「富嶽」計画を大社長の中島知久平が発表したのは昭和一八（一九四三）年一月末頃だったと言われている。群馬県・太田町の小高い場所にある中島倶楽部に、会社の幹部や主要技術者らを集めて計画をぶち上げたのだった。それはB29の二倍もある巨大爆撃機の開発・生産を進めて米本土を爆撃する気宇壮大な構想だった。中島倶楽部とは、中島飛行機の豪華な厚生施設で、超近代的な建物の正面には、当時としては珍しい二五メートルプールもあった。

渋谷の章でも紹介したが、前年の六月五日、ミッドウエー海戦での大敗北、続くガダルカナル島での「全員玉砕」がつづき、戦線は次第に後退を強いられるようになってきた。そんな情勢を受けて、中島知久平は危機感を覚え大勝負に出たのである。

「富嶽」により、太平洋を無着陸で横断して米本土の東海岸の大都市ニューヨークや工業地帯のピッツバーグなどを爆撃する。この後、そのまま飛行して大西洋を横断し、同盟国のドイツに着陸するという、とてつもない計画だった。

社内では絶対的な権限を持つ大社長の号令一下により、「富嶽」の開発が決まり、会社の総力を挙げて取り組むことになった。このため、渋谷も設計にかかわっていたので前述した。ただし、渋谷は構造担当で主翼を管轄していた。

「私（内藤）は空力性能が主でしたので、その点では、具体的なモノを設計する（渋谷のような）構造屋さんや詳細設計の技術屋さんたちと違って最初に（設計を）手掛けることになります。いわゆる機体全体の基本計画を作成するのです」

内藤は、大社長が会社幹部らを前にして発表する少しばかり前の記憶についても語った。用事があって名古屋にある中島飛行機の半田製作所に行った際、ついでに三竹忍所長のところに顔を出した。三竹はスチームヒーターを横にし、テーブルに向かって計算尺で何かせっせと計算をしている様子だった。内藤は不思議に思って何気なく尋ねた。所長が部下に任せることなく自ら計算尺を動かしているからだった。

「何の計算をされているんですか」

「新しい飛行機の計算だ。これは大社長からの内密の命令だから、部下たちにやらせるわけにはいかないので、自分でやっているんだよ。少しだけ見せてやろうか」

三竹の机の上にある計画書をのぞくと、そこには二六機種もの航空機の概要的な仕様が書かれていた。小型から大型までの、艦上爆撃機、雷撃機、襲撃機、輸送機、双発の爆撃機、長距離爆撃機など様々な種類の案があった。その筆跡からして知久平社長自身の手によって計画されたものであることが明白だった。

「計算尺でやっているのでは時間がかかってしょうがないでしょう。私が自分で作った便利なチャート（グラフ）を持ってますから、それでやれば簡単に値が出ますからいいですよ」

日米開戦以後、陸海軍が計画する飛行機の数が急に増えてきた。このため、内藤は要求仕様に基づき、最適値を手早く見出せる何種類ものグラフをつくっていたのである。何しろ基本計画ではいろいろと条件を変えて同じような計算を何度も何度も繰り返す必要がある。空力の計算量は膨大なだけに、このチャートを活用すれば、縦軸と横軸から引いた交点に要求する値の結果が出てくる簡単な仕組みになっていた。

これに関連して当時、中島飛行機はNACA（NASA米航空宇宙局の前身にあたる米航空諮問委員会）の翼型資料である「約二〇〇種類の翼型についての高圧風洞実験成績」の記録を米国から入手していた。五年ほど前から、内藤らはこれらの資料を社内で分類し、系統立てる研究を進めてマニュアル化し、こうしたチャート作りに応用していたのである。

正式発表前に「富嶽」構想の中核を担う

陸軍航空の全体的な基本計画を策定していた航空本部部員の安藤成雄元技術大佐は、軍用機の基本計画およびその設計手法についてまとめた『日本陸軍機の計画物語』の冒頭において次のように記している。

「日本の陸軍機は第二次大戦終わりまで英国の研究報告R&MとNACAの報告を基にして計画されたと言っても過言ではない。こういう条件のもとで外国にまさる飛行機を作り出すには基礎計画で先手を取るより方法はなかったのである」

もっとも基礎的で時間のかかる膨大な風洞実験のデータに基づき決定される様々な翼型について、航空機開発の歴史が浅い日本はもっぱら先進国の英米に依存していたのである。

渋谷は語っていた。「会社の図書室に入ると、技術文献や学会情報、外国の図書など、最新の情報がズラッとそろっていましたから、東京なんか行く必要はなかった。東大の航空研究所や軍などよりもずっとそろっていました」。中島知久平は外国の最新資料の収集にはとくに力を入れていた。

三竹は内藤よりかなり先輩だったので、こうした最新のチャートの作成がすでになされていることを知らなかった。「そんな便利なものがあるなら、ぜひ利用させてもらいたい」と内藤に頼んだのだった。この後、内藤はチャートを持参して再び半田製作所を訪れ、三竹所長に手渡した。

ところが、この作業に手慣れている若い内藤は、手伝いをさせられる羽目になった。「二六機種あるどの飛行機も大同小異、やる気になればできる計画でした。でも、どうしても難しいと思えるのが、最後の三つでした」

第一は、大量の爆弾を搭載して空港や軍需工場を爆撃するための爆撃機。第二が、胴体の底に機関銃を一〇ないし二〇挺も並べた襲撃機だった。この狙いについて大社長は語っていたという。「花壇などに如《じょ》雨露《うろ》で水を撒くようにして、下に来た敵機を機関銃で射つのさ」。第三が輸送機で、敵の空港を爆撃した後、大量の兵員を一度に送り込み、空港を制圧してしまうという狙いだった。

これらの計画を検討した内藤は、三竹に言った。「この三機種を一機種に統合した方が効率的ですよ。

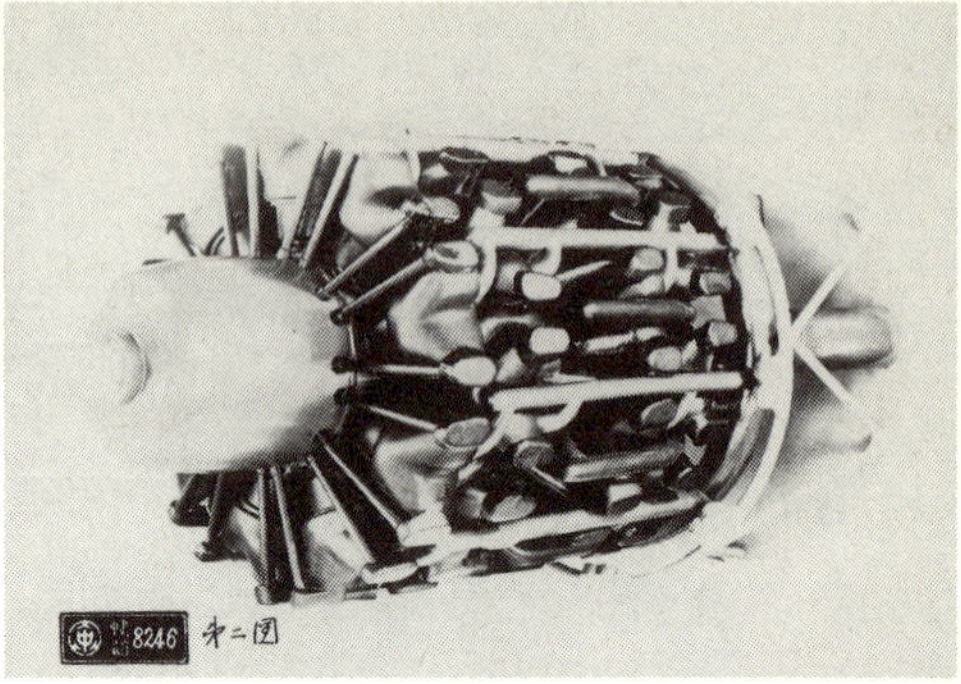

「富嶽」搭載5000馬力エンジン模型

最初に爆撃機を設計して、終われば、その胴体を改造して、襲撃機、輸送機にすればいいじゃないですか」。結局、内藤のこの提案によって、大社長の計画案を巨大爆撃機の一機種に統合する形となった。それが「富嶽」だったのである。

この「富嶽」を、先に述べた中島倶楽部において説明した後、大社長は集まった幹部らに問いかけた。「なんとかならんか」。中島飛行機いや日本の航空技術の水準を念頭に置くとき、あまりにもかけ離れたとてつもない構想だけに、「とても実現不可能」と受け止める幹部も少なからずいた。

しかし、絶対的な力を持つ大社長の命令である。また「この計画はもうすでに陸・海軍に具申してある」というのだから、反論する者はいなかった。

「この計画を進めなければ日本は負ける」「これしか方法はない」というのが大前提なのだから、後は実現するためにはどうすればいいかを考えるしかなかった。エンジン部門の新山春雄部長が口火を切った。「こういう短期間に立てなければならない計画は、業務をやりながらではとても気が散ってできない。選手を選んで、中島倶楽部にカンヅメにして、なるべく御《ご》馳《ち》走《そう》を食わせて集中させるべきです」

大社長の意を汲んでの積極姿勢の発言ゆえに、異を唱える者は誰もおらず、そうすることに決まった。

続いて吉田孝雄所長も発言した。「設計さえできれば、モノをつくることはできます」

カンヅメになるメンバーが決まり、この集団を「必勝防空研究会」と名付けた。陸軍機設計の責任者である小山悌《こやまやすし》部長をリーダーとする陸・海軍機設計の課長クラスら七人の陣容だった。その中に内藤も含まれていた。内藤はもちろん空力担当で、機体の基本構想の概案をつくるための基本性能の計算を担当した。極秘の計画で、しかも米本土爆撃を企図するだけに、外部に漏《も》れることを警戒して、メンバーが個人的なメモを取ることも禁じられた。

どんな航空機でもそうだが、初期段階では何種類もの概案が作成され、数々の条件を変えて性能計算が延々と繰り返された後、どの案が妥当かと絞り込んでいくことになる。この頃作成された「極秘」の印を押した「報告番号１８０２９２」「第二次計画・六発爆撃機」と題する昭和一八年三月三日付の計画案が残されている。一枚の機体外観図面を含む五ページからなる手書きの仕様書である。

そこには、「目的　米本土攻略遠距離超重爆撃機を得るにあり」と記され、「航続距離１５０００粁（キロメートル）、搭載爆弾10噸以上、自衛力強力なるを要す、乗員13名、搭載発動機空冷重星型（ＢＨ）５２００馬力、亜成層圏飛行可能なること」のほかに、「米（国）乃至１００００米を概ね４５０粁／時」など数々の性能仕様が記載されている。

目的は米ピッツバーグ爆撃

概案を携えて中島知久平は東條英機首相兼陸相に面会し、説得にあたった。渋谷の章でも紹介したように、東條の秘書官が記した『東条内閣総理大臣機密記録　東条英機大将言行録』に、「富嶽」について両者が数度にわたり「要談」したことが記されている。

このとき、東條から逆に「中島さん、それではその大飛行機の設計はあるか」（『偉人中島知久平秘録』上毛偉人伝記刊行会）と問われたと伝えられている。それだけにこの頃、内藤らは製図板や机などの一式を中島倶楽部に持ち込んでカンヅメとなり、七人がそれぞれ分業して計画づくりに集中していたのだった。

基本的なことは互いに関係してくるため、そのつど七人でディスカッションして決めていった。他の開発機種の主任設計者も兼ねる小山は、要所要所でそれぞれの担当者が決めていく設計内容に目を通し、アドバイスを与えていた。確かに前代未聞の大型機とはいえ、その大小にかかわらず、設計計算の手順はさして変わらない。彼らはこれまでにいくつもの飛行機の設計を経験しているため、作業そのものは手慣れたものだった。

大社長も計画の進み具合が気になっていた。毎日夜遅くまで作業する技術者たちを励ますためにも、中島倶楽部に何度も足を運ぶようになっていた。また、知久平の弟で、エンジン部門の中島喜代一社長がやって来て、彼らを激励した。部屋にあった地球儀を前に出して、日本を発して米国本土を飛び、爆撃した後に、ドイツへ着陸するそのコースを指で示しながら、この計画の意義をあらためて強調した。

「君たちが設計しようとしているこの飛行機は歴史的なものだ」

内藤は語った。「おかげであれ以降、地球儀を見る癖がついちゃいました」。まさしくこの時期、航続距離が極端に長くなったため、戦略爆撃機B29やB36の開発でも、地球全体を念頭に置きながら設計する時代に入っていたのである。

計画作りの作業が佳境に入ると、大社長は頻繁《ひんぱん》に訪れるようになり、次のように語った。「自分が住んでいる市ヶ谷の高台から東京を見渡していると、今の状況じゃ、東京が焼け野原になってしまうかと思い、いても立ってもいられなくなるんだ。この飛行機を早く完成させて、敵の本土なり、敵の基地を叩く。戦闘機ではとてもやれるもんじゃない」

この後、部屋の真ん中に敷いた分厚い座布団に大社長が座し、技術者たちが囲むように向い合わせに並んで、大社長の大好物の地元名産のうどんをみんなで食するのが恒例だった。このときばかりは、「雲の上の存在の」大社長を前にしてかしこまりがちだった彼らも、ざっくばらんな会話を交わすのだった。

大社長も努めて穏やかな調子で語っていた。「人は何をやるかを決めるまでの苦労というのは非常に大変だが、一旦こうやると決めて実行段階に移ってからの苦労は大したことはない」「この爆撃機が完成して、日本が勝てば、大神宮様と同じ神棚に奉《たてまつ》られる。そんな重要なことを君たちはいまやっているのだ。だから全力を尽くして頑張ってほしい」

それだけではなく、具体的な爆撃のコースについても語っていた。「なんとしてもピッツバーグを爆撃しなきゃならん。そうなると、引き返しての米国大陸横断は大変だから、ドイツを回って返ってくる。戻ってくるルートはその方がいい」とも語った。

名付けられたZ機に他社は冷たい反応

内藤はたまたま社外に出ていて居なかったが、後になってこの話を伝え聞き、大社長の意図が理解できたという。「少し後、本格的にこの爆撃機を検討するようになって、一万メートルくらいの上空には強い偏西風が吹いていることを知りました。日本からアメリカの方に向かって吹いているのですから、逆風をついて帰ってくるなんてとんでもないことだということが分かりました」

内藤はこうも語った。「このような計画を進めるときは、いろんなこと、いろんな条件が考えられるので、焦《あせ》ってもできるものではないのです。忙しくしてもできるものでもない。頭の切り替えが重要なのですが、それが意外と難しいんです」

やがて「富嶽」の計画仕様が固まった。彼らの間で「この爆撃機の名をなんと付けようか」といった話になった。ちょうどその日が五月二七日で海軍記念日だった。誰とはなしに「Z機がいいじゃないか。皇国の興廃このZ機にありだ」「それはいい」となって決まったのだった。

内藤は語った。航空機の設計条件の難易度を示す重要な指標としての「主翼のウイングロード（翼面荷重）の値は六〇〇ぐらいになりました。三〇年後に登場してくる今のジャンボジェット機B747とちょうど同じ値ですから、本当は大変なことなんでしょうが、あの頃は若かったせいか、無理とは思わなかったし、それほど違和感もなかった」とあっさりと言ってのけた。主翼の構造設計を担当した渋谷も語っていた。「われわれはなんの疑いもなく、知久平さんを信じて、『富嶽』の設計作業を進めていった」

やがて「富嶽」の開発は陸海軍協同の巨大プロジェクトとして承認され、具体的な設計作業が進められることになった。ところが、大きく飛躍させる必要がある技術課題はもちろんのこと、運用方法においても矛盾や問題がいくつもあった。このため論議や批判も多かった。

渋谷の章でも述べたが、昭和一九（一九四四）年末から翌年四月初めにかけて、「富嶽」プロジェクトに協力を要請された各航空機メーカーや装置機器および材料メーカー、さらには大学や研究機関などの専門家ら五〇人ほどが小泉工場に集められて各専門部会が開かれた。

そこで、内藤や渋谷は「富嶽」計画の概要と基本設計の進捗状況を説明した。このとき出席した立川飛行機のキ94高々度戦闘機の主任設計者である長谷川《はせがわ》龍雄《たつお》は、内藤や渋谷と同じ東京帝大航空学科卒で一年後輩にあたるが、こう語った。

「中島の技術者たちの熱意とは別に、出席した技術者たちの多くはどこか醒《さ》めていた。もっと言えば、こんな巨大な爆撃機が本当にできるのかと、最初から疑ってかかるようなところがあって、むしろシラけた雰囲気さえあった。何しろ、四発機の実績も満足にないのに、いきなり六発をつくろうというのだから。エンジンやプロペラ、車輪、そのほか問題はいくつもあった」

しかし、事は急を要するだけに、見切り発車で詳細設計の作業は進められていった。ことにエンジンは機体とは切り離して別に開発が進められるため、不確定で技術的な問題はいくつもあったが、設計は先行して進められ、機体設計もその後を追っていた。

アルミの逼迫を理由に計画は中止

戦局は米機動部隊の大攻勢によって日本の支配地区だったソロモン群島、マーシャル群島に上陸。要衝のトラック島も空襲を受けて、日本軍は航空機および艦艇の多数を失う大被害を受けた。

昭和一九年二月末には、要衝のラバウル地区が米軍の背後に孤立した。この時点までのこの方面における日本軍の損害は甚大だった。死者一三万人、失った航空機八〇〇〇機、艦艇および艦船は一八五隻にも上っていた。

このような戦況の中で、軍需資材担当の責任者で航空機生産の一切を取り仕切る軍需省航空兵器総局長の遠藤三郎中将が「富嶽」の実質的な中止命令を発した。逼迫するアルミ材料に関する資材政策を口実にして異論を唱え命令を下したのである。「富嶽計画は中止、戦争に間に合わないから止めろ」

昭和一九年三月二六日付の「極秘」と記された遠藤の手による自筆の文書「富岳其の他超遠距離爆撃機の製作延期に関する意見」である。

その中ではまず、「富嶽」を量産するための原材料不足などを挙げていた。さらに、「米本土を爆撃し得たりとするも地上目標に対する爆撃効果の如き戦捷に大なる期待を懸け得さるは過去の戦例殊に欧州戦場の実相之れを明示して余す所なく而も我は敵戦闘機に捕捉せらるる公算大にして我か志気を阻喪せしむるのみならす敵米国の戦意《せんい》昂揚《こうよう》しある時期に於ける此の種攻撃の如き却って敵の戦意を煽動するの逆効果さへなしとせす斯くの如き爆撃は敵の戦意喪失せんとする時期に於て始めて期待し得へきもの……」

遠藤が「極秘」で発した実質的な「富嶽計画の中止」は正式な命令ではなく、あくまで「政策延期に関する意見」であった。中島知久平が、戦争遂行の最高責任者である東條首相に献策して合意を得て進め、陸海軍が協同で取り組んでいる「富嶽計画」である。それだけに、真っ向から（正式）に否定する「中止」の決定を下すことができず、このように変則な形をとったのかもしれない。

内藤らが取り組む巨大な機体もさることながら、エンジンも技術的に大きく飛躍する挑戦が必要だった。何しろ、ようやく中島飛行機で量産化されつつあったエンジン「誉」などの二・五倍近くもある五〇〇〇馬力エンジンの実現を目指さなければならないからだ。

このエンジン開発の主任設計者に指名されて取り組んでいた田中清史は述懐する。「設計部隊全員の不屈の努力が実り、設計が完了し部品図も出そろった。クランク軸やクランクケースなどの素材も入り始め、機械加工も一部の粗削りが始まっていた。そのころサイパン島が敵の手に落ち、その後いく日もたたず、突然計画は中止になった。……あれは終戦1年前であった。もうこれで終わりだと全員がぼう然となった」(『中島飛行機エンジン史』)

中止命令を受けた太田製作所でも、渋谷の下で主翼の図面を描いていた技術者は、思わず鉛筆を投げ出して呆然としたまま動くこともできなかったという。全力投球してきた技術者たちにとっては、終戦が一年早くやってきたかのようだった。

冷めた目で冷静に判断するとき、六発の超大型機の製作だけでなく、中島知久平の「富嶽」をもって対米「必勝戦策」とする構想そのものに様々な無理があった。長い航続距離を持つことになる「富嶽」は、短い戦闘機を従えていくことはできない。となると「富嶽」単独で太平洋を横断して、米本土爆撃に向かうことになる。

「米本土に近づいてからは、相手レーダーを避けて、高度三〇〇〇から五〇〇〇メートルの高度に下げて低空飛行し、大都市のニューヨークや大工業地帯のピッツバーグなどを爆撃して同盟国のドイツへと飛び去る」との戦策だった。

これに対して軍側は指摘した。「低空飛行による爆撃は無理だ。危険を回避する意味合いからも、一万メートルの高空から爆撃すべきだ」。この場合、高高度飛行に不可欠な「気密室や過給器などの技術について日本は後れていて、すぐに実現する見通しは得られない」。それでも中島飛行機では総力を挙げ、陸海軍の技術士官たちも加わって「富嶽」の設計に取り組んだのだった。ただし、陸海軍や、この設計作業に協力を求められた他の航空機メーカーの技術者たちは半ば人ごとであり、白け気味で冷ややかだった。

“大社長”中島の構想の意図は何か

航空機およびその技術については先見性があって国内外の情報にも詳しく、一代で三菱重工業に匹敵するほどの大中島飛行機を築き上げた技術士官出身の中島知久平である。それでもなぜこのような「富嶽」計画をぶち上げて、中島飛行機のすべてを賭け、しかも国の一大プロジェクトとしてごり押ししてまで実現させようとしたのか。その真の狙いについては、憶測も交えた諸説がある。

その代表する一つは、中島飛行機の中村勝治が語っている。「富嶽」に関する全体的な記録係、連絡係を務めて、陸海軍などとの会合にも出席しており、全般についてもっとも知りうる立場にあった彼は、戦後、『航空情報』（一九五五年八月号）に発表している。

「技術的センスを持った中島氏が、前述のような、到底実現しそうにもない構想を発表した真意はどこにあったのであろうか。（中略）（「富嶽」計画の頃）彼の胸中は既に戦の前途を投げていたような気がしてならない。『戦いに妥協はない。必勝の条件はこれだ』と云って不可能な条件を示したということは、逆に考えれば、日本の上層部や軍部に、早期に戦争終結の覚悟を促していたのかもしれない」

陸海軍協同のプロジェクトとなって「試製富嶽委員会」がつくられ、その長となった中島知久平の秘書役を務めた陸軍航空研究所の星野《ほしの》英《えい》は、つねに近くから大社長を見続けていた。「富嶽」が中止になる少し前頃の中島知久平の様子を語った。

「知久平さんはむずかしいことはよく知っていたのだろうが、それでも最初はつくり上げられると思っていたのだろう。知久平さんは、米国内には厭戦気分がかなり蔓延しているとの見方をしていた。だから、ニューヨークを爆撃して米国民をあっと驚かせればなんとかなるかもしれないとの読みがあったのだろう。確かに、第一回目は成功するかもしれない。だが米国側も馬鹿じゃない。二回目からは警戒して戦闘機群などが待ち構えることになるだろうから、後が続かない。その後はどうするのかと突っ込まれたとき、必ずしも明快な答は返ってこなかったように記憶する」

いわゆる「人種の坩堝《るつぼ》で多民族国家であるアメリカの一番の泣き所は、これら多民族の分離にあるから、一度か二度でも米主要都市に爆撃を加えれば人心が混乱してばらばらになる」という見方である。

ちなみに星野は渋谷や内藤と同期の東京帝大航空学科卒である。彼自身の正直な気持ちとしては、「『富嶽』を必ずしもやり遂げてみせるというほどには思わなかったし、つくれると心から信じ込んでいたわけでもなかった」と述べた。

一連の見方とは別に、海軍航空技術廠および航空本部部員で、各航空機メーカーが開発したエンジンのすべてを検討、審査する立場にあった永野治元技術中佐は語った。

「われわれも『富嶽』については議論した。そもそも『富嶽』は軍事的にはまったく意味がない。当時の航空技術で、こうしたものが戦略的にどれだけの意味があるのかね。無駄使い以外のなにものでもない。『富嶽』を提案してきた頃の知久平さんは、少なくともときの為政者よりは世界を科学的に見ていたが、平常心を失ってるな、といった状態だった。日米開戦となり、やがて日本本土が爆撃されることが現実化してきて『これは大変だ、何とかしなくては』と考えるようになったのだろう。

ものごとをシステマティックに把握して出す結論ではなく、情緒的に把握していた。結局は自分の夢なんだよ。自分の好きなパス（道筋）だけを前面に押し出してきて、それに尾ヒレを付けて出した結論と言った方が当たっている。もし力の限り貢献しようとするなら、もっと別の貢献の仕方があったはずだ」

永野はこうも言う。「無策であった軍への当てつけの意味もあったのではないだろうか。航空機技術を含む日本の航空工業についてあれだけよく知っていた知久平氏が、Z機でアメリカを叩けるとまともに思っていたとはちょっと信じられない。不可能と思えるほど巨大な『富嶽』に対し、軍が貴重で膨大《ぼうだい》な原材料・資材を大量投入することによって、かえって日本の現状の国力がどの程度であるかを明らかにし、講和、終戦を早めようとしたのかもしれないな」

つづけて永野は知久平の評価を率直に語った。「海軍の航空機政策に飽きたらず、中島飛行機を創設して一大航空機会社をつくり上げた頃の知久平氏は、日本の航空界の特筆すべき人物だと思う。だが、Z機をつくって米本土を爆撃しようとした頃の知久平氏の計画と、秀吉の晩年の『朝鮮征伐《ちょうせんせいばつ》』とはよく似ているところがあったように思える」

内藤が述懐する「富嶽」の開発状況

開発に当たった内藤は当時の状況を述懐する。「昭和一九年の四月の初め頃はやる気旺盛で全体の空気として勢いがあった。設計に携わっていたのは中島飛行機が七〇人、海軍からは士官ら五〇人の合計一二〇人くらいの体制で取り組んでいた。でもサイパンが落ちる少し前頃になってくると、だんだんお付き合いで設計している分子が増えてきたのです。試作機の関係で士官が入れ替わり立ち替わりやって来ていたので、彼らが話をしている中で、『富嶽』に対する軍中央の考えがわれわれにも次第にわかってきた。だから、それほどショックではなかったし、中止はしょうがないと思った」

「富嶽」の「計画中止」をダメ押ししたのは、昭和一九年七月九日のサイパン島の失陥だった。加えて、「富嶽」計画に承認を与えていた東條内閣が死守するとしていた「絶対国防圏」が破られた。サイパン島を基地に〝超空の要塞《ようさい》〟B29が日本本土広域を射程圏に収めることになったのである。米軍が制空権を握ることになり、七月一八日、その責任を取って、東條内閣が総辞職した。

その約三〇日前、中国の奥地にある成都から飛び立ったＢ29の編隊が日本本土に飛来して、初の爆撃となる北九州の八幡製鉄所の空襲を敢行した。迎え撃つ日本軍機は防空戦を展開するのである。

サイパンの喪失を踏まえて、海軍航空の〝荒鷲の育ての親〟で、海軍航空の政策には大きな影響力を持っていた海軍航空本部の大西瀧治郎《おおにしたきじろう》中将が、六月二一日付で作成したタイプ印刷の「意見」書がある。そのあとに手書きで記された次のような文章があった。

「大型機は行動圏大なりと雖も、敵制空権（防空管制を含む）内に於て其の行動極めて困難にして夜間にあらざる限り、目標到達前既に撃墜せらるる公算頗（すこぶ）る大なり。（中略）反し小型機は行動半径少なりと雖も、体当り戦法を常則とする限り而して誘導機の利用を適切ならしむるに於ては、任務達成上大型機に優ること数等なるべし。（中略）其の他の機種に於ては、必要最小限の製作を継続し、若しくは製作中止し、戦闘機急速増産に直ちに協力し、（中略）且戦闘機生産移行の準備を促進せしむ」

この四カ月後、大西中将は、いかんともしがたい戦局を目の前にして神風特別攻撃を命じるのだが、この時点で既にそのことに言及していたのである。

画期的な「排気ロケット」を立案

「富嶽」の設計作業から手を引くことになった内藤は、これを機にそれまで一貫して携わってきた空力性能の計画業務から離れることになった。小泉製作所の工場で、零戦や「銀河」など量産機の生産部門の担当となったのである。もはや新鋭機の開発よりも、即戦力となる量産機を一機でも多く戦線に送り出す仕事を最優先することになった。それほど日本は追い詰められてきていたのである。

内藤は戦前、戦後を含む自らの航空機人生を振り返りつつこう語った。「いろいろと、日本で最初となる新技術の開発をいくつも手掛けましたよ」

その実例の一つに、前代未聞の「富嶽」の基本計画づくりも挙げられるだろう。だが、このような具体的な機体設計とは別に、戦前の中島飛行機における空力分野の新たな基礎研究として、昭和一四（一九三九）年から一九年四月頃までの間に、次のような技術課題に取り組んでいた。

「翼型最大揚力係数の寸法効果に就いて」「翼型上面曲線の形状許容域に就いて」「衝撃波の発生条件」「翼型の微分画法」「気流観察の新しい方法」などである。これらの研究の基礎となっていたのは、前述した「NACAがまとめた、膨大な風洞実験などに基づく二〇〇種以上に及ぶ翼型資料であった」と内藤は正直に語っている。

このように日本の実情をよく知るだけに、昭和一六年一二月八日、日米開戦のラジオ放送を聴いたとき、内藤は反射的にこう思ったという。「ようやく日本は戦闘機が欧米に追いつきかかったという感じです。偵察機から上はまだまだこれからというところ、ましてや爆撃機なんかは全然お話にならん。よくもアメリカとの戦争を始めてくれたもんだ」

昭和一〇年代初め頃までの海軍は、中途半端な性能しか持ち得ていなかった艦上偵察機にはあまり関心を示してこなかった。ところが、日中戦争の半ば頃から、中国の奥地へと深く侵入できる高速偵察機の必要性を認識し始めていた。

日米開戦となると、戦場が広域となる太平洋からインド洋にかけてとなるため、さらに痛感するようになった。このような状況から、中島飛行機では海軍が今後開発を予定している高速偵察機（社内名称N50「彩雲」）の構想を練っていた。その主要メンバーである内藤は、敵機を振り切るため「速度を少しでも速くしたい」と思い、N50に装備することを念頭に置いた排気ロケット（ロケット排気管）を提案して研究を進めようとした。何しろ海軍からは実に欲張った性能値を要求してきたからだ。

「彩雲」／富士重工業

「最大速度はあらゆる敵戦闘機よりも優れていること。上昇力も優れ、なかでも高高度性能が良くて、航続距離は超大であること」。具体的には、高度六〇〇〇メートルにおいて三五〇ノット（毎時六四八キロ）で、航続距離は二五〇〇海里（四六三〇キロ）も求められたのである。

このため、とにかく空気抵抗を出来る限り低減することを最優先の設計課題とした。幸いにも、ちょうど時期を合わせて、中島飛行機では奇跡のエンジンと呼ばれる小型ながら驚異的な二〇〇〇馬力という高出力の二段過給機付「誉」の試作が完了したばかりだった。「誉」は小型なので、機体の正面面積を小さくして空気抵抗を減らせるため、かなり細身の胴体を実現できた。しかも、空気抵抗の少ない革新的な層流翼型を採用していた。「従来の日本の飛行機とは逆に、機体の外板に厚い板を採用して、機体表面の皺《しわ》の発生を防ぎ、摩《ま》擦《さつ》抵抗を極力減らしていた。もし動力をジェット・エンジンにすれば、当然ジェット機としても使用できるような近代的な構造だった」とも言われるほどスマートだった。

「アメリカはB17に装備する排気タービン過給機にずいぶん力を入れていて、何年も前から研究・実験を進め、実際に高空ではかなり効果があった。だからこっちはささやかながら排気ロケットの実験を進めたのです。エンジンのシリンダーからの排気管の一本一本を後ろに向けて出すだけなんだが、それによって推進力（馬力）をアップさせようという狙いです。これを部長に提案したら、『やってみろ』との賛意を得た。これは日本初の試みだった。荻窪製作所のエンジン技術者からは『排気管を絞るとエンジンが爆発するぞ』などと脅されたものです」

海軍からの要求に基づき、中島飛行機が「彩雲」の正式な計画書を提出したのは昭和一七（一九四二）年六月だった。

「そのとき、排気ロケットによる速度増を加えての最大速度の値を示しました。まあ若いわれわれが意気込んでそうしたのだが、この種の排気管の実績は今まで日本にはなかったものだから、部長も課長も自信がなくて海軍には黙っていた。ところが、実際に試作機ができ上がって飛行試験したら、速度がかなり増した。後にこの話が出るたびに『最初から排気ロケットの値を計算に入れて最高速度を提示したのは、中島が初めてである』と自慢しながら上の人が記している」と内藤は回想した。

当時、陸軍と海軍とでは新型機試作の発注方式が違っていた。陸軍はいきなり新規開発の命令を発していた。これに対し、海軍は「現在の防衛庁（省）の中期防衛計画みたいに、実用機計画というものを、正式な発注以前にメーカーに示し、事前の研究に取り組める時間的な余裕をつくっていた。それまでの急にやらせる方式では、航空機メーカーの技術力を十分に発揮させにくいと考えたからだ。

その頃、海軍は中島飛行機に対して、「彩雲」、四発の陸上攻撃機「連山」、双発の戦闘機「天雷《てんらい》」（乙戦）の三つの試作を指示していた。このため、「われわれは零戦や『銀河』の後に、『彩雲』や『連山』の試作へと入っていくのだろうと思っていた。とにかく『連山』をものにしないと四発には進めない。しかし米国ではすでに四発の爆撃機B17（『空の要塞』）が五年ほど前から飛んでいて、プロダクションに入っていると報じられていたから、とにかく米航空機の水準まで早く追いつかなきゃいかんというのが、われわれの責任だと意識していた」

このような状況でアメリカと開戦したため、前記の通り、「メーカーの技術屋としては、たまったもんじゃないというのが正直な感想だった」。欧米の航空機事情に詳しい中島飛行機の幹部連中の反応も多くがそれと変わらなかった。「なんとバカなことをしてくれたのか。航空力で言えば、即時大敗北になるだろう」。そのうえで「日本は戦争に負ける。でも、やるだけやってみるよりしょうがない」と自分自身を納得させるより仕方がなかった。

米軍をも驚かせた「彩雲」の高速度

日米開戦後に正式な試作命令が出された陸海軍機は数多くある。それらのほとんどが実戦で活躍することなく終わったが、「彩雲」は戦中に実用機として量産され、実戦投入されて威力を発揮した数少ない「二、三の機種の一つ」である。

日本軍機の中で最高速と言われる「彩雲」の「最大速度三四五ノット（六三九km／h）という快速に最も寄与しているのは、本機に日本最初に実用された推力（ロケット）排気管である。（中略）推力排気管は戦争末期には殆んど陸海軍機のすべてに採用されたが、設計当初からその効果を見込んで計画されたのは本機が最初である。（中略）航続力は最大五二九〇kmという単発機として空前の長距離機となった」（『日本軍用機の全貌《ぜんぼう》』）

内藤は強調する。「エンジンの出力を増加させる排気管を機体屋がやるものだから、エンジン屋にずいぶん嫌われましたよ。でもエンジンを専門とする八田龍太郎さんに応援してもらって進めていった。何しろ二〇ノットぐらい増速したからね。だから零戦でもやりだした」

さらに「彩雲」の性能アップを目指して、改造に取り組んだ海軍の百瀬《ももせ》晋六《しんろく》元大尉は語ってくれた。「昭和一九年一月までは、『誉』の最終試験となる領収運転を担当していたが、小泉製作所に移って『彩雲』の仕事を手掛けることになった。『誉』に装備する排気タービン過給機、インタークーラーの配置設計の仕事です」

百瀬は昭和一六年一二月、東京帝大航空学科原動機専修を繰り上げ卒業して中島飛行機に入社。すると短期現役で海軍に引っ張られた。彼は尊敬する東京帝大の恩師、富塚清教授の教えを自ら実践しようとした。

「日本の飛行機はエンジン艤装《ぎそう》の技術に欠点があり、その専門家が育つ必要がある。機体屋が勉強をするのは無理だから、エンジン屋がやらんといかん」。このため、自ら上官に申し出てそれが受け入れられたのである。

戦後、百瀬は富士重工業における自動車部門の育ての親として、その名が広く知れ渡ることになる。主任設計者としての出世作は、日本の軽自動車の地位を飛躍的に高めた傑作車で、「マイカーブーム」の先駆となる「スバル３６０」である。元航空機設計者らしく、それまでの常識を破る超軽量で、大人四人がゆったりと乗れる画期的な三六〇㏄の軽自動車を開発して、業界も世間も驚かせた。

自ら希望して取り組んだインタークーラーの装備だったが、「何しろ『彩雲』は高速性能を高めようと、胴体は極端に細くし、それに伴って艤装も余裕スペースがなかった。このため、新たに装備を追加する改造はきわめて難しかった。それでも試作機にインタークーラーを何とか押し込んで二回ほど飛行試験を実施し性能確認したところで、終戦となりました」。このため、戦後、バスや乗用車の設計者に転身、その名を日本自動車史に刻むことになるのである。

「彩雲」はその高速性を生かして、米軍制空権下にある基地などを強行偵察した後、敵の最新鋭グラマン艦上戦闘機Ｆ６Ｆを振り切って帰還したことは長く語り継がれてきた。しかし、戦争末期ともなると、工場では非熟練の作業者による粗製乱造が始まった。なかでも緻密《ちみつ》な設計で極端に小型化していた「誉」エンジンの品質は著しく低下していた。トラブルを多発させ、性能も低下しており、「彩雲」の最高速度も落ちるのである。

「敗戦直後、私は小泉製作所の資材の管理番をしていた。その時、米調査団がやって来て、米軍の高オクタン価燃料で『彩雲』を飛ばしたところ三七〇ノット（六八五キロ）も出て、彼らを驚かせたものです。ガソリンのオクタン価の違いというのはものすごい差が出ますね」と内藤は率直に語る。自らが設計し、また提案した排気ロケットが効果を発揮し、またそれが多くの機種に普及していったことからして、やや自慢気に話をするのも無理はなかった。

自衛隊のジェット練習機を開発

敗戦から七年後、ＧＨＱ（連合国軍総司令部）の「航空禁止令」は解かれた。昭和二九（一九五四）年に自衛隊（防衛庁）が創設されると、旧陸海軍の元技術将校らがぞくぞくと入庁した。人材不足ゆえ、航空幕僚監部装備部技術一課と技術研究本部の開発官を兼務することになった当時二等空佐だった高山捷一は語った。

「防衛庁では前例がないので、仕事の進め方は自分の考えに基づき、好きなように戦前の海軍流でやっていった」。高山は戦前、零戦や「紫電改」の審査や「銀河」の設計などを手掛けた元海軍航空技術廠の技術士官（少佐）である。

とはいえ、日本の防衛庁（自衛隊）は米国の強い影響下にあったので、何種類もの米軍機が供与（強制）された。その運用や指導、トレーニング、体制整備については、ＭＡＡＧＪ（以下マーグＪ、在日軍事援助顧問団）や米極東空軍が全面的なバックアップをしていた。

その中でパイロットの訓練体系を計画した高山は、次のようなプランを練っていた。「米ビーチエアクラフトのプロペラ機Ｔ４が最初で、この後、Ｔ６そしてジェット練習機のＴ33、最後にマッハに迫るＦ86へと進むことになる。だが、Ｔ６とＴ33との間にはどうしても飛躍があるので、ここに中間段階のジェット練習機が必要である」

　このとき、マーグＪはその練習機として米軍機の採用を迫った。ところが高山は国産機の新たな開発プランを示して、これに強い難色を示すマーグＪの圧力をはねのけたのである。昭和三〇（一九五五）年一二月末、高山は新三菱重工業、川崎航空機、富士重工業、新明和興業の四社を呼んで要請した。「来年三月までに中間ジェット練習機Ｔ１に関する基本設計計画書となる設計提案（プロポーザル）を提出していただきたい」

　戦前、これらの旧航空機メーカーはジェット機開発の経験がほとんどないに等しかった。それだけに最大の難関は、Ｔ１に求めた遷音速領域《せんおんそくりょういき》となる制限マッハ〇・八五を実現できるかどうかだった。

　マッハ〇・八を超える遷音速領域となると、空気の流れが著しく乱れたりして、衝撃波が発生しやすくなる。航空機の飛行状態は不安定になり、操作は難しくなって、機体にも大きな負荷がかかってくる。それを回避する方策として、ジェット機特有の後退翼の採用などがあるが、各社にはその経験がなく、欧米のデータやノウハウもほんのわずかしか持ち得ていなかった。

　やがて各社からプロポーザルが提出された。試作契約者の決定を前にして、高山は三菱の担当責任者である東條輝雄と、富士重工業のやはり担当責任者である内藤子生の二人を呼んで説得した。「三菱も劣らず立派なプロポーザルを出してきたが、私は必ず次に導入する主力戦闘機は三菱が主力となってやってもらうことにしているし、将来も三菱が中心になってやってもらわないと困るのだから、ここは一つ富士重工業に譲ってほしい」

　Ｔ１は大きなプロジェクトで総額も巨額になる仕事だが、この要請に、東條は文句なしに納得し、内藤ももちろん言うまでもなかった。「二人とも、大学時代の同じクラスですから、『わかった、わかった』ということで、すんなり収まりました」と高山は笑みを浮かべながら語った。

Ｔ１

今の感覚からすれば、官と民の馴れ合いの談合とも言える決定になる。しかし、防衛庁やメーカーにも、防衛庁機の生産体制らしきものができていないこの時期だけに、業界の将来発展と各メーカーの育成を見据えた場合、適材適所での交通整理も必要だったのである。

結果、富士重工業がＴ１の開発・生産を受注することが決まった。当時、内藤の下で、Ｔ１の開発に従事して鍛えられた先の鳥養鶴雄は冗談を交えながら振り返った。「彼ら（この三人）はともに東京帝大航空学科の昭和一二年卒組だから、同窓会をやれば、日本の防衛装備に関する重要な物事も決まっちゃうのですよ」

ただし、富士重工業が受注したことには、十分に説得力のある根拠と裏付けがあった。「後退翼を採用して遷音速時の安定性と操縦性を向上させるとともに、翼面荷重を小さくして低速時の性能向上を図っていた」

その具体的な特徴は、予想と異なる「厚比（翼幅と翼厚の比）一六パーセント」の厚翼を採用した日本初の本格的な後退翼だった。それは内藤が中島飛行機時代に研究していた前記のＮＡＣＡのデータをベースにしつつ設計したＫシリーズ層流翼の改良型を採用していた。加えて、日本でライセンス生産が開始されつつあった米ノースアメリカン社製Ｆ86や米ロッキード社製Ｔ33から得た設計ノウハウも活用していた。

このような理由から、高山は富士重工業のプロポーザルを「野心的な設計」と高く評価した。同時に、「旧中島飛行機のプライドから、並々ならぬ決意と意欲が強く感じられた。何しろ受注できるか否かわからないにもかかわらず、自社の負担でT34の改造機をつくっていた。さらにはFJT51の風洞模型や、金のかかるT1の木製モックアップ（実物大模型）までもつくって実験・検討し、様々なデータも取得していた。もちろん、その成果をプロポーザルに盛り込んでいたことは言うまでもない。提出した資料は高さが七〇センチもあって、他社とは比較にならなかったし、川崎などのプランとはかなりの開きがあった」

富士重工、航空業界復帰の功労者

実は、これに先立って、内藤は同社幹部の吉田孝雄専務から命じられていた。「外国へ行って向こうの設計者に会って詳しく話を聞いて来い。何年も航空をやっていなかったから、頭がなまっているだろう」

T1の設計そして試作でリーダーシップを取った内藤は、T1の開発を振り返りながら語った。「戦後初のジェット機ということで、わからないことがいっぱいあった。文献資料も少ないし、経験もない後退翼の採用などではずいぶんと苦労した。それでも予想していたよりははるかに順調に完成させることができたと思っている。多少の誤算があったのも事実ですが、とにかく安定操縦性を主眼に置いて、実現性が早いことも念頭に置きつつ設計した。練習機ですから、たとえ他社の提案より五～一〇ノット遅くしても、安定操縦を最優先する方針で臨んだ」

航空禁止による「空白の七年間」も含めて、数々のハンディを負っていた日本（富士重工業）であったが、驚くべきことに、設計、試作そして初飛行するまでの期間はわずか二年ときわめて短かった。鳥養は述べている。「とにかく日本人の手によって開発した後退翼のジェット機によって、念願の『音速の壁』に迫ろうと、官もわれわれメーカーもその意欲をみなぎらせていた」

初飛行後の第一段階の飛行試験は宇都宮の飛行場で行われ、飛行中のデータを地上でモニターしながら進められた。クリアすべき最大の課題は、戦前の日本が経験した「彩雲」の最大速度を三〇〇数十キロほど上回るT1の限界速度マッハ〇・八五だった。それは日本にとって未知なる世界である。

　このための確認飛行試験は慎重を期して、少しずつ速度を上げながら進めていった。そのときの様子を鳥養は自著『大空への挑戦』に記している。

「目標筑波山、ただ今から緩降下、マッハ〇・八三」と連絡が入った。操縦桿を握っていたのは自衛隊の若い一尉だった。全員が地上の計測室で分担配置についた。この頃はまだ自動追尾が出来ない時代だけに、鳥養らのグループはT1の機体をアンテナで追った。別のグループはオシロ（測定機）の針に神経を集中し、係長はマイクを握っていた。

　試験が始まり、しばらくしてオシロの針を見つめていた担当者が「アッ、加速が速い」と口にした。そのときだった。「ワーッ」と低いパイロットの叫ぶ声が無線機から流れてきた。オシロの針は激しく振れた。続いて「何も見えない」と、パイロットの上ずった声が続いていた。「そのときには、もうみんなの顔から血の気が引いていた」という。

　幸いなことに、少ししてT1は無事に帰ってきたのだった。オーバースピードしたのは確かだったが、それは「血気盛んな若い0パイロットが禁じられた未知の世界をのぞこうとしたのかもしれない。だが、そのことを言う人は誰もいなかった」


戦前の経験を生かし、ジェット機時代の幕を開ける

どの国でも、「音速の壁」に挑む世界の男たちが必ず体験する、緊張に息を飲む一瞬の出来事であった。

「その後、T1ジェット練習機は、無事故ではなかったが、機体の設計や製造に関連した事故はなく、大勢の航空自衛隊パイロットを育成し、二〇〇〇年になってから訓練任務を新型機に譲った」と鳥養は振り返る。

戦前、内藤は中島飛行機の設計部にあって、航空機の性能を決定づけるもっとも基本となる翼型の研究を、欧米の動向をにらみながら地道に進めてきた。その成果を生かす形で、数々の機種の性能計算も手掛けた。この他、日本で最高水準となる高性能偵察機「彩雲」を、戦時下の困難な状況の中で実用化に成功、B29の二倍もある気宇壮大な「富嶽」計画では、当時の世界水準を超える性能の実現を目指して基本コンセプトをつくり上げた。

このような戦前の実績と経験を踏まえつつ、内藤は日本人として初めて、ジェット機時代の幕を開けるリーダー役を果たしたのである。内藤ら戦前の航空技術者たちが築き上げたこうしたノウハウと経験は、戦後の世代へと引き継がれて、さらに発展させていくべき道筋になっている。

第六章「隼」「鍾馗」などの設計者から〝ロケットの父〟へ転身

糸川英夫（元中島飛行機設計者、元東京帝国大学教授）

●いとかわ・ひでお／明治四五（一九一二）年〜平成一一（一九九九）年。東京都出身。東京帝国大学航空学科卒業。昭和一〇（一九三五）年中島飛行機入社。九七式戦闘機、一式戦闘機「隼」などの設計を手掛ける。昭和一六（一九四一）年東京帝国大学第二工学部助教授に就任、その後教授となる。昭和四二（一九六七）年東大を退官、組織工学研究所を設立。

自他ともに認める「日本の宇宙開発の父」

今の時代、何か新しい科学・技術の発明や発見とか、最先端技術を駆使する冒険的な要素も含んだ挑戦といったものが、多くの国民の興味関心を呼び、マスコミもこれを盛んに報道して、大いに湧き立つといったことがきわめて少なくなってしまった。

そんな昨今において二〇一〇年、希有な例と言える小惑星探査機「はやぶさ」による快挙があった。そもそも科学技術の粋を結集したこの探査機のミッションは、「近地球型と呼ばれる小惑星の表面物質を持ち帰る」ことだったが、一般国民の興味の持ち方はかなり異なっていた。

どちらかと言えば情緒的なシンパシーの方が強くはたらいたようである。その背景としては、この頃世相がパッとせず、暗い話題ばかりが目立ったからかもしれない。そのようなとき、次から次とトラブルが起き、満身創痍《まんしんそうい》で七年間、ハラハラ、ドキドキとさせながら六〇億キロもの宇宙の長旅を終えて無事地球に帰還した「はやぶさ」に、国民は強い感情移入をして感動したかったのであろう。本来ならば、トラブルが多発して信頼性を損ねたことは批判されてしかるべきなのだが、それが逆にドラマ性を演出する効果をもたらして擬人化され、「ご苦労さん、よくぞがんばった」と賞賛を受け、めでたしめでたしと相成ったのである。

歴史を振り返るとき、科学技術のプロジェクトであっても、必ずしも純科学技術の観点のみで受け止められるわけではない。国民の意外な反応や思い入れによって、思いがけない方向へと導かれる場合もあるものだ。そのような例は本稿で取り挙げる主人公において如実にあらわれていて興味深いものがある。

この探査機が砂や岩石の採取を目指して着陸したのは、長さ約六〇〇メートル、幅約三〇〇メートルの小惑星「イトカワ」だった。

平成一〇（一九九八）年九月二六日、この小惑星は米ニューメキシコ州ソコロの望遠鏡によって、マサチューセッツ工科大学（ＭＩＴ）リンカーン研究所の地球近傍小惑星研究チーム（ＬＩＮＥＡＲ）が発見したものだ。小惑星の命名を推薦する権利は発見者にある。ところが、宇宙科学研究所（現ＪＡＸＡ）は厚かましく頼み込んだ。

「ぜひとも〝日本のロケットの父〟である故糸川英夫博士の名前をつけて欲しい」

糸川英夫

幸いなことに、平成一五（二〇〇三）年夏、国際天文学連合から「イトカワ」に命名したとの報がもたらされた。

頼まれてよその国の研究者の名前を採用したＬＩＮＥＡＲもなかなか粋《いき》な計らいをするものだ。とはいえ、彼らを納得させるに十分な業績があり、しかも国際的にも名を成した人物でなければ決して採用はされなかったであろう。「イトカワ」とは言うまでもなく、日本のロケット開発、宇宙開発のパイオニアである糸川英夫である。

ロケット開発の研究グループを設立

昭和三〇（一九五五）年四月一二日、糸川教授が率いる東大生産技術研究所のチームは、大勢の新聞記者などマスコミ関係者が注目する中、直径一八ミリ、長さ二三〇ミリの「ペンシル・ロケット」の発射実験を成功させた。それはまさしく鉛筆を一回り大きくしたくらいの超ミニロケットで、今から見れば、ちょっとした科学少年が試みる遊びに毛が生えた程度の実験とも言えた。しかし、このときから、日本のロケット開発および宇宙開発がスタートしたのである。

その後、次第にロケットは大型化。「ベビー」「カッパ」「ラムダ」と名付けたシリーズへとつづいた。さらには宇宙科学研究所のM（ミュー）ロケット、宇宙開発事業団（NASDA）のNおよびHシリーズへと引き継がれ、そして現在の宇宙航空研究開発機構（JAXA）の幅広い活動となる。糸川らの東大チームは日本のロケット開発の発展とその礎を築いたのである。その間、絶えずマスコミの注目を集めて寵《ちょう》児《じ》となったのが看板役者の糸川だった。やがて糸川は「日本の宇宙開発の父」とか「日本のロケットの父」「ロケット博士」と呼ばれるようになる。

明治以降の歴史を振り返るとき、世界的な業績を上げたノーベル賞受賞者らもそうだが、とかく日本の理工系の研究者たちは実直で研究一筋の場合が多い。いかにも研究者といったタイプで、その立ち振る舞いは地味である。超エリートだけに、「タレントじゃないのだから」と自らをわきまえて、積極的にマスコミ受けを狙っての目立つパフォーマンスなどは「節操がない」として、わざわざ演じたりしないものである。

ところが糸川は違っていた。その時代、時代の常識をはるかに超え、また先駆ける突飛とも思えるアイディアや、夢みたいな構想を真面目くさった顔をしてぶち上げて堂々と世間に発表する。そして目標に向かってまっしぐらに走りだす。このため、「でっち上げの大言壮語か！」「山師か！」とも言われたりした。

これに疑問を唱える記者らの質問に対しては、まことしやかな持論を展開して煙に巻いて楽しんでいるかのようだった。

例えば、有名な話がある。ペンシル・ロケット発射実験の四カ月前の一月三日のことだった。毎日新聞の記者が糸川にインタビューして、以下のようなやりとりをし、「ロケット旅客機」と題する記事を掲載した。この一年余ほど前、脳波の診断機の開発といった「人を生かす医学」の研究を目指していた糸川は、アメリカからの招待で渡米していた。シカゴ大学の図書館で資料を探しているときだった。聞き慣れない「スペース・メディスン」という言葉を目にしてすぐに閃《ひらめ》いた。

「人間が宇宙に行ったとき、人体にはどんな影響を与えるのかを研究しているのだな。ということは、米国はロケットをつくって、しかも人間を宇宙に送り出そうとしている」

すでに糸川はこの一年ほど前に、経団連主催で「ロケット研究の立ち上げ」を目指すための講演会を開いていた。そこには興味を持ちそうな旧三菱重工業など一三社の大企業（メーカー）も出席していた。講演会の後、糸川はこれらの企業を回って賛同してくれるように頼み込んだがいずれも断られた。「とてもロケット開発などは高嶺の花で、わが社としては手が出せません」とか「五〇年先のことでは……」といった反応でさっぱりだった。

それでも好奇心が旺盛で時代の最先端を走ろうとする糸川は、大胆にも「ならば自分の手でつくってやる」と決めたのだった。「（『航空禁止』による）戦後一〇年近いブランクは取り返しのつかない大きなものになってしまった。いつまでも、プロペラやジェットの後を追っていても、始まらない（中略）まだどこの国も手を染めていないロケットエンジン」だと言うわけだ。

思い立つとすぐ行動に移す糸川は、ときが熟すまで待ってはいられないと動き出した。東大生産技術研究所を訪れ、戦前に航空機をやっていた同僚や各専門分野の研究者らにも声を掛けて持論を説いた。「ロケットをやろうじゃないか」

早くも一カ月後にはもっともらしい「ＡＶＳＡ（アビオニクス・アンド・スーパソニック・エアロダイナミクス）研究班」と名付けたグループを発足。協力者たちを説き伏せてロケット開発に乗り出したのである。

この飛翔体《ひしょうたい》が目指す目標を、あえて国民受けする〝ロケット旅客機〟と言い換えて吹聴《ふいちょう》し、しかもそれにあれもこれもと妄想する尾ひれが付いているところがいかにも糸川らしい。それにまんまと飛びついてくれたのが先の毎日新聞だったわけだ。

「東京――サンフランシスコ間を二十分で飛べる――としたら、東京に住み、サンフランシスコの事務所に通勤し週末には箱根の別荘で過ごす実業家が出てくるかもしれない。百年後？五十年後、どういたしまして。十五年先にはそうなるんだ（中略）それがロケット旅客機である」との糸川の大風呂敷をそのまま報じたのである。

この頃の世界の潮流はと言えば、むしろ一つ前の段階のジェット機時代の到来であった。でも、当時の日本の航空機技術の現状はと言えば、それよりさらに一つ前の、戦前のプロペラ機の経験しかなかった。欧米から大きく取り残されていた。「空白の七年間」と言われるＧＨＱ（連合国軍総司令部）による「航空禁止」がようやく解除されたばかりだったのである。旧航空機メーカーの技術者たちの共通認識はこうだった。「最初に手をつけるべきは、ほとんど経験がないジェット機でありジェットエンジンであって、ゼロからのスタートになる」

そのジェット機を一気に飛び越えて次段階となる未知数の「ロケット旅客機を」に照準を合わせ、大々的にぶち上げるところが糸川たる所以なのである。

開発の呼びかけに応じた富士精密工業

生産技術研究所のロケット研究そしてその現物を製作することには、旧中島飛行機のエンジン部門の後身となる富士精密工業が積極的だった。同社は敗戦によって「航空禁止」となったことで、将来を見据えて、旧立川飛行機のグループとともに自動車の開発・生産・販売を行っていた。後のプリンス自動車そして合併して日産自動車となる自動車メーカーである。

富士精密役員の中川良一は、スカイラインの命名者でもあるが、戦前は、零戦や「隼《はやぶさ》」などの戦闘機に搭載されて、「中島のサラブレッド」と言われたエンジン「栄《さかえ》」20型および30型の主任設計者だった。この成功につづいて中川は、大東亜決戦機と呼ばれる陸軍の重戦闘機「疾風《はやて》」や高性能偵察機「彩雲《さいうん》」、局地戦闘機「紫電改《しでんかい》」などに搭載された「奇跡のエンジン」と呼ばれる小型高馬力の「誉」も設計主任として開発した。

彼は糸川と似て、絶えず先進的な技術を追いかけて、日本の先頭に立って切り開いていくことをモットーとし、それを自負していた。年齢は糸川の一年後輩で、昭和一一（一九三六）年三月、東京帝大機械工学科卒の銀時計組（成績優秀者）だった。

富士精密は、糸川が進めようとするロケット研究の先を見据えていた。米ソが盛んに開発を進めていた誘導ミサイルに進出したいとの思惑があった。中川はその頃のことを振り返った。「変化の激しいこの産業（航空機およびジェットエンジン）で、十年前に戻ることはしたくなかった。その結果、（ロケットやミサイルを含む）航空宇宙産業に進むべきだと考えた」

中川は糸川からの呼び掛けに応じたことについても語っている。「私は未知の仕事の企画に夢中になっていた。将来どのように進むかについて、糸川教授と相談した。取り敢えずはペンシル・ロケットから始めて、観測ロケットを作り、やがて人工衛星を打ち上げることである。さらに、三十年以上後の目標は、宇宙を飛ぶロケット旅客機であると一致した」（『技術者魂』）

こうした時代の先取りとは別に、この一二年後の昭和四二（一九六七）年、糸川の東大辞職につながるロケット開発にまつわる大スキャンダルが暴露され、新聞や週刊誌で大いに騒がれた。とくに朝日新聞は「科学ジャーナリズムの鬼」とか「科学を一面トップ（ニュース）にした男」と呼ばれる敏腕記者の木村繁の取材チームが執拗に追いかけた。三カ月間にわたり連日、一面あるいは三面のトップで、例えば、「経理に疑惑」「すっきりしない産学協同」「まるでロケット業者」「輸出商社も（糸川）教授が左右」「政治家が結びつく」としてデカデカと報じた。

迎えたクライマックスは次の事実だった。朝日の記者によって、糸川が予算を私的に流用し、「研究費を手当としてもらっていた」とする女性の存在が報道によって明らかにされた。どこまでが真実かについては様々な見方があるが、次第に大規模化していったロケット開発のプロジェクトを、大学が一手に引き受けて主導していくこと自体に無理が生じていた。

いよいよもって追い込まれた糸川は、三月二一日午前〇時過ぎの深夜に開かれた異例の記者会見の席で、言葉少なに弁明した後、辞意を発表した。その席で、「なぜ辞めるのか」の問いに「後進に道をゆずるためだ。ペンシル・ロケット以来、十年余にわたって色々な批判を受けて来た。それは私自身の性格によるところが大きく、不注意から誤解を招くような行動があったと思う」。この辞意から六日後の二七日、東大宇宙航空研究所は臨時教授会を開き、糸川の辞意を了承して、正式に辞任が決定した。

六二歳でクラシックバレーに挑戦

この後、〝ロケット開発の父〟から一転、失職してただの一研究者となった糸川だが、切り換えは驚くほど早かった。スキャンダルの記憶も生々しい東大辞職からわずか数カ月後のことである。すぐさま次の目標に切り換え、不死鳥のごとく甦《よみがえ》って再び脚光を浴びることになった。

東京・六本木の溜池《ためいけ》交差点近くのスタービルに、シンクタンクの「組織工学研究所」を立ち上げて所長に就任し、活動をスタートさせたのである。

この頃の日本では、以前から財団法人や大企業に付属するシンクタンクはあったが、個人が立ち上げた例は珍しかった。前面に「日本型の創造的なシステム（組織）工学を」とのスローガンを打ち出して看板にした。「自分が主導してきたロケット開発の事業は、いろいろな専門分野の人間をまとめ上げて進めていくまさしくシステム工学そのものであった」と解説した。だが、このように説明されても、一般人には今一つピンとこないし、イメージがつかめない。ならばと、分かりやすい例で解説した。

「焼き鳥はネギやらタンやらハツやらが一本の串に支えられて大変食べやすいように串刺しにされています。串そのものは食べられませんが、多くのおいしい物を一本の焼き鳥にまとめて、食べやすいようにします。これがシステム工学の真髄です」。さらに「一人の天才よりも一〇〇人の凡人の智恵《ちえ》」「日本では一人の天才が引っ張っていく組織は適さない」「日本人の集団性はもろ刃の剣で、独創力の発揮という面ではマイナスかもしれないが、経済成長を支えるというプラスの面もあった。それに、個性主張型でなければ独創的なことができないということはない」とつづけた。

この頃の時代、とかく最先端の科学技術分野の先頭を走る研究者やシンクタンクは、日本的な集団主義を否定的に見がちだった。外国生まれのカタカナ用語をちりばめて、いかにもこれが最新で新時代を切り拓くシステムですよと喧伝《けんでん》しがちだった。

糸川は違っていた。否定されがちな「日本的」なるものをポジティブに打ち出していた。それは自らの不祥事の反省と教訓も込めたかのように思わせつつも、それを糧《かて》に、または逆手にとって研究所を立ち上げたと暗ににおわす言い回しのようにも感じられた。この後、糸川の代名詞ともなって、広く流行語にもなる彼のベストセラー著作『逆転の発想』そのものである。

そもそも組織工学の発想は、すでに数年前から糸川が思い描き、以前から周辺に対してもらしていたことだった。当人からすれば必然だったのである。そこには〝転んでもただでは起きない〟糸川の発想、ひいては生き様が感じられた。

そのうえ、日本を代表するシンクタンクの所長らを招いての自由闊達《じゆうかったつ》なやり取りで、情報交換や共同研究、さらには政府への提言なども行うのである。メンバーは日本総合研究所、野村総合研究所、社会工学研究所、三菱総合研究所、政策科学研究所、未来工学研究所などで、牧野昇や黒川紀章《くろかわきしょう》、林雄二郎ら、時代をリードする面々が顔をそろえていた。

スキャンダルやビジネス活動とは別に、世間から注目された一例を挙げれば、こんなこともあった。六二歳のとき、突如思い立って「貝谷八重子バレー教室に入り、クラシックバレーをこれから始めます」と宣言した。興味本位で集まったマスコミ関係者を前に、身長一五〇センチほどの小柄な身体を真っ白なレオタードで包んだバレーシューズ姿で登場してポーズを決めていた。その写真がまたまた週刊誌や新聞を飾ったが、まるでピエロを演じているかのようにも映った。

しかし、当の本人は至って本気だった。やる気も十分で大いに楽しんでつづけた。それから五年ほどたったとき、またまた発表をした。「帝国劇場にデビューする。演目はロミオとジュリエットです」。またも野次馬根性のマスコミを呼び込んだのである。

平成一一（一九九九）年二月二一日、八六歳で亡くなるまで、たえず週刊誌やテレビが飛びつきそうな話題を提供し続け、何かと世間を騒がせ、またひきつけもした日本ではきわめて希有な研究者だった。しかも、数多くの著作も発刊した評論家でもあった。つねに時代を大きく先駆けると同時に、本人が強調するように「独創性」に富み、「人真似《ひとまね》はしなかった」

実は糸川は航空機設計者（研究者）が出発点だった。その発想や思考方法のベースには、若い頃に培った航空工学そして航空機があった。

中島飛行機入社後すぐに目立つ存在に

昭和一〇（一九三五）年四月、東京帝国大学航空学科を卒業した糸川は中島飛行機に入社し、陸軍機の設計技術者としてスタートする。となると、中島飛行機での新人時代の糸川がどんな航空技術者だったのかと興味が湧いてくる。糸川とほぼ同時期に中島飛行機に入社して、同じ陸軍機設計の技術者だった「疾風」の設計責任者、飯野優は語ってくれた。

「日中戦争もたけなわとなっていた昭和一四（一九三九）年頃ともなると、当時、『ぜいたくは敵だ』と言われる時代風潮の中で、東京府内ではダンスが禁じられていたのです。ところが、糸川さんはそんなことは全く意に介さなかった。週に何回となく、仕事が終わると職場の（群馬県にある中島飛行機）太田製作所に待たせていたハイヤーで数十キロ走らせ、埼玉県・川口にあるダンススクールに通っていたものです。豪傑ぞろいの海軍機設計部と違って、陸軍機設計部は比較的地味な技師たちが多かったが、その中で糸川さんは何かにつけて目立つ存在でした」

糸川はゴルフも楽しんでいた。すでに新人の頃から、自分がやりたいと思うことは、周りの目など関係ないとばかりに実行に移していたのである。「新人のくせに生意気な奴だ」と言われつつも、臆することなく自身の考えをはっきりと口にした。また技術者、研究者としては先を見つめつつ、自らが目指す目的に向かって突き進んでいった。

そのような性格と信条をもとに行動するので、協調性が求められる企業組織内に収まる技術者でなかったことは言うまでもない。その一面を端的にあらわす姿が入社の際にもあった。

以下において随時引用する『銀翼遥か　中島飛行機五十年目の証言』の中で、糸川は披露《ひろう》している。

東京帝大最終学年の三年の夏近くにもなってくると、八人しかいなかった航空学科の同級生らは就職先を巡って「おまえはどこへ行く、おれは……」といったやり取りをしていた。

「当時、いわゆる飛行機の翼の形を研究する学問は、ドイツの『プラントル翼理論』一つしかありませんでした。（中略）私は航空学科の第13回卒業生ですが、それまでの学生はすべてこのプラントル翼理論で学んだ者ばかりです。アメリカの航空局（ＮＡＣＡ）もドイツ（ハインケル、メッサーシュミットなど）も、イギリスも、もちろんプラントル理論に基づくものばかり。『そんなばかなことはない』と大学1年生のころ考えました。私は、プラントル翼理論に真っ向から挑戦しました。プラントル理論を超えるものを作ろうと思ったのです」

ちなみに昭和一五（一九四〇）年二月、そのプラントル・ティーチェンスの著書『航空流体力学』の共訳を、糸川はコロナ社から出版する。

ただし、この挑戦をしようと、たとえ卒業後に大学の研究室に残ったとしても、主任教授の指導下にあるため、「不遜《ふそん》だ」あるいは「無謀だ」と否定される。結局は、プラントル翼理論の焼き直しの研究しか許されず、不本意となる。このため、「別の研究所に行きたかった」。糸川が希望したのは、比較的自由な研究が許されると見た当時の東京帝大航空研究所（東大航研）であり、「そこで二、三年研究がしたかった」。

しかし時代がそれを許してくれそうになかった。昭和七（一九三二）年三月には満州国が建国された。その翌年三月には、日本は国際連盟を脱退して、連合国との軍事的な緊張が一気に高まることになる。さらに、糸川が卒業した翌年の二月には、日中戦争そして太平洋戦争へと突き進む道への分水嶺《ぶんすいれい》となる軍事クーデターの二・二六事件が勃発《ぼっぱつ》する。

緊迫化してきた時代状況だっただけに、陸海軍はより一層の軍備増強に走っていた。その方針を受けて航空機メーカーもまた設備の拡張と増産に乗り出していた。種々の新鋭機の開発も活発化していた。超エリートで一学年の卒業生が一〇人にも満たない東京帝大航空学科卒者は貴重な存在である。大いに期待され、陸海軍はもとより各航空機メーカーも、何としても彼らを即戦力として欲しがった。

「今は翼理論などと言っている場合ではない、とにかく飛行機をたくさん設計してから、後で暇があったら研究しろ」と主任教授に言われた。そのうえ、「何が何でも中島飛行機に行け」と強制された。教授の立場としては中島飛行機から「卒業生を寄越してほしい」と懇願されているし、今後とも送り込んでいきたい思惑もある。

糸川は主任教授の指示とはいえ反論して随分と抵抗したという。「だれの人生でもない、私の人生を他人が決めることはできない」

この反論に、教授は引導を渡した。「行かなければ卒業証書は出さない」

屁理屈をこね入社式や歓迎会を欠席

そこまで言われたのでは、学生の身分だけに立場は弱く、観念せざるをえなかった。すでに主任教授から「本人が行くから」と連絡が入っている中島飛行機の本社にしぶしぶ足を運んだ。そこでも糸川は自己主張をして単刀直入に条件を切り出した。「新しい翼理論を研究したいので一、二年待ってほしい」

「とても待てない」

妥協点として「四月一日から採用はするが、一、二年は翼理論の勉強に（東京帝大へ）行ってもいいし、給料も払うから、給料日には本社まで来い」となった。「これならばまあいいか」と自らを納得させて入社することになった。

四月一日、入社式があり、その後、歓迎の宴会がもたれた。糸川は「まだ社員にはなってはいないのですから欠席しました。太田工場にも行きません。後でさんざん怒られました」と語る。

それでも四月一〇日頃、太田工場に出社すると、守衛から「お前はだれだ」と問われた。太田工場の社員名簿には名前がなく、タイムカードもなかったからだ。本社に問い合わせてもらうと、「ある」ということでやっと工場に入れてもらえたのだった。

当時の中島飛行機はと言えば、きわめて世間の評価も学生の人気も高い憧れの企業だった。その中での糸川に予定されている担当は、花形の戦闘機および爆撃機の設計者だった。しかも、もっとも派手で花形の誰もが望む空力である。にもかかわらず、自分の意思に基づくわがままを通したのである。その点では、現在の日本の大学生の就活風景とは大違いである。

入社して糸川が手がけた主な機種は、堀越二郎が設計した九六艦戦とともに評価が高くて日本の航空史を飾る九七式戦闘機（キ27）、一式戦闘機「隼」（キ43）、二式戦闘機「鍾馗」（キ44）、キ19試作重爆撃機、一〇〇式重爆撃機「呑龍《どんりゅう》」（キ49）などである。

入社してからの約半年間ほどは、超エリートの金の卵であるにもかかわらず、ひょんなことから工場の受付嬢の手伝いをすることになったと語る。毎朝、開店の時に頭を深々と下げてお辞儀をするデパートガールのごとく、「いらっしゃいませ、どうぞこちらへ」「お車はこちらです」「鞄《かばん》をお持ちいたします」と、工場に訪れる陸海軍の将校などの案内係をしていたというのである。

その理由は、学生時代から寝付きが極端に悪くて朝が起きられず、八時の始業時間には間に合わないからだ。遅刻ばかりでタイムカードは赤字のスタンプで埋め尽くされていた。そんな糸川に同情した美人の受付嬢が、代わって始業直前にタイムカードを押してくれて助けてくれていたからだった。

入社してすぐの頃、糸川は暇で自由でもあった。このため受付嬢の恩義に感じて手伝うようになった。

「別段、下心があったわけではない」と解説する。ところが研究者であり技術屋でもあっただけに観察が分析的だった。客に応じたカルテをつくって事細かく記録して覚えたため、対応が行き届いていた。陸海軍の将校らから大変気に入られたのだった。

それを知った総務部長からは「大いに助かるから頼むよ。しばらく受付をやってみてくれ」となった。航空機メーカーにとって〝お客様は神様〟の陸海軍の将校らを知り、また親しくして顔見知りになっておくことは重要でメリットもある。その後の航空機設計の際に、頻繁《ひんぱん》に接することになるので仕事がやりやすくなり、決して無駄なことではなかった。

様々な戦闘機の空力設計を一手に担当

糸川は貴重な人材である。そろそろこの手伝いにも飽きてきた半年ほど後、陸軍機設計部の上司である小山悌《こやまやすし》部長から声が掛かった。「イト、新しく戦闘機の設計をやるから部に来い」

たとえ上司であっても役職名ではなく、〝さん〟とかニックネームで呼ぶ慣習の設計部内では、糸川は「イト」あるいは「イトさん」と呼ばれるようになっていた。

この頃、陸海軍は主要な軍用機の開発において、各社による競争試作の方式を採用していた。とくに主力となる戦闘機の場合は、主に中島飛行機、三菱、川崎航空機の三社に設計させて、それぞれ試作機を制作させ、飛行試験を実施、その性能や操縦性を競わせていた。

世界を見渡せば、戦闘機のコンセプトは、かねてよりつづいてきていた複葉機から単葉機へと移る端境期にあった。複葉機は操縦性、旋回性能に優れていたが、スピード性能を優先しようとするならば単葉機が有利だった。各社の選択と判断が分かれるところで、それは中島飛行機でも同じだった。

設計主務者の小山部長は「これからの時代は単葉機が主流になる」とにらんでおり、中島飛行機にとっ

キ27「九七式戦闘機」／富士重工業

ては初となる全金属製片持式低翼単葉の軽戦闘機を計画した。小山は糸川に、得意とする空力の研究課題を与えた。「単葉（一枚）の翼で複葉（二枚）の性能を出せる設計をしろ」という難題である。

糸川は強調する。「単葉で、プラントル理論を超えた新しい翼理論で臨みたい」との意気込みで取り組んだ。「つまり、この飛行機は一枚の翼で二枚の翼の性能を持っているのです。翼の先端部分半分と胴体付け根に近い残りの半分とで翼の構造（特に断面の形状）がまったく異なっている。（中略）まったく新しい翼の理論で造られたものです。『NN』（日本のN、中島のN）という独特の記号を付けたと記憶しています」

この挑戦によって完成したのが九七式戦闘機だった。「中島の陸軍戦闘機設計陣にとって、最高の傑作機となった（中略）小回りの利く運動性は、世界随一ともいうべき特性で、近接巴戦（格闘戦）では、絶対的な強みを発揮した」（『日本航空機総集―中島篇』）

昭和一〇年代に入ってくると陸海軍は、それまでの航空機メーカー各社による競争試作の方式を変えて、主力となる「海軍の（艦上）戦闘機は三菱、陸軍の戦闘機は中島」に指定する考え方がほぼ定着してくる。

糸川は『私の履歴書』で記している。「当時の（世界の）飛行機会社は大きな転換期にあった。第一に複葉機から単葉機へ、ここから、可変ピッチプロペラ、引込脚、離着陸用フラップの実用化。入社以来6年目の昭和16（1941）年12月8日、太平洋戦争へ突入する。したがって、入社1、2年のいわば見習い期間がすむと、ほとんどタッチした飛行機が太平洋戦争へ登場する」

この頃は技術革新の時代である一方、戦闘がエスカレートする日中戦争の真っ只中にあって、糸川英夫らの陸軍機設計チームは、未知なる技術領域の扉をこじ開けようとして、試行錯誤に伴う苦闘を強いられることになった。

中島飛行機では技術の高度化にしたがって設計部隊内での「専門が分かれ始めた。あるいは、私が勝手に、空力計算一手にひきうけ屋の看板をかかげ、ついで空力設計専門にひきうけますという看板をあげたことが、この傾向の一つのトリガー(引き金)になったのかもしれない」と糸川は振り返る。

その要因の一つは、彼が入社の際に東大航研に出向して研究生として一年ほど通うとの我がままを通したからだった。糸川が取り組んだのは、空力の薄翼理論や翼理論と境界層の研究だった。やがて東大航研から会社に戻ると、陸海軍機の概要レイアウトを決める基礎計画部に配属された。様々な機種の空力設計を専門に引き受けて担当したが、糸川は「苦しんだ」と言う。

これらの中で最初に取り組んだのが先のキ27(九七戦)だった。この頃は、日本の陸海軍が強く固執してきた軽戦闘機(軽戦)から重戦闘機(重戦)へと移り変わろうとする過渡期でもあった。九七戦は三菱の九六式艦上戦闘機とともに前者を代表する傑作機と言われた。「昭和二(一九二七)年の九一式戦闘機以来、一〇年以上にわたって積み上げてきた軽戦の歴史の総決算」で、空戦性能は抜群だった。

かねてから日本では軽戦が偏重されてきた。その理由の一つには、日本のエンジン技術が後れていて馬力が少ないこともあったが、それだけではなかった。昔の武士が合戦場で「われこそはどこどこの誰兵衛、いざ勝負、勝負!」と名乗りをあげてから、正々堂々と一対一で一騎打ちの勝負をする。そんなイメージが無意識のうちにも日本の軍隊には刷《す》り込まれていたのかもしれない。

何しろ、海軍では、潜水艦が水面下に潜って相手に気づかれず、敵の艦船や補給船を攻撃するのは邪道(卑怯《ひきょう》)であるとの考え方もあったのだから不思議ではない。だから、戦闘機においても一対一で格闘戦

キ43「隼」／富士重工業

（ドッグファイト）を展開して勝利するという戦法が好まれ、それが航空戦の主流という認識だった。またそのことにとらわれすぎていた感があった。

糸川の入社から四年後の昭和一四年五月一一日、「満州国」とモンゴル共和国との国境付近で、日本軍（関東軍）とソ連・モンゴル軍との国境紛争が起こった。またたくまに大規模な戦闘にエスカレートしたノモンハン事件である。それは日本陸軍始まって以来の大敗北となった。

強力な新鋭の重戦車を擁する敵ソ連部隊の内実を、指揮する関東軍の辻政信《つじまさのぶ》参謀が知ることも視察することもなく、なめきっていたことは間違いない。非合理な精神主義に基づく突撃一辺倒の無謀な作戦を強行して、無惨なまでの被害と悲劇を生み出すのである。

だが、このように、結果的には負け戦であったが、その間に出動した九七戦はソ連の主力新鋭機のＩ16などを相手に前半戦では、圧倒的な勝利を収めたのである。

その理由は、最高速度では九七戦が重戦のＩ16より劣っていたが、翼面荷重を抑えていて格闘性能が抜群だったことにあった。ドッグファイトのセオリーである素早く身を翻して敵機の背後に回って機銃を浴びせる得意の戦法が功を奏したのである。

しかし、ソ連側も馬鹿ではない。この戦闘の後半ともなると、格闘戦ではかなわないと悟り、対九七戦の新戦法を編み出して対抗してきた。それは性能の劣るＩ15を囮《おとり》として低高度に九七戦を誘い込む。そのとき、上方から頑丈な機体のＩ16がその特性を生かして急降下しながら襲いかかって銃撃を加えた後、高速で被銃撃圏内から離脱する。これはスピードがあって頑丈に設計された後の重戦闘機が採用する「一撃離脱戦法」だった。このため「小回りの利く運動性は世界随一で、近接の格闘戦では絶対的な強みを発揮した」と言われる軽戦の九七戦も手を焼くことになった。

無理難題を押し付ける軍の設計要求

後の零戦でも直面することになるのだが、欧米の重戦が採用したこの一撃離脱戦法の教訓を、陸軍は中途半端にしか学ばなかった。九七戦につづく次期戦闘機のキ43（一式戦闘機「隼」）の計画においても、軽戦に未練を残す要求性能が目立っていて中途半端な仕様だった。しかも、ほぼ同時期に海軍が三菱に要求した零戦に対する仕様と同様に、相反（矛盾）する関係にある高い性能を、あれもこれもと求める無理難題を突きつけていたのである。

糸川から言わせれば、「キ27型の旋回戦闘（格闘戦）重視の近接弱射撃力から脱皮して、高速度、高上昇力、高火力の直線能力（スピード）型の（重）戦闘機へ行くべきだという議論が出ていたけれども、戦場で操縦桿を握るパイロットたちは、伝統的な近接旋回戦を主張」（前掲書）するので、キ43の計画は苦難にみちたものになった。

九七戦の要求仕様書では「できるだけ重量を軽くして、近接格闘性を良くすること」を求めていた。これに対し、キ43では「九七戦に勝る運動性を維持し、速力を大幅に向上させること」と書かれており、「（九七戦に勝る）運動性」という具体性を欠いた表現で、性能の向上を要求していた。

「陸軍側も明確なイメージを持ち得ていないために漠然とした表現にならざるを得ず、これを受けたわれわれ設計者側もどう解釈するか」との迷いもあったと、当時のキ43設計者の青木邦弘は語った。

昭和一二（一九三七）年一二月、陸軍は九七戦の成功もあって、キ43の試作を中島飛行機に指名する形で命令した。九七戦と同じく設計主務者が小山部長、太田稔、青木邦弘、糸川英夫らが補佐として設計を進めた。一年足らずしてキ43の試作機が完成したが、その最高速度は、九七戦より三〇キロしか上回っていなかったこともあって、格闘戦を行うと速度の優位性で振り切ることができず、苦戦を強いられた。

無様な結果だったことから、九七戦の操縦に慣れたパイロットたちはこれと比べて「格闘戦においてキ43はより劣るし、使いにくい」と酷評。「キ43は重戦かそれとも軽戦なのかわからない中途半端な戦闘機」とみなして「失敗作」と決めつけたのである。

小山の下で設計に取り組む糸川は「改造につぐ改造でモデルが何度も変わったけれども、どっちつかずの感はぬぐい去ることは難しい」（前掲書）と正直に語る。改造方針もふらつき、たびたび考え方も変わるために審査は二年ももたついた。その間に日米関係は急速に悪化してきて緊迫の度を高め、開戦も間近になって来つつあった。

このような宙ぶらりんの状態から脱することと併せて、キ43には期待がもてないと判断した中島の陸軍機設計部は独自の動きを起こした。「キ43と違ってもっと重戦に徹した機体の開発をすべきだ」として自発的に新たな機種の開発を手掛けることを決めたのである。

陸軍機設計部内には何とも奇妙な光景が現出していた。同じ設計チーム内において、軍の命令に基づく軽戦の思想を色濃く引きずったキ43の開発（改良）が進められる。それと並行して、キ43を否定するような中島飛行機の独自案に基づく初の重戦、「スピード、火力、上昇能力の三要素に焦点を置いた」キ44（二式戦闘機「鍾馗」）の開発が進められることになったからだ。

キ43で評判を落としていた中島飛行機に対し、陸軍は「キ44の比較対象はドイツの重戦メッサーシュミット109型で、これより性能が劣れば、メッサーシュミットの国産化をやる」と迫った。

軍との摩擦で航空機開発に限界を感じる

「第二次大戦に投入された戦闘機の開発競争はメッサーシュミット109から始まった」と言われている。格闘戦を得意とするメッサーシュミット109は、戦闘機ではさほど重要視されなかった速度や上昇力、加速性、急降下性などにも優れていて、しかも強力な火力を備えている重戦であった。

何であれ理にかなっていなかったり、また非合理で理不尽《りふじん》な要求に対してはもろに反発する糸川である。経験年数はわずかな新人技術者ながら、キ43の開発では「ばかばかしい」として、取り組み姿勢において意欲を失い勝ちになることもしばしばだった。

逆に、自分たちの要求がかなり盛り込まれていて、重戦に徹した仕様のキ44は、糸川も気に入っていた。キ44の最大の特徴は、他の航空機と比べて水平尾翼がかなり前方位置に配置することで射撃の照準性能を格段に高めていることだった。さらに、糸川の研究成果で〝第三の翼〟と呼ぶ「蝶型空戦フラップ」を取り入れていた。キ44のように翼面荷重が大きな機体であっても軽快な旋回性能を得ることができる中島飛行機オリジナルの特性を有しており、最高時速も六〇〇キロを超えていた。

ところが、離着陸時の視界不良や低速時の安定性の不良があるとして、善し悪しの判定でもっとも強い影響力を持つパイロットの評判が悪く、一二七七機の生産に止まることになった。これに糸川は悔しさをにじませる。

一度は陸軍から見放されていたキ43だが、昭和一五年八月に完成したキ44の蝶型空戦フラップを採用することで空戦性が改善された。加えて、改造されてパワーアップしたエンジン「ハ25」を搭載したことなどから風向きが変わって、生産計画が見直されることになった。

昭和一六（一九四一）年四月、キ43は晴れて制式採用されて一式戦闘機「隼」として五七五三機も生産され、太平洋戦争の前半期に華々しい活躍をした「加藤隼隊」などが勇名を馳せることになる。

キ44「鍾馗」／探検コム

だが、掛け持ちの設計作業、しかも改良に次ぐ改良に追われてきた糸川はもがいていた。つづいてやって来たキ49（「呑龍」）という爆撃機の設計への全傾斜が、「キ44への空白を生んだ。爆撃機という戦闘機と全くちがったジャンルに取り組んでも、キ44の発想からどうしても抜け出せない」（前掲書）

また自らの性格からして、もう一つしっくりこない企業組織内での技術者として、このまま航空機設計・研究の仕事を続けることに限界を感じていた。

東京帝大工学部からスカウトを受ける

糸川に、東京帝大の若手教授である谷一郎から誘いの声が掛かった。日米戦に突入しようとしていたこともあって、政府は急遽《きゅうきょ》、エンジニアの数を増やそうと、東京帝国大学に第二工学部を設置することを決めた。このため、航空学科の教員として航空機メーカーの技術者などをスカウトすることにしたのである。

「飛行機会社で悩みその中身をもう一度ハミガキチューブのようにしぼり出す」のか、大学での教員の道に進むのかという選択は「新しい悩みとして迫ってきた」

糸川は中島飛行機に入社してから六年半が過ぎていたこの間を振り返りつつ、めずらしく感傷的な言葉を『私の履歴書』の中で以下のように洩らしている。先の「キ44の発想からどうしても抜け出せない。この絶望感が、飛行機の設計屋としての自分のポジションから身を引こう、という決意へ転化していった」と語る。併せて、「一年に三歳の歳をとると言われたほど、設計室の仕事は脳エネルギーの消耗が激しい」と感じていた。

ただその一方で、糸川は、昭和一三（一九三八）年六月から東大航研の嘱託となっていた。頻繁に通うわけではなかったが、一応は籍を置いていたので、東大航研との関係は続いていた。そして「いよいよやめる、と決心した日、東武電車からみた本社のビルの窓にはいっぱい明かりがついていたけれど、その窓の明るさは、止められない涙の液体で霞《かす》んでみえた」

昭和一二年七月七日、北京郊外の盧溝橋《ろこうきょう》で勃発《ぼっぱつ》した発砲事件を皮切りに、日本は泥沼の日中戦争へとめり込んでいった。そしてその四年半後に始まる日米戦までの緊迫化する軍事情勢の下で、駆り立てられるように軍用機開発に邁進《まいしん》する技術者たちは、肉体も精神も極度に消耗させていった。この頃、無理を重ねる中で病に倒れる技術者もあったし、ある者は病死した。

なかでも責任者として幾機種もの開発を一身に背負う主任（主務）設計者クラスは限界に達していた。例えば、昭和一六年九月、三菱では零戦の設計主務者である堀越二郎が過労から療養を余儀なくされた。やはり同じ頃、川西航空機を代表する主任設計者の菊原静男も同様だった。

ちょうどその一カ月前、中島飛行機でも、糸川の上司で九七戦、キ43、キ44ほかの主任設計者として重責を担ってきた小山部長が入院した。神経性の過労から不眠症に陥り、しかも高熱を発して肺炎にもかかったのである。小山は陸軍機設計部の大黒柱だけに、これら戦闘機だけでなく一〇〇式重爆撃機「呑龍」（キ49）の主任設計者も担当していた。予定していた技術者がノイローゼ気味で休養していたから代わってこれも担当していたのだった。

小山が不眠症になった直接的な原因の一つは、陸軍関係者から「近来にない駄作」とまで酷評されて、試作が思うように進まなかった先述のキ43であった。キ43が制式採用されるまでには三年を要するのだが、小山はその間の苦しい日々を振り返っている。

「三年――一口に言って短い年数であるが、一日一日が長足の進歩をとげて行く飛行機にとって、この三

年の空白はいま考えても実に心残りの空費の時間であった」（『丸』一九六五年一〇月号）

小山の部下であった太田稔も語っている。定見のない軍が強いる相反する要求は、「私たち技術陣を苦しめたものだった」。ひたすら仕事一筋で突き進んできた真面目な小山だけに、何もかも忘れてのんびりと静養に専念できる性格の持ち主ではなかった。思うように身体を動かせない分、頭の方が異常に冴《さ》え、開発中の「キ44はどうなるか」「『呑龍』の試作機は……」と、気にかかる心配が次から次へと際限《さいげん》なく頭に浮かんでくる、堂々巡りの繰り返しだった。

そんな折も折、空力設計のホープとしてかわいがってきた部下の糸川が、入院する小山の病院を訪れて、こう告げた。「中島飛行機を退社したい」

創設される東京帝大第二工学部航空学科の助教授として招請されたからである。逸材である糸川を小山は日頃からかわいがっていた。仕事中はもちろんだが、「昼休みにも言葉には表現しにくい微妙な飛行機設計の奥義を伝えている姿がしばしば見受けられた」と同僚の技術者の飯野優は語った。冬には、小山の実家がある仙台から毛ガニなどが届くと、すぐに糸川を自宅に呼んで酒を酌《く》み交わす仲だった。

糸川が退職の意を小山に告げると、二人の間に、長く重苦しい沈黙が流れた。そのときの様子を小山夫人は、担当の看護師から後で聞いたと語った。

「小山さんはベッドに横たわった姿勢で、怒ったように横を向いたまま、何もお話にならなかった」

この後の日米開戦後、病み上がりの小山が主務設計者となって実質的に開発がスタートすることになる、後に陸軍最強と謳われる四式戦闘機「疾風」（キ84）の中核を担った飯野優も言う。

「九七戦、キ43、キ44、キ19の空力設計に関与された糸川さんの卓越した才能は、たぶん、もっと広いものを求められておられたのではなかったか」

すでに紹介したが、糸川とともに「呑龍」の機体を設計した糸川の二年後輩にあたる渋谷巌も語っている。渋谷もまた同じ頃、担当教授だった東京帝大航空学科の小野鑑正《おのあきまさ》教授から「東大に戻って来て先生にならないか」と言われ、助教授のポストが用意されたのだった。それは糸川が招請された第二学部ではなく、第一工学部で「私のときは軍が反対して東大行きがだめになったのに、なぜ糸川さんのときはＯＫを出したのか、日米開戦も間近に控えたときなのに不思議議です」

好待遇の中島飛行機を去る

糸川は中島飛行機を辞めるきっかけとして、先の理由とは別に、次の事実を自著の『日本創世論』の中で挙げている。例によって好奇心が旺盛な糸川は、戦闘機などの設計を担当しながらも、その一方で、別の研究を進めていた。エンジンの排ガスを排気管からジェット噴射させて推力（馬力）アップを狙った実験である。軍部の将校がドイツから持ち帰った技術情報を手がかりにしてスタートさせていたのだった。

「私がつくった実験装置は、タービンを回して空気を圧縮し、そこに燃料を噴射して点火するという方式」で、今日のジェットエンジンにつながる実験であったと強調する。ところが、当時の溶接技術の水準では高温の排ガスに耐えられず、エンジンはたった二〇秒ほど運転しただけで、いつも爆発して、しばしば火災を起こしていた。

研究室は木造である。社長から「危険だからやめろ」と言われたが、糸川は「そういうことを予想して消火器を用意してるから大丈夫だ、事故で死ぬのは私一人だから」と言って抵抗し、研究をつづけていた。

翌月のことだった。糸川が出張から戻ってくると、研究室は跡形もなく消え去っていたのである。「私の留守中に会社側が勝手に始末してしまったのである。その仕打ちは深刻であった。ほどなくして辞表を提出して会社を辞め、東京大学助教授になりました」。そんなことも含めて、「中島飛行機は、入社のときといい退職のときといい、憎たらしいけどかわいい会社ですね」（『銀翼遥か』）と糸川は語っている。

中島飛行機では大社長の中島知久平《なかじまちくへい》の方針として、給与面の待遇はもちろんのこと、三菱など競合他社よりも技術者を優遇することで優秀な人材を集めて会社の発展に結びつけようとしていた。なかでも設計部門は自由な空気があって居心地は良かったはずであり、糸川のように退社する技術者はほとんど見当たらなかった。

その結果、中島知久平一代で築き上げた会社ながらも、軍用機では名門の財閥企業である三菱重工業と双璧をなす航空機企業にまでのし上がったのである。そうであっても糸川は収まりきらず、もっと自由に研究できる場を求めたのである。

戦後は様々な分野の研究に挑戦

昭和一七（一九四二）年四月からスタートした第二工学部の助教授として、「理想的な教育を」と意気込んで教壇に立った糸川であったが、講義の評判は悪かった。学生にはまったく受けなかったのである。

第一回目の航空機設計の講義では「航空機設計で最も重要なことは、テストパイロットといかにして仲良くなるかである」と説いた。中島飛行機時代に嫌というほど思い知らされ、叩き込まれた体験に基づくこの世界の現実を踏まえて話をしたのである。ところが、学生は失笑するばかりか、「ちっとも大学の航空学科の講義らしくない」として、もろに拒否反応を示したのである。

これでは話にならんと思い、もっともらしい「航空機の横方向安定の理論」という数式ばかりが出てくる講義に切り換えた。すると、今度は教室が満員になったというのである。糸川としては、こんな内容の講義は航空機を設計するうえでは「ほとんど役に立たない」との認識であった。そんな期待はずれのすれ違いがあれば、糸川の性格からしてまたも熱が冷めてしまうのは無理からぬところだった。こうした現実もあって併任していた東大航研の研究生活へとのめり込んでいくのである。

「特攻機という、非人道的な技術への反発から、(電波ビームによって命令を与えて遠隔操縦する)無人誘導弾(ミサイル)の研究試作に没頭した。ホーミング、ビームライダー、コマンド、慣性誘導など、今日世界中の軍備システムに組み込まれた技術はほとんど手がけている」(『私の履歴書』)と、独特の表現で糸川はそこでの研究を豪語する。

戦時下にあった東京帝大時代、糸川は翻訳も含めて何冊もの著作を上梓する。その一冊の『航空機の諸問題』(一九四四年七月刊)では、時代を意識した戦意昂揚《せんいこうよう》の言葉も躍っていた。「今や国民の一人々々は航空機を作り出すことに直接間接に協力するか、又航空機に乗って大東亜の空を制圧するか、二つの道の何れかを選ばなくてはならない。傍観者としての立場は全く許されぬまでに時は至っているのであるから、国民各位の航空技術に対する素養は直接に航空決戦に響くものと考えねばならない」

しかし、昭和二〇(一九四五)年八月一五日の敗戦。GHQ(連合国軍総司令部)の「航空禁止令」により、航空など軍事に関する一切の研究も御法度で、糸川は「飛行機屋失業」となった。

戦時中の無理がたたった糸川は敗戦の年の秋頃は病院通いとなるが、その際、医者から「飛行機で得たであろう技術を医学に応用してみないか」と誘われた。東大病院などの要請を受けて脳波診断器の研究を進めることになる。

航空禁止で廃止された第二工学部の航空学科が物理工学科に衣替えしたため、「好きなことがやれると思い、かねての音楽好きから音響学を専門に選んだ」。野心満々に名器の「ストラデバリウスに匹敵するバイオリンを作ってみせる」とこれまた豪語して、研究に没頭する。

このように、糸川の八六年の生涯を振り返るとき、取り組む専攻テーマは平均してほぼ五、六年。戦後のロケットだけが長くて一三年である。著名で名を成した日本人研究者や技術者に見られる「この道一筋数十年」という具合に、一生を捧げるタイプからはほど遠い。従来の固定観念や先入観には捕らわれず、好奇心が旺盛で常識的な枠には収まりきらない。「これは」と閃くと、「無謀」とか「非現実的」と言われようが、リスクを恐れず、すぐに行動に移して果敢に挑戦していった。

この原稿を書きつづっている過程でふと思った。糸川を精神分析の専門家に依頼して診断を下してもらうと、どんな結果が出るであろうか。間違いなく、われわれ一般人とはかなり異なる気質の持ち主と判断するだろう。

経済的に豊かになった現代の日本の組織では、本来はかなり個性的で独創的な発想を持ち得ている研究者や技術者でも、それを実際の行動に移そうとするとき、どうしても周りとの摩擦や軋《あつ》れきを恐れて自らの行動にブレーキをかけるケースが少なくない。

基本的に日本社会は集団主義で、「和《わ》を以《もっ》て貴《とおと》しと為す」をどうしても意識してしまうからだ。結果、いつのまにか無意識に組織に順応し適応して、やがては当たり前の研究者や技術者に堕《だ》してしまうことがよく見受けられる。これに対し、糸川は毀誉《きよ》褒貶《ほうへん》相半ばではあったが、年齢を重ねても冒険心に富み、鋭い直感力と旺盛なエネルギーでもって、いろいろな分野で挑戦をし続けた。〝お騒がせ人間〟だったが、周りを刺激し、また巻き込んで集団や組織を活性化させてしまう不思議な魅力があった。

一〇〇年を超す日本の航空史を振り返ってみても、糸川ほど最先端の研究を続け実績も残し、かつ変わり者だった研究者はほかにいない。閉塞感《へいそくかん》、停滞感が漂い、特に科学技術分野などでは国全体としての勢いが失われつつある現代の日本にこそ求められる稀有なキャラクターなのかもしれない。

第七章　「九七式大艇」「紫電改」など、独創的な名機を次々開発

菊原静男（元川西航空機設計部長、元新明和工業取締役）

●きくはら・しずお／明治三九（一九〇六）年～平成三（一九九一）年。兵庫県出身。東京帝国大学航空学科卒業。昭和五（一九三〇）年川西航空機（現新明和工業）入社。九七式飛行艇、二式飛行艇、局地戦闘機「紫電」「紫電改」などの設計を担当。戦後は明和自動車工業常務取締役を経て、新明和工業取締役、同社顧問となる。戦後も航空機開発に携わり、対潜哨戒機「PS1」などの設計を担当。

敗戦後も自信に満ちていた稀有な設計者

欧米先進国でもそうだが、飛行機の草創の時代は飛行場の数が少なかったこともあって、波の静かな海上や湖などに着水できる水上機や飛行艇は使い勝手が良いため広く活用された。ことに、四方を海で囲まれた日本ではなおさら重要視され、海軍機では飛行艇の歴史がもっとも古かった。

大正一二（一九二三）年に航空母艦「鳳翔《ほうしょう》」が登場するまでは、「海軍と言えば水上機」と評されもした。両機種の任務は軍港などの海面防備や哨戒《しょうかい》、索敵《さくてき》、偵察、弾着観測だった。飛行艇の場合は航続力が大であることから、基地を根拠としての長距離の索敵などにも用いられた。

その後、日本の航空技術が長足の進歩を遂げ、やがて日米開戦となった昭和一六（一九四一）年末頃ともなると、日本海軍は四発の飛行艇を四〇〇機も所有。その数はアメリカを上回っていた。登場してきたばかりの二式飛行艇（二式大艇）は、アメリカの同型である「コロナド」よりもかなり優れていた。その性能の高さはアメリカにとって信じられないほどで、彼らは二式大艇に「エミリー」という女性の暗号名

菊原静男

を付けていて、強く意識していたほどだった。

　水上機や飛行艇の開発・生産を中心的に担ったメーカーと言えば、日本でもっとも早い時期に創設された航空機メーカーの川西航空機（後身は戦後の新明和工業）である。三菱、中島飛行機に次ぐ規模のメーカーだった川西は、海軍からの厚い信頼を得ていた。自主開発に意欲的な川西は、昭和五（一九三〇）年頃までには、約一〇機種の新型機を自費で試作していたが、外国機の導入およびライセンス生産も手掛けていた。

　やがて海軍の「航空技術自立計画」が本格化する昭和七（一九三二）年から、太平洋戦争の敗戦までの一三年間、川西は一二種類の試作機発注を受けた。このうち、五機種は試作だけで終わったが、七機種は量産された。その中でも評価が高いのが、昭和七年度の九四式三座水上偵察機、昭和九（一九三四）年度の九七式飛行艇（九七式大艇）、昭和一三（一九三八）年度の二式大艇、昭和一八（一九四三）年度の局地戦闘機「紫《し》電改《でんかい》」の四機である。

　これらの設計をすべて手掛けて、文字通り日本を代表する名設計者としてその名を知られたのが菊原静雄である。戦前、名機の設計者として誉《ほまれ》の高い人物は各メーカーに少なからず存在した。菊原の場合、彼らとは異なる面がある。それはまさしく日本ならではの独創性において優れていたことだ。しかも戦後の自衛隊機においてもまた、その能力が発揮されたのである。その点に置いては傑出していたと言えよう。

　昭和三〇年代半ば、後に正式に開発する対潜哨戒機ＰＳ１のための基礎研究がほぼ一段落した頃のことである。菊原は戦前の実績を踏まえつつ、当時の日本の航空機設計者ではとても発言できないような、自信に満ちた言葉を『中央公論』（一九六一年一月号）に寄稿した「失われた翼を守って十七年」で以下のように記している。

「戦後の航空工業が、戦前と大きく異なる点は、第一に市場を世界中に求める必要があることだ。一つの飛行機を設計試作して、生産にかかるまでには多額の経費が必要で、もし、日本が独自の設計で生産をはじめても、国内の官需、民需だけでは数が少なくてとても採算がとれない。（中略）日本も設計試作して生産に入れる時がやって来たなら、外国へ輸出することを第一に考えなければいけない」

彼はまた昭和四七（一九七二）年一〇月の日本機械学会誌の論文「日本の航空機開発の一つの流れ」でもこう強調していた。「日本の航空機会社はアメリカから製造権を買い、作り方を教えてもらって、飛行機を製造するということを始めた。こういうことは一度だけやればいいことである。長く続けていると研究者や技術者の創造力が埋没もしくは喪失する恐れがある。日本はできるだけ早期に自力で新飛行機を開発するようにならねばいけないと強く感じていた」

この言葉は、米占領政策による七年間の「航空禁止」が明けてから数年しかたっていない昭和三〇年代初めの、日本の航空技術が世界から大きく後れを取っていた時期に、菊原が抱いていた強い思いである。その頃と言えば、敗戦国日本の航空技術者たちの誰もが自信を失っていた時期だっただけに驚かされる。なぜこうも自信に満ちた考えを持ち得て、しかも公言できたのか。それは戦前、彼が自ら主任設計者として開発した九七式大艇や二式大艇の性能が、世界の同型の飛行艇の性能を大きく上回っていたこともあるだろうが、それだけではなかった。

「YS—11」の叩き台となる計画を立案

昭和一七（一九四二）年の「航空解禁」後の早い時期に、菊原は戦前の経験からして、「自分がやるべき仕事の本命は飛行艇である」と心に決めていた。そのうえで、前掲書において以下のように「戦後、飛行艇開発に力を入れていたのは、アメリカであった。P5M（Marlin）、SA16（Albatros）、R3Y（Trade Wind）に進み、さらに四発ジェットのP6M（Sea Master）の試作機が飛行実験をするところまできていた。しかし、この一連の飛行艇は旧来の飛行艇路線の上を進んでいるものばかりであって、新しい根本思想の変化は認められない」と言い切っていた。

これらは航空機先進国のアメリカが力を入れて開発する飛行艇ではあったが、いずれも「波に弱い。外洋の波浪中での離着水を常用することはできなかった。ここに改良すべき点がある。波に強いものを開発できれば、飛行艇の用途は大幅に開けるであろう。対潜哨戒、海難救助、特殊な地域、海域への輸送など用途は広くなる」とも指摘する。

たとえ世界を先導するアメリカが不可能として諦めている技術課題であっても、「どうすれば、波に強く、荒海でも使えるものができるか、ここに新しい飛行艇の進む路線を見つけよう。この目標に向かって研究を進めようと決心したのは昭和三〇（一九五五）年ごろであった」という。戦後の復興から間もない当時の日本の技術や経済状況で、しかも敗戦以降大きなハンディを負っていた航空技術者であっても、自分はあえて挑戦して実現してみせると豪語したわけだ。このために必要な波浪中での飛行艇の使用を阻《はば》む「水の衝撃」と激しい「飛沫《ひまつ》の問題」を克服するための独創的な研究に、菊原は邁進《まいしん》することになる。

菊原の後輩で部下の馬場敏治は語っている。「菊原さんはアイディアの多い人だった。何か行きづまっても、一日たつとあたらしいことを考えて来た。（私も）そういうクセをつけさせられた、バスや電車の中で考え込んでいるうち、乗りすごしてしまうことがよくあった」（『最後の二式大艇』）。同社の航空機部長で取締役だった元菊原の部下、木方敬興《きほうたかおき》も指摘する。「問題は難しいほど面白い。昼夜の別なく考え続ければ、必ずいつか答えが見つかる」との信念だった。

学者肌で感情的になることがあまりない菊原は、この姿勢によって難題を克服しようとしていた。そのことが大変というよりも、とにかく好きで、そこに技術者たる誇りと喜びを見出していたのだった。「創造性の発揮においては先進国も後進国もない」。その点において、彼は〝敗戦国の技術者〟といった負け犬根性からは解放されていたのである。

戦後のＰＳ１や、戦前の名機、二式大艇や局地戦闘機「紫電改」の主任設計者として大きな業績を上げた技術者として菊原は知られている。だが昭和三二（一九五七）年に通産省が立ち上げたＹＳ11の基本コンセプトを計画する「財団法人輸送機設計研究協会」（輸研）が正式スタートする以前の、もっとも初期段階の基礎研究および基本設計を菊原が手掛けていたことを知る人は少ないのではなかろうか。

菊原を設計主任に推した土井案は却下

それは輸研において、ＹＳ11の基礎計画づくりを担ったと言われてきた五人のサムライによる設計主任会議のチームができる以前のことである。その五人は、何度も述べた通り、新三菱重工業の堀越二郎、川崎航空機の土井武夫、日本大学教授の木村秀政、富士重工業の太田稔そして菊原である。

通産省がぶち上げて推し進めたＹＳ11の計画づくりに先立って、菊原が手掛けていたプロジェクトは、運輸省の計画だった。ＹＳ11の動きが本格化する以前、運輸省は昭和三一（一九五六）年度科学技術研究補助金により、新明和に対して「中距離用中型輸送機の安全性に関する研究」を交付していた。

それは狭い国土で、しかも短い滑走路しかない日本に適した、経済的で安全性の高い旅客輸送機のコンフィギュレーション（形態）を絞り込むことが目的だった。そこで打ち出されたコンセプトは、ダグラス社のＤＣ３型を最新にしたような三〇人から五〇人乗りクラスの新鋭機を試作しようというものだった。

この後、運輸省に後れを取ってはならじと、対抗意識をむき出しにする通産省がＹＳ11の実現に向けた輸研を発足させた。そして集められた五人のサムライが、いざＹＳ11のコンセプトづくりを始めるとき、菊原らがすでに計画・研究して結論づけた前述の中型輸送機案を叩き台にしたのである。

五人のサムライによる設計主任会議の最初の会合では、誰を設計主任に決めるかを巡ってひと悶着があった。各メーカーの寄り合い所帯である輸研だけに、各社の思惑もあって、主導権争いがあったからだ。

当初、元海軍の航空本部で航空機試作の計画指導を担当した安藤成雄技術大佐や、元海軍の岡村純少将などを推す案が出された。だが、率直な性格で直言するタイプの土井はこの案を退け、航空機開発の実質性を重んじての提案をした。運輸省での中型輸送機の研究を踏まえつつ、「これまで新明和が研究を中心にやってきたのだから、設計主任には菊原がいいじゃないか」と提案した。

これにはトップメーカーの三菱が反対した。共同研究のプロジェクトで、特定の一社から主任設計者を出すと、公平さを欠かないとも限らない。またこのプロジェクトに参画している他の会社の面子もあるからだ。

土井は筆者のインタビューにおいてざっくばらんに語ってくれた。「かつての海軍や陸軍のお偉方を連れて来たって、本当に図面を見られるのか。本当の設計というのは自分で図面を描けて、見られる人じゃないとだめなのです。だから、菊原君はどうかと言ったんです。安藤さんや岡村さんの名が挙がったが、元軍人の人はほとんど自分で図面を描いたこともないし、本当の意味で図面が分からないからだめなのです。そんな話をしているうち、『木村、お前がやれよ、お前をシャッポにしておきゃいいんだから、おれたちも本気でやるんだから、そうしようじゃないか……』となったのです」

木村も「じゃ、それでいいよ」となって主任設計者が決まった。大学の教授であってメーカー出身者ではない木村ならば、どの会社からも文句が出そうにないと思えたからだ。ちなみに、木村、土井、堀越はともに昭和二（一九二七）年東京帝大航空学科卒で、気心が知れた、おれ、お前の仲だった。菊原は昭和五（一九三〇）年同学科卒で三年後輩だった。

　この後、五人のサムライが主導し、一年ほどかけてＹＳ11の基礎計画案を作成。ＹＳ11の事業主体となる年に特殊会社の日本航空機製造（日航製）が昭和三四（一九五九）年六月に設立された。いよいよ本格的な開発に向けて実際の設計が進められる段になり、その作業は若い世代に全面的にバトンタッチされることになっていた。そのときのリーダーとなる設計部長（技術部長）が三菱の東條輝雄だった。東條もまた筆者のインタビューにおいて率直に語ってくれた。

「引き継ぎにあたって、五人のサムライから輸研ではこういう作業をやった、ということを順々に聞いていった後の感想から言うと、実際に中心でやっていたのが菊原さん。（菊原の部下の）徳田さんが参謀格で、彼らが計画をずっとやったんだなあという印象が強かった。相当突っ込んでいろいろやっていた。だから、どうもこの計画は川西（新明和）案だなあと思った」

　舞台裏ではこうした経緯があったのだが、もし輸研において菊原が主任設計者になっていれば、彼の人生は少しばかり変わっていたかもしれない。その後のＹＳ11は初の国産旅客機開発ということで、マスコミにもてはやされる。菊原が何かとマスコミの前面に登場する機会も多くなって脚光を浴び、その名が広く国民に知れ渡ったことであろう。あらためて日本の航空史において大きな足跡を記した菊原とはどのような人物で、どのような軌跡を歩んだのか振り返ってみたい。

東京帝大の卒業設計で水上機に挑戦

　明治三九（一九〇六）年、兵庫県姫路の商家の長男として生まれた菊原は、海が好きだった。自宅から近い播磨灘の海によく泳ぎに行った。子供心に将来は船乗りになりたいとの夢もあったが、一方で「汽船にも興味があった」という。

　三高に入学する頃は、先輩の影響で建築方面に進もうかと思ったこともあったが、「新しいものをやってみたい」との思いが強くなって、航空の道を選択した。そして定員がわずか七、八名で、難関の東京帝大航空学科に入学した。航空学科で必修となる卒業設計では、この頃、世界の航空機メーカーなどが盛んに競い合ったシュナイダーカップ（杯）用の水上競争機に挑戦した。エンジンは同じクラスの近藤政市（後の東京工業大学教授）が、機体は菊原がそれぞれ設計して、スピードの夢を追った。

菊原が卒業する年の昭和五年は、前年一〇月二四日に起こったニューヨーク株式市場の大暴落「暗黒の木曜日」に端を発する世界恐慌《せかいきょうこう》の嵐が日本全体を襲った。銀行や企業が軒並み倒産し、政治も混乱をきわめて、内閣は瓦解した。加えて東北の大冷害といった暗いニュースばかりが続いた。陸軍の急進的な中堅将校クラスの台頭も目立ってきて、「満蒙《まんもう》は日本の生命線」と主張して、満州の支配を目論んでいた。

菊原が就職しようとした頃は、「大学は出たけれど」との言葉が流行になるほど、極端な就職難の時代だった。「私は運良く川西航空機に就職できた」と菊原は率直に語っている。そのときの動機は、「川西が自宅に近く、しかも私は少年時代から海が大好きだったからです」とも語っている。卒業設計が水上機であったことで親近感を覚えたのだった。

ただし、超エリートであっても現実はなかなか厳しかった。入社試験において面接した川西龍三社長からは、くぎを刺すような言葉を投げかけられた。「先行きどうなるかはわからない。飛行機はたいへんだぞ」（前掲書）

神戸の東灘《ひがしなだ》にあるこの頃の川西航空機では、たとえ学卒のエリートであっても、工場の各職場を一通り経験する現場実習を経なければならない。最初の三カ月は臨時工という名目で、日給は二円三〇銭の見習い社員。現場の職長や職工による指導は厳しく、怒鳴られることもしばしばだった。水上機や船を繋ぐワイヤーロープの巻き付けや編み込み、またハンマーとタガネで鉄を切り、ヤスリでの仕上げなどを体験した。へっぴり腰での力仕事は、頭でっかちで生っちょろい学生にはことのほかきつかった。

「桜号」で太平洋横断を目指した川西航空機

工場の天井を見上げると、そこには、太平洋横断飛行を目指す目的で川西が独自に開発・製作した「桜号」が吊るされていた。昭和二（一九二七）年五月二一日、名もない若きリンドバーグが大西洋単独無着陸横断飛行に挑戦して、見事成功させたことで刺激されて製作したものだった。

この頃、世界の航空界は冒険飛行や記録飛行に挑戦するのが盛んだった。これを見守る人々は熱狂的な声援を送っていた。「次は未踏の太平洋横断飛行だ。太平洋に面した日本こそがアメリカに向けて挑戦すべきだ」との国民的な盛り上がりを背景に、早くも五カ月後、帝国飛行協会と川西の両者が組んでの計画を発表。K12型「桜号」を川西がつくった。当時「鳥人」と呼ばれて数々の記録を打ち立てていた〝空の英雄〟後藤勇吉が操縦し挑戦をしようとしていたのだった。

ところが、ときの航空局の実力者で陸軍出身の大佐である児玉常雄技術課長が、この横断飛行に異を唱えた。異常とも思えるほど、あれこれと難癖をつけて妨害。もめにもめた挙句、計画はつぶされて中止となってしまった。この計画が海軍主導で進んでいたこと、加えて児玉課長らが数年越しに熱心に進めてきた日本初の国策航空会社、日本航空輸送の設立に向けて、奔走している時期でもあったことなどが理由だった。（児玉らは）政、官、財、軍に根回しをし、コンセンサスを得ようとして苦労していた。信頼性に不安がある国産機で長距離の横断飛行に挑戦し、「もし失敗したら」新航空会社設立に向けた動きは逆風にさらされる。確かに太平洋横断飛行が国民受けすることは言うまでもない。

とはいえ児玉からすれば、航空会社の設立を何より最優先したかったのであろう。太平洋横断という特殊な目的のために、「桜号」はかなり背伸びした設計をしており、飛行リスクがかなり高い機体だった。計画プランが頓挫《とんざ》した後、機体は新明和の工場に吊るされていたのだ。

実は横断機の開発を巡っては、他の主要な航空機メーカーが児玉課長に気を遣ってか、いずれも辞退していた。海軍と親密な川西だけが名乗りを上げた。それは航空機開発において挑戦的な姿勢の川西社長ならではの意欲的な取り組みでもあった。

臨時工の実習期間を終えて正式な社員となった菊原は七〇円の月給取りになった。この頃の日本は、航空機開発が大きな節目の時期を迎えていた。「私が川西に入った頃は、海軍も陸軍も自分で設計して軍用機を造っており、海軍は海軍工廠で製造していた。それが昭和七年になると、海軍も陸軍も新型の飛行機試作を、全部、日本の民間の航空機会社に発注する方針に変えた。航空機会社のほうでも、外国の設計を買ってライセンス生産をやっていたのを止め、独自の設計で製作することに切り替えるようになった」（「失われた翼を守って十七年」）

例えば海軍では、毎年一、二種類の新型機を二社あるいは三社に発注して競わせる競争試作の制度を大々的に導入したのである。「民間会社の方でも大いに張り切って製作した。これまでのように机上だけの設計ではなく、自分たちの設計した飛行機が実物となって出来るのであるから、力こぶの入れ方も今までとは違った」（前掲書）と菊原は語る。

シンプルで頑丈な英国流の設計手法を習得

この時期に川西の設計課に配属されたことは菊原にとって幸運だった。入社した年の一二月、東洋一とも言われる川西の鳴尾の新工場が完成して、急発展し始めるときだったからだ。

これに加えて、菊原は川西が導入した航空機先進国の進んだ各種の航空機に接することもできた。特に菊原の上司の橋口義男設計課長は、海軍時代に飛行艇の設計や改良の数々を経験していた。海軍は飛行艇の技術の育成を狙って、三発の「ＫＦ」型飛行艇の試作を、飛行艇の世界的権威である英ショート社に発注した。その際、海軍監督官であった橋口や、東京帝大航空研究所（東大航研）から川西入りした小野正三らを駐在させた。英国式の設計手法やモノづくりを学ばせようとしたのである。彼らが帰国したのは、ちょうど菊原が入社したときだった。

この後、海軍は橋口を川西に送り込んだ。設計課長に就任した橋口は期待通り手腕を発揮し、菊原はその部下として九七式大艇など一連の設計にタッチするのである。

菊原入社から半年後、ＫＦ飛行艇が川西に納入されてきた。川西では国産化が決まっていたため、ショート社から多量の関係資料が送られてきた。若い菊原はこの資料を徹底して読み込み、実際の機体と照らし合わせながら猛勉強した。イギリス流の設計手法やものづくりを学ぼうとしたのである。さらに、川西に送り込まれてきた一〇人ものショート社の技術者、作業者が一年半にわたり滞在したことから、その間に、これまた様々なことを彼らから学んでいた。中でも二名いた若い設計者とは気心も通じ合って、貪欲に吸収したのだった。

その一人のボアマンは強度計算が専門で、菊原と同じ歳で馬が合い、すぐに仲良しになった。菊原はざっくばらんに「艇体の強度計算はいかにして」とか「許容応力はどうやって決めたのか……」といった設計の要点などを率直に質問して習得していった。

ショート社が設計した九〇式二号飛行艇のほか、著名なドイツのロールバッハ技師が設計した九一式飛行艇シリーズも工場内にあった。後者はドイツ流の設計手法に沿って海軍が開発していた。きわめて幸運なことに、菊原は現物を目にしながら設計手法を直接学ぶことができたわけである。若い菊原は好奇心を大いにかき立てられ、自身を大きく飛躍させることができた。

なかでも、やたら新奇性を追うのではなく、シンプルで頑丈な構造を求めるイギリス流の堅実な進め方の設計手法が、菊原の考え方と相性がよかった。若い菊原は身近にいる、飛行艇の経験が豊富な橋口や、東京帝大の先輩である小野らからイギリス流を直に学んだ。環境的にはきわめて恵まれていたのである。

この設計思想を基本としつつ、この後開発する九七式大艇や二式大艇が生み出される。

川西が積極的な経営展開を進めていく背景には、海軍の指定工場とされたことが決定的な要因だった。海軍から継続的に仕事が舞い込むことで、経営面では安定的成長が見込めるようになったわけである。その半面、海軍出身者が次々と送り込まれてきて、首脳陣や要職を占めるようになり、創業時から苦労してきた生え抜きとの間で、軋《あつ》れきを生じたのも事実だった。

愚直なまでの取り組みが独創的発想を生む

菊原は長年の航空機設計の経験から次のような持論をしばしば語っている。「航空機技術の進歩は新しい飛行機を試作することによって促進されるものである。具体的な目標が示されたときに、研究者、設計者ともに、おおいに意欲が沸き上がることになる。試作を通じて経験と知識が累積する。またその間に新しい問題点の所在が明らかになりつぎの研究を生む」(「日本の航空機開発の一つの流れ」)

入社して間もなく取り組んだ九四式水上偵察機は単発複葉の双浮舟機である。構造は木と金属、羽布を混用した旧時代の典型のような機体だった。複葉は次第に廃れ単葉機に替わっていくちょうど移行期であった。菊原が命じられた仕事の一つは、鋼管を溶接した枠組み(フレーム)の胴体の強度計算だった。計算に途方もなく時間がかかる一二元一次連立方程式の解を求めるため、川西社長にねだってタイガーの卓上手回し式計算機を買ってもらって挑んだ。「朝、出社して、夜、退社するまでの一日中、タイガー計算機を手回しし続け、おおよそ二カ月近くを要して方程式を解いて、答えを出した」のだった。

コンピュータのある現在では考えられないほどの時間がかかるし、手も疲れる。それでもタイガー計算機がなければほぼ不可能な作業だった。以前の世代ならば、複雑な強度計算は省略あるいは、かなり簡略化、単純化した形ですませていたものだった。これに対し菊原ら新世代の優秀な学卒は、厳密性を求めたのである。結果、枠組みの結合点に起こる曲げモーメントや圧縮挫屈強度の大きさをほぼ正確に求めることができ、胴体重量の軽減に役立った。

強度計算だけではなく、菊原らは模型を使った水槽での実験をことさら重んじようとした。「川西龍三氏（社長）は、会社の研究設備を作るのに建物などは金のかからないものですませたが、研究のための生命である装置や機械には金に糸目をつけない人であった」（「失われた翼を守って十七年」）。実験用の風洞装置や水槽装置をつくったのは民間会社では一番早かったと菊原は強調する。

ただし、実験室の建物は四方の壁と天井は鉄板だった。このため夏は天井が太陽の照り返しで熱がこもって室内は蒸し風呂のような暑さになった。実験中に開けると風が吹き込んで水槽の水面が波立つため、窓は開けられない。たまりかねて、社長に「天井に板を張って下さい」と嘆願した。ところが、「暑いぐらいは辛抱したまえ」と一喝された。

仕方なく、菊原らは四〇度の暑さの中で、服を脱いで猿股《さるまた》一つとなり、番傘《ばんがさ》をさしながら実験を進めた。そんな折、たまたま社長が実験室にやってきた。「君たち、そんな格好で何をしているのかね……」と驚いた様子で問うてきた。菊原は事情を説明する前に、温度記録表を社長に差し出した。さすがの社長も、この暑さには耐えられず、一〇分ほどして実験室を出ていった。それから間もなくして、天井に板が張られたのだった。

この設備が後述する九七式大艇の試作の際に効力を発揮した。「その頃は艇体の理論的な研究がまだ進んでいなかったので、各部分の関係寸法を少しずつ変えた多数の模型を作り、私は一つ一つ水槽を走らせて実験した。この艇体模型は八十種類にも昇った」（「日本の航空機開発の一つの流れ」）

このように語る菊原の開発姿勢は、地味で基礎的な水槽実験や風洞試験を粘り強く徹底して繰り返し、そこで得たデータを設計に絶えずフィードバックするというものだった。しかも昼夜の別なくつねにアイディアは考える。このような愚直な取り組みの中から、彼ならではの独創性に満ちた名機がその後、生み出されていくことになる。

「堅実でシンプルで頑丈な構造を求める英国流（ショート社）の設計」のノウハウを十分に吸収した菊原や川西の技術陣だが、国産化にあたってはショート社流の考え方を超えて、独自の改造を加える意欲的な取り組みも見せた。それというのも川西は、中島飛行機や海軍が設計した水上機や陸上練習機の生産だけを引き受け、自社設計した機は持ち得ていなかったからだ。

それは陸海軍からの評価が今一つということであり、軍への食い込みが足りなかったのである。だから「この機をきっかけに飛躍を」との思いが強く、設計陣は自ずと力が入ったのだった。試作機を完成させ、九〇式二号飛行艇と命名されたこの機は、川西にとっては初の制式機で合計四機が生産された。

この九〇式二号飛行艇は、ショート社の原型機よりも性能が上回っていた。「わが国の飛行艇史上に新紀元を画するものと軍から評価され、川西航空機が先進レベルの飛行艇技術を確立する重要な礎石となった」（『空！飛行機！そして、飛行艇!!』所収の「追想・菊原静男博士」）。

ＫＦ型機の導入そして試作は、海軍がこの先をにらんで、航空機先進国の一流技術を川西に学ばせ、自立化させるための習得期間であり、試金石でもあった。この国産化で航空機設計の基本を身につけた菊原は、この後の昭和七年、前記の九四式水上偵察機を担当した。これにより自主開発の設計経験も体得し、着実にステップアップしていくのである。

「九七式大艇」から飛行機全般の開発にかかわる

つづいて、昭和九年一月に海軍から正式に試作命令を受けた四発単葉の九七式大艇では、菊原は昇格して設計主任補佐として、飛行艇開発全般にかかわることになった。設計課長はヨーロッパ駐在から帰国後、川西に送り込まれてきた先の橋口義男だったが、実質的な責任者は東京帝大航空研究所から川西入りしてショート社に派遣されていた研究課長の小野正三だった。

　この時代では大型機と言える、この飛行艇の特徴は、偵察、哨戒のために太平洋上を長距離飛行することが目的だった。海軍の要求仕様は、標準全備重量が一八トン、巡航速度一二〇ノット（時速二二〇キロ）の低巡航で四六二五キロメートルという長距離飛行に主眼を置いた。最高速度は一六〇ノット（時速二九〇キロ）だった。

　菊原は自らの設計姿勢や設計手法について、「日本の航空機開発の一つの流れ」において以下のように記しているので随時引用する。「かねてから、何でもできる飛行機というのは、何をやってもたいしたことのない（凡庸《ぼんよう》な）飛行機になると考えていたので、本機の場合は航続距離に焦点を絞って、ここにすべてを集中しようと考えた」。同時に、「九〇式二号を基本に、より洗練し、最新の軽量化設計を盛り込めば、九七式大艇の要求仕様は間違いなくクリアできる」（前掲書）とも確信していた。

　川西の設計陣は、急発展する日本の航空技術の流れの中で、これまで大いに敬意を払いつつ学んできた英国流の堅実さだけに甘んずることはなかった。野心的な技術挑戦も行うのだが、それが九七式大艇だった。

　菊原は解説する。「飛行機の航続距離を支配するものは四つある。揚抗比、燃料と全備重量との比、エンジンの燃料消費率、プロペラ効率である。このうち、揚抗比（L／D）における抵抗には二種類あって、一つは（機体周りの）摩擦と渦の発生であり、それは速度の二乗に比例す

「九七式大艇」／新明和工業

るが、スマートな形状にすれば少なくなる。二つ目は主翼の揚力発生に伴って起こる翼端渦などの誘導抵抗で、速度の二乗に逆比例するが、これは主翼の翼幅を大きくまた適正にすれば少なくなる」

これら四つのファクターを考慮しながら適正値を見出して「巡航状態に集中できれば航続距離は延びるはずである。このことはどの教科書にも出ているあたり前のことであるがこれ以外の特効薬はない。これに徹した設計にしようと考えた」のだった。

もちろん、機体の軽量化も徹底して進めることを肝に銘じた。どれもごまかしのない正攻法の進め方である。それが実現するか否かは、いかにそれぞれのファクターを徹底させるかにかかっていた。設計に対して、菊原は愚直でしかも真摯であり、自分自身にもごまかしを許さなかった。結果、主翼の面積は二〇〇平方メートル、翼幅は四〇メートルが適正であるとなった。「当時としてはかなり大きな一枚翼である。これをいかにして軽く設計するかで勝負は決まる」

発想のヒントは倉庫の屋根のトタン板

主翼の構造様式についてはは各メーカーによっていろいろな種類があって、一長一短がある。菊原は自らが体得してきた設計思想の基本である「最も簡単で強度計算方法もはっきりしているのは、二本けた（桁）箱型構造である。一般に計算の複雑なものほど余分の重量を食う。計算の簡単なものは必要十分な部材をきめやすいから軽くなると考えて、この様式で進むことにした」

具体的には、平板と形材でつくる翼の構造は箱型とする。だが、翼が主に受ける曲げとねじりの力を、つねに同時に両材料がともに引き受ける構造にすれば〝遊び〟がなくなり、その分だけ重量も軽くできると考えた。これを実現させるための理論的な計算式を編み出して、その計算結果と実験で確かめた結果とを突き合わせて確認しながら作業を進めていった。

併せて、その目的に適う構造材とは何かと考え、思い付いたのが波板だった。形材を廃して波板で強度を引き受けさせて軽量化を図る。ただし、表面を平滑《へいかつ》にしなければ使用できないため、ごく薄い平板を波板の外側表面に張って成形する構造にした。今日のモノコック構造と同じと言えよう。

「この構造で主翼重量が相当に減少することがはっきりした」が、それは計算上のことである。実際の波板をどうやってつくるか。これが「最大の難関となった」と菊原は振り返る。当時、航空機の材料メーカーはジュラルミンの波板を製作していなかったからである。

「波板をつくるくらい簡単だろう」と思い、定尺もののジュラルミンを製作していた住友金属のプレス機械で押して、一本、一本の溝をつくってみた。しかし、それでは寸法がばらついてしまい使い物にならない。それではと、プレスの押し型を幅広くして、数本の波を一度に押してつくり出すという方法でトライした。

ところが隣り合う波間で引っぱり合いが起こって、板全体がするめを焼いたときのように反り返ってしまう。これまた使い物にならない。現場から菊原のもとに「うちの工場ではつくれそうにありません」と言ってくる始末だった。

「波板ができないと、軽量化が要となる本機の主翼はできなくなる」としてあれこれと思いを巡らせた。そのとき、目に入ったのが波形をした倉庫の屋根の「なまこ板」だった。この数百枚の波板は端のほうだけが重ねられていて、整然と並べられ、それだけで雨はいっさい漏《も》らない。「たかが屋根のトタン板、されどトタン板」である。

「そうだ、なまこ板をつくっている工場を訪ねればいい」となって、大阪にある町工場を訪ねた。そこには二本の波形ローラがあって、その間に平板なトタン板を嚙ませてゴトゴトと回すと、反対側から見事に波形をしたなまこ板となって押し出されてくるのである。

早速、工場主にジュラルミンの板の波形加工を頼んでやってもらった。すると軟らかいトタン板と違ってジュラルミンは弾力があるので反り返りが出る。その解決法を含めて、二年がかりで使い物になるジュラルミンの波板を完成させたのだった。

「この方法で、波板加工の経費はたいへん安く上がり、寸法も十分に正確である。かくして主翼工作の最大の難関を越えることができた」と菊原は当時を振り返っている。

たとえ優秀な設計者が、机上での難しい計算を駆使して厳密に煮詰め、優秀な飛行艇を設計し図面を描いたとしても、それだけでは紙の上でのことにすぎない。生産を可能にする材料や加工品ができなければ実現はできない。その最大の難関をクリアするための技術が、トタンの屋根板をつくる加工方法によって突破できたのである。これにより、機体総重量の中で大きな比重を占める主翼がかなり軽くなった。この波板は、この後の飛行艇の設計において十二分に活用され、菊原が得意とする軽量化設計に不可欠な切り札となるのである。

ただ、まだ難題が残されていた。四〇メートルもある細長くて大きい主翼をどのような構造で胴体に固定するかである。がっちりとした構造にすると、機体が重くなるので、それは避ける必要がある。

菊原が考え出したのは、艇体の下部から主翼の中央部下面に向けて逆三角形に組んだ支柱を前後二組取り付けて支える方式である。見た目でも明らかだが、あまりにも華奢《きゃしゃ》である。設計課内の誰もが、「これでは主翼と胴体との間でねじれて、飛行が安定しないし、変則的な力が働いてしまう」と危惧した。しかし、菊原は頑《がん》として自説を譲らなかった。それこそ逆転の発想であり、日本の武道精神ではないが、「柔よく剛を制す」の考え方だったのである。ちなみに戦後になって初めて米国のマーチン社が、この柔構造の利点に着目して取り入れ、大型飛行艇を開発することになる。

「九七式大艇」が名設計者をつくった

菊原は九七式大艇が完成して初飛行したときのことを思い起こしている。「昭和一一年（七月）に第一号の試験飛行が行われた。私は、その上昇力のめざましいのに、われながら目を見張った。翼幅四〇メートルもある大型飛行艇が、まるで小型機のようにぐんぐん上昇していくではないか」。さらに「でき上がった飛行艇の姿は、いかにも主翼が大きく見えて、艇体などは小さく見える。飛んでいるところはグライダのようであった。航続距離やそのほかの性能は計算値をかなり上回った。操縦もしやすかった」（「失われた翼を守って十七年」）

驚くことに、完成した九七式大艇の性能は、海軍の要求仕様を上回っていたのである。当時、絶対的な権限をもつ陸海軍が航空機メーカーに新型機の開発を命じるとき、実現不可能な（日本の技術の現実とかけ離れた）高水準の要求仕様（性能）を突きつけるのが当たり前という風潮があった。弱い立場のメーカー側は、計画者で発注者でお客さんである軍への反論は許されない。だから、設計技術者はその要求に沿いながらも、ギャップの大きさに頭を悩ませ、苦しめられながら設計作業を進めていくのがつねだった。

菊原の教えを受けた先の木方敬興は指摘する。「初の大仕事を成し遂げた菊原技師は、さらにその四年後に完成する二式大艇で一段と名を揚げることになるが、当のご本人は、二式よりもむしろこの九七式に強い愛着を抱いておられたように思える。後年、酒が入った席などで、われわれ若輩者を相手によく思い出話をされたが、そんなとき、まず一番に九七式が話題にのぼった。技師の目は生き生きして、子供のように、弾むような口調で語り続けられた。（中略）若き日に精魂を傾け、初めて育て上げた九七式だ。格別の愛情を抱かれたとしても、何の不思議もない」（『空！飛行機！そして、飛行艇!!』所収の「追想・菊原静男博士」）

木方の指摘に付け加えるとすれば以下のことも言えるのではないか。後年の評価では、確かに二式大艇の方が高く、それは航空機先進国のアメリカをはじめ世界が認めるところとなる。しかし、九七式は九〇式と併せて、菊原ならではの飛行艇設計の基本思想を形づくり確立した機種である。この機で飛躍的に成長したことを自ら実感していた。別な表現をすれば、「九七式が名設計者菊原をつくった」とも言えよう。

　堀越の章でも書いたが、堀越の補佐に当たった晩年の曾根《そね》嘉年《よしとし》に話を聞いたことがある。「零戦の開発とは、九六艦戦などですでに存在していた理論での極限を追求したということが主であったと思います。零戦の革新技術のほとんどはすでに九六艦戦で培われていたのです」と曾根は語り、零戦よりもむしろ九六艦戦を高く評価しているかのような口ぶりだった。このように社会からの評価、さらに言えば歴史的評価と、当事者である開発設計者の評価やこだわり、あるいは愛着とは、必ずしも一致しない。

　世界に誉が高い二式大艇は九七式の延長上にあって極限を目指し、さらなる飛躍と洗練を加えた機種である。設計者にとって印象深いのは、新しいコンセプトやアイデアといったオリジナリティーを生み出し、自身の設計スタイルを確立した機種の方である。この点からすると、設計技術者自身が評価するのは、菊原であれば九七式であり、堀越や曾根であれば九六艦戦だったということなのだろう。

　九七式は昭和一二（一九三七）年に就航し、この年が日本の神話に基づいて独自に定めた皇紀二五九七年だったことから、「九七式」と名付けられ、制式採用された。この機は量産され、飛行艇としては珍しく、昭和一八年までに合計二一五機も生産されることになる。

海軍将校とともにサイパン、パラオに飛ぶ

　菊原は海軍軍令部の将校たちとともに、九七式に搭乗して横浜からサイパン、パラオへと飛んだときの思い出を語っている。その目的は海軍がパラオに無線基地をつくるためと、横浜・チモール間の民間航空路開拓のための調査飛行だった。後者の動きについてはこの頃、英米仏などが太平洋や大西洋の定期航空

路に大型飛行艇を盛んに飛ばしていたからだ。民間航空では大きく後れを取っていて、実質的な日本の植民地である朝鮮や台湾、満州以外の地域には、海外路線を一つも持っていない日本が、こうした中に割って入ろうとしたのである。きわめて遅ればせながらではあるが。

菊原はパラオ基地の水兵たちへの土産として、洗濯のたらい桶に水を入れて、生きたウナギやドジョウをたくさん泳がせた。さらに一斗入りの瓶に地元の「灘《なだ》の生一本」、金箔入りの「福久娘《ふくむすめ》」を詰めて九七式で運んだのだった。ところが、途中に寄ったサイパン基地で二日泊まっている間に、「ウナギは死んでしまった」と知らされた。菊原は苦笑しながらも疑った。「水兵たちは、ウナギを見て食べたくなり、そっと殺してしまったのだろう」。ならば仕方がないと、かば焼きにして水兵たちに振る舞ったのだった。ドジョウの方はその後も元気で、パラオまで生きていたという。

「このときの視察で、私は南洋諸島の何千という島々の周囲が珊瑚礁にかこまれているのを見た。珊瑚環礁の中は実に静かで、これこそ理想的な天然飛行場だと思った。（中略）飛行艇の基地を方々に持っておれば、ハワイを基地としているアメリカ海軍の輪形艦隊の動静を探り出すことは容易である。遠距離の偵察や哨戒のできる飛行艇が各基地から扇形に飛びまわれば、A、B、C、D……と各基地から飛び立つ飛行艇が互いに連絡して、太平洋上をくまなく偵察できる。太平洋上に散在する珊瑚環礁内を基地に利用できる飛行艇は、海軍の作戦になくてはならないものになった」（『失われた翼を守って十七年』）

四六時中、飛行艇について考え、世界の情報もウォッチしている菊原ゆえの着眼でもあった。海軍は川西が開発した九七式の高性能を高く評価した。航空機先進国が開発した飛行艇よりも性能がやや上回っていたからだ。結果から見れば、海軍は川西および飛行艇の潜在的可能性について見識が浅かったのである。

気を良くした海軍は、「川西にこれだけの技術があるなら、もっと優れた飛行艇ができる」と考え、「航続距離と速力が九七式を遥かに上回る性能のものをつくれ」との命令を下したのだった。九七式で自信を深めていた川西の設計陣も強く願っていたことであった。

昭和一三（一九三八）年八月、海軍から出された十三試大艇の試作命令に基づく要求性能は、最高速度が二四〇ノット（時速四四五キロ）以上、巡航速度一六〇ノット（二九六キロ）だった。九七式でもそうだったが、海に囲まれた日本だけに、海軍がことさら高い性能値を期待する「航続距離の要求は四〇〇〇海里（七四〇〇km）、巡航速度も速い。当時としては、この距離を実現することは容易ではないと思った。それだけにまたファイトもわく」と菊原は語っている。

入社から八年、九〇式二号、九四式水偵、九七式大艇とつづく開発で経験を積み重ねてきた菊原は連絡係で（他社では主任設計者にあたる）、設計部門の総勢二百数十名を動かす重責を担うことになった。この試作機の要求性能を実現するための要点を「日本の航空機の一つの流れ」において以下のように指摘する。「航続距離についての考え方は、さきの九七艇と変わるところはない。（中略）空力的により洗練された形をとらねばならない。単葉片持翼形式を採用することにした」

もちろんそれだけでない。「長い航続距離の実現には燃料重量比W_F/Wも大きな役目をになう。自重を軽くしなければならない」。このような試作機の設計に着手するとき、性能と直結する設計値の見きわめが必要である。いわばどの程度の高い水準値を目指すのか考えなくてはならない。

それについて菊原は「過去の自重の実例（日本および主要各国の他機）を統計的に整理したものがある。これを見ると、われわれが望むような低い自重の例は少ない。しかしこれをやらなければ、足の長い飛行艇はできない。本機の場合はこの統計を乗り越えねばならないと思った」と語っている。

確かに、各国で開発された飛行艇の設計値をプロットした統計データをグラフにすると、それらの常識的な領域から、この機はかなり外れるほど、高い性能が要求されていた。この並み外れて高い要求性能を満たす必須の要件として菊原はまず、「自重を軽くすることは空力的なよさと並んで良い飛行機の根本となるものである」と踏み、軽量化を徹底することにした。

そのやり方についても良策も王道もないことを菊原は吐露《とろ》する。「自重を軽くしようとして、設計者は考える、計算する、図面をかく。また考え直し、かき直し、何回もこれを繰り返して、しだいに軽くしていく。この間に、価格、空力、機能などにも気を配る。こうしてようやく軽い設計にたどりつくのである。本機の場合も、構造、ぎ装全般にわたって重量をけずりにけずった」

常識にとらわれず徹底した軽量化を図る

九七式大艇と同様に、波板構造を採用。尾翼は他の飛行艇と比べて極端なほど小さいものとした。これまでの常識的な発想を捨て、安定性と操縦が可能になる目的さえ実現できればよいのだと割り切った。この点についても菊原らしい考えを披瀝《ひれき》している。「特別な工夫があったわけでなく、統計的資料にとらわれないで、まともに考えて行ったと言うことである」

これまでの航空機設計の常識にとらわれず、根本のところから今一度、原理や機能、目的について考え、それに則して設計した。すると新たな形が生まれてきたというのである。つづいて、艇体の幅を狭くし、高さも低くして抵抗を少なくし、自重も減らすことにした。

ところが高さを低くした狙いは失敗だった。「行過ぎであることが、飛行後すぐにわかった。水上滑走《すいじょうかっそう》で、（海水の）飛まつが高く上がって、（それが）プロペラをたたき、過荷重の離水では、プロペラが曲がってしまったりした」

かつて筆者はＩＨＩの設計部門にあって、菊原が戦後に設計した対潜飛行艇のＰＳ１に搭載されたＴ64エンジンを担当していた。そのとき、やはり同様のトラブルが発生し、プロペラの軸を支えるエンジンのメインベアリングが過荷重となって損傷が多発したものだった。

「二式大艇」／新明和工業

飛沫を低くするための対策を図るにあたって、菊原は原点に戻った。「水そう実験を繰り返した結果、三角形断面の小さな堤のような出っ張り、艇底前部に縦方向に取付ける方法を考え出した。その形が似ているので『かつお節』と名づけた。このおかげで飛沫は低くなり、その害を防ぐことができた」

同時に艇体全体を五〇〇ミリ嵩上《かさあ》げする大きな改造も行った。これらの工夫によって、昭和一七（一九四二）年二月、欧米の飛行艇を大きく上回る性能の二式大艇が完成した。巨大さから「空飛ぶ巨鯨《きょげい》」と呼ばれることになる。日本一の巨人機であるにもかかわらず、最大の狙いである「航続距離は三九五〇海里と判定された。要求の四〇〇〇海里にはわずかに足りなかったが、ひいき目に見て滑り込みセーフということであった」。菊原は胸を張るが、実はその頃、開発の最終段階での改造や飛行試験などで無理を重ねたため、身体を壊して療養を余儀なくされていたのだった。

ガダルカナルの撤退戦で飛行艇が大活躍

日米開戦時、日本海軍は九七式と二式を合わせて四〇〇機の飛行艇を有することになった。四発の飛行艇ではアメリカよりも多かったのである。日本が島国という環境条件からして、利用価値が高く、必要とされていたからだ。このため、日本海軍は「世界一の飛行艇団」と豪語した。ただし、海軍は戦略上、十分に活躍できたとは言えなかった。

確かに、真珠湾奇襲攻撃の戦果も、航続距離の長い九七式大艇がパールハーバー上空を飛んで確認した。さらに、昭和一七年六月、二式大艇の二機がハワイを爆撃して、「その心理的効果は大きかった」と菊原は語る。ただし、理性的な彼らしく、「こうした爆撃行は飛行艇としては本来の使命ではなく、余技のようなものであった」（「失われた翼を守って十七年」）と冷めた見方もしている。

日米戦の分水嶺となるガダルカナルの攻防は激烈だった。この防衛戦を甘く見誤っていた日本軍は、数度にわたる全員玉砕を経て、やがて全面撤退（「転進」）を余儀なくされた。このとき、『二式』と『九七式』大艇が兵士の引揚げ輸送に大きな活躍をしたことは、今でも本当によかったと思っている。傷ついた多くの兵士たちをガダルカナルの激戦地から南方の島々へ運び、生命を救うことが出来たことは、飛行艇を設計した者にとって、これほど嬉しいことはない」（前掲書）

設計者は高性能な兵器を開発して、実戦で活躍することを喜ぶのは当然であろう。それと併せて菊原は、人の命を救うことに役立ったことを、ことさら誇りに思ったと強調している。二式大艇は七〇〇〇キロもの長い航続距離で、しかも艇体が広くて座席も多かったからだ。

その一方で、昭和一九（一九四四）年三月二一日の夜、山本五十六《やまもといそろく》連合艦隊司令長官の後任となった古賀峯一大将が、トラック島から基地に向かう途中、二式大艇の墜落事故で戦死したと言われている。

一連の飛行艇で川西の実力を高く評価した海軍は、昭和一四（一九三九）年、高速水上偵察機「紫雲《しうん》」を、つづいて一五（一九四〇）年には水上戦闘機「強風」の試作を命じる。この二機の開発は菊原ら若手がリーダーとなって開発することになった。それぞれ「敵戦闘機の追撃を振り切って強行偵察ができる」、または「航空母艦が使えないときの上陸作戦の援護で制空権を確保する」といった狙いをもっていた。

「強風」の設計が始まる数年前、菊原は東京帝大航空学科の同期で親友だった谷一郎教授を訪ね、「空気抵抗の少ない翼型を作ってほしい」と頼んでいた。谷も語っている。「（層流翼は）風洞水槽研究会においても定義され、特に川西の設計主務者菊原静男君によって繰り返し要望された」(『海鷹の航跡』)

それは現在のNASA(米航空宇宙局)の前身にあたるNACA(米航空諮問委員会)が、以前から研究に着手していた空気抵抗が従来型より三、四割も減らせる層流翼の開発につながっていく。NACAはその研究を示唆する内容を発表していたが、日米両国間の緊張が高まってくるにしたがい、伏せられて発表されなくなっていた。

谷は独自にこの層流翼に取り組んだ。やがてその成果を『航研レポート』に次々と発表していたのだった。「タイ(鯛)の顎だよ。主翼表面の圧力分布がそんなかたちになればいい」(『紫電改』)と谷が冗談半分に菊原に説明していた翼型だった。

翼の上面に沿って通り抜ける空気の境界層の流れは、最初は整然とした層流であるが、後方に行くに従い乱れる(乱流)ことになる。このとき層流をできるだけ後ろの方まで維持できるようにするため、円弧を描く翼断面のもっとも厚い部分の位置を、従来型のものよりも後ろに移動させて、しかも後縁付近でやや反り気味になる形にする。加えて、その翼断面の前縁突端の丸いR(半径)を小さくしているのである。

このような層流翼によって空気抵抗の増大に伴う揚力や速度の低下をできるだけ少なくしようというのである。この層流翼は、川西が独自に取り組んだ後述する「自動空戦(包絡線《ほうらくせん》)フラップ」とともに、各機種に採用されて、他社の日本軍機には見られない空戦(格闘)性能を発揮するのである。

「強風」は層流翼や二重反転プロペラ、さらには構造上も含めて数々の新技術を取り入れた野心的な設計だったが、昭和一七年五月六日に行われることになる初飛行の前の段階で、川西側は早々と見切りをつけていた。日米戦が広範囲の地域で展開されだすと、こうした戦況下では限られた局面でしか使用できないことが分かってきたからだ。

局地戦闘機を海軍に自主提案

川西社内では、戦況に「有効な対応が可能な次の試作機はいかなるものを海軍に提案すべきか」を巡って議論がなされた。メンバーは川西龍三社長、予備役海軍中将の前原謙治副社長、ベテランの橋口義男航空機部長、菊原の四人だった。このとき、各メンバーから合わせて三つの案が出されたが、もっとも若い菊原の提案が採用されることになった。

当初の「強風」の目的であった「上陸作戦の援護」よりむしろ、米軍の圧力が強まってきた戦況では、広大な占領地域を死守するための制空権の確保こそが最重要である。そのためには、「陸上戦闘機をつくるべきだ。試作が進行中の水上戦闘機『強風』を陸上機に改造すれば、開発期間も短くできる」との菊原の考えに基づく提案だった。かなり乱暴な案でもあった。

菊原は昭和一七年の正月、若手の設計者らを自宅に集めた恒例の新年会において、自由な議論をした。そこで菊原は「これはウチが海軍に売り込むものだから、できるだけ早く戦力化できる案でなければならない。それには、いま試作が進んでいる『強風』を、陸上戦闘機に直すのが一番の近道だと思うのだが……」（『紫電改』）と語りかけるのであった。

やる気にはやる若手技術者だけに、酒を飲むこともそっちのけで、フロートを取り去ることはもちろんだが、脚や主翼はどうすべきかなど、あれやこれやの改造案が飛び交う。まるで職場での設計会議のようになって、延々と続いたのだった。

議論の成果も踏まえながら、正月が明けると菊原は会社の首脳とともに、航空本部技術部長の多田力三少将に申し出た。持論の提案を説明し、「防空戦闘機」を開発する必要性を訴えた。すると拍子抜けするほどあっさり「それはよろしい、すぐやりなさい」との応諾を得たのだった。

ただし、実際のところ海軍側には「飛行艇や水上機が専門の川西に果たして戦闘機が？」との先入観が根強くあった。川西の提案を受けた側の元第一潜水隊飛行長の鈴木順二郎少佐は、その点について率直に記している。

「海軍用各種水上機だけの設計、製作に当たっていた川西社は、海軍に対する積極的貢献を企図し、設計関係者を督励し、性能のすぐれた局地戦闘機の早急なる実現に関する計画案を作り、これを強く海軍航空上層部に提案説明した。（中略）水上機形態から陸上機形態に簡単に改造することにより、性能の優れた局地戦闘機を得ることができるというものであった。この提案に対して、陸上機（特に戦闘機）の審査や改造に関する経験もある一部の設計技術者から、もっと慎重に十分検討すべきではないかとの説が述べられた」（『海鷹の航跡』）。やはり実務者レベルでは懸念と不信感があったのだ。

ただし、当時の海軍は、「簡単に、局地戦闘機は高高度高速を狙うものと考えられ、詳細な技術的検討の認識が薄かった」。その一方で、「この機種が戦局上必要とする要望がきわめて強かった」という事情もあった。菊原の提案を後押しするこのような背景もあって、「強風」を改造試作する案がスンナリと認められたのだった。

一見、菊原は学者肌の設計者だが、実は単に実験をしたり、図面に向かって設計に徹していたりする技術者ではなかった。戦局に対する的確な読みや用兵の面も見通せて、この対策にいかなる新鋭機が相応しいかも見極められる能力も併せもっていた。やはり、並みの航空機設計者ではなかった。

急な決定で、海軍の制式な計画ではないため、試作番号は与えられず、局地戦闘機「紫電」の仮称が与えられ、開発を進めることになった。その後、名機と謳《うた》われることになる「紫電改《しでんかい》」の開発もつづくのである。

「紫電」開発の基本方針は、「強風」を「最小限の改造で」すませることだった。しかし、水上機と陸上戦闘機の違いは大きい。主翼の改造も含め、新たな脚の装備、プロペラの変更、海軍が絶大な期待を寄せていた「誉」エンジンの搭載、超々ジュラルミン（ＥＳＤ）の採用などによって大きく変身させることになった。

　日米戦は、南方戦線で激戦が繰り広げられていた。開発スケジュールは極度に詰められていただけに、川西の設計・試作作業は不眠不休となった。設計者たちは、設計室の机や椅子を並べてその上に布団を敷き、数カ月間も会社に寝泊まりする頑張りようだった。

　原型機の「強風」があったとはいえ、川西にとって初となる陸上戦闘機である。ところが、川西は設計開始からわずか一年足らずという異例の早さで局地戦闘機「紫電」の試作第一号機を完成させた。昭和一七年一二月三一日、四枚羽根の大直径プロペラと、ずんぐりと太い胴体が目立つ「紫電」は、拍子抜けするほど早く初飛行に成功した。

「紫電」／新明和工業

　ただし、「一部で心配されたように、試作の急ぎ過ぎ、陸上機に対する不慣れ、戦闘機の特殊性に対する認識不足等から、機能試験に入ってから多くの設計変更を必要とした」と前述の鈴木は記している。それにも増して、小型高馬力で海軍から絶賛されて量産に入っていた「誉」エンジンのトラブルが予想をはるかに超えるほど頻発して悩まされた。

　「紫電」の初飛行の二カ月後、かねてから飛行試験が続けられていた「強風」の「審査報告」が海軍から川西に届いた。そこでの判定は、すでに配備されている「二式水戦より高速であるが、空戦性能が劣るので、このままでは二式水戦に取ってかわるものにならない。飛躍的な空戦性能の向上が必要と認む」（『紫電改』）というものだった。

空戦時に優位に立てる自動空戦フラップを開発

川西としては生産機数も少なく、実戦ではあまり期待できない「強風」をすでに見限っていたが、この空戦性を決定づけていた手動の「二段式空戦フラップ」を、「紫電」にも装備していた。せいぜい一〇〇機未満の生産と見られる「強風」だが、その空戦性能が悪いとなれば、川西が本命視し二〇〇〇機の生産が計画されている「紫電」でも同じ審査結果をもたらす恐れは十分にある。

その影響は致命的である。改善を迫られた川西は、強度試験場係長の清水三朗が新たに開発中の「自動空戦フラップ」の一日も早い完成を求めた。空戦性能の飛躍的な向上が期待されるからだった。

では、自動空戦フラップとはどんなものか。菊原は解説する。「相手に弾を撃ち込むにはその後へ回り込まねばならない。旋回、宙返り等あらゆる操作を使って相手の後方へ回る競争となるから、小回りの効くものが勝つことになる。全自動空戦フラップはこの能力を高める装置である」（『海鷹の航跡』）

機体が小半径で旋回をしようとするとき、おのずと大きな加速度のgがかかるし、速度も落とさなくてはならない。それは重量が増加した状態と同じであるから、揚力を増さねばならない。しかし、主翼には失速という揚力の限界があるので、それを超えると安定性を失ってぐらぐらする。この対策としてフラップを下げれば揚力が大きくなって失速せずに、しかも小回りで急旋回できる。ただし、フラップを下げっぱなしでは、空気抵抗が大きくなって、上昇力や速度が低下してしまう。このため、旋回が終わればただちにフラップは上げなければならない。つまり、飛行状態に応じて最適のフラップ角度を保つことが求められるのである。

問題なのは、敵戦闘機とドッグファイトを演じている最中のパイロットは機体の操作で忙しい点である。

片手で操縦桿を握っていて動かしつつ、別の片手はエンジンのスロットルレバーで、しかも目は機銃で敵機を狙う照準器に集中していて釘付けだ。とてもフラップの操作にまでは手が伸びにくい。それだけに飛行状態に応じて、自動的にフラップが最適な角度に動いてくれる装置があれば、きわめて空戦時に有利となる。

全自動空戦フラップでは、gと速度との関係で上下する水銀柱が入ったU字管を使用。管内の水銀の高さに応じて起こされた電気的信号のフィードバックによって、フラップの作動追随装置を動かし、フラップに「上げ」「静止」「下げ」という作動をさせる仕組みである。

「強風」を使い、微妙な自動空戦フラップの試験と、その効果を確認する飛行試験が繰り返され、やがて完成された。装置はコンパクト化もして、実機に装備されることになった。

菊原は語っている。「『強風』の飛行実験は、包絡線（自動空戦）フラップ完成のための実験のような観を呈した。確実な作動をするものができ上がり、予想どおりの空戦能力の向上もみられた。やがてこの装置は『紫電』、『紫電改』にも装備され、強い戦闘機を生むことになる」（「日本の航空機開発の一つの流れ」）

空戦性を大きく高められる自動空戦フラップは、三菱が開発中の零戦の後継機と言われた「烈風《れっぷう》」にも装備されるほど高く評価された。昭和一八年一一月五日、この自動空戦フラップを開発した功績によって、清水と田中賀之らは社長賞が授与された。

この頃になると、航空機先進国のアメリカは日米戦に重戦闘機を次々と投入してきたが、いずれの機でもこの自動空戦フラップは装備していなかった。それもあって、後々の空戦で「紫電改」が艦上戦闘機F6F「ヘルキャット」を次々に撃ち落とすことになるのである。

名機「紫電改」開発に着手

層流翼や自動空戦フラップなど画期的な新技術が幾《いく》つも取り入れられて開発された「紫電」だったが、菊原や海軍の期待に反して飛行試験ではトラブルが続出した。「紫電」はとにかく早く試作機を完成させることを売りとして、海軍への提案が進められた感がある。新設計は改造部分だけですまして、「強風」の機体をそのまま使う。だから一年足らずで完成できたのだが、そのしわ寄せが至るところに出てしまった。

例えば、飛行艇や水上機では必要がなく、また経験もなかった二段式引込脚の機構・構造においてトラブルが多かった。また、主翼が太い胴体の中段から張り出しているため、前下方の視界が悪い。これらは改善の余地がなかったため、パイロットの評判が悪く、実戦上からも問題だった。「誉」エンジンも相変わらずトラブルが多く、そのうえ新しく採用したVDMプロペラも不調だった。

菊原たちは「強風」に素早く見切りをつけ、「紫電」を提案したことと同様、今回も新たな試作機の開発をスタートさせた。「『紫電』の初飛行後一カ月たって、その改造形『紫電改』の設計に入った」（前掲書）と菊原は当然のごとく記している。このようなやり方は、組織が大きい三菱や中島飛行機では難しかったかもしれない。中堅で小回りが利く川西だからできたのであり、設計陣のチームワークの良さおよび俊敏さも見逃せない。もちろん、菊原のリーダーシップによるところも大だった。

「紫電」ですでに採用していた先の層流翼や自動空戦フラップなどの新機軸に対して海軍の期待は大きかった。やがて設計部長に昇進した菊原は二五〇人ほどの川西設計陣を率いることになるが、その能力の高さは、「紫電」につづき開発をただちに進めた「紫電改」においても立証された。（局地）戦闘機の第二弾で、早くも日本を代表する、後に名機と謳われることになる「紫電改」を、これまた改造による開発で生み出したのだ。

「胴体を細くし、中翼形を低翼形としてパイロットの視界をよくした。包絡線（自動空戦）フラップと4挺の20mm機銃は『紫電』と同じである。構成部品の数を減らし工数と自重を減少させた。着手後11カ月で1号機は飛んだ。開戦後約2年である。『紫電改』は速度も上昇力もよく、包絡線フラップのおかげで小回りがきき、20mm機銃の威力もあり、強い戦闘機になって、米軍の新しい戦闘機と有利に対戦できた」（前掲書）と菊原はこれまたあっさりと振り返っている。

もちろん初飛行の後、様々な問題も出たため、飛行試験を続ける過程で改良を重ねていった。「紫電改」の最高速度は時速六二〇キロ、空戦性は自動空戦フラップが威力を発揮して秀でていた。

「紫電改」／新明和工業

昭和二〇（一九四五）年一月、「紫電改」は「紫電」21型として制式採用された。海軍は、日米戦の前半で華々しい活躍を見せた零戦の後継機の開発に期待を寄せていたが、望むような高性能機は得られなかった。三菱が零戦の設計チームによって開発した局地戦闘機「雷電《らいでん》」はトラブルも多く、性能も今一つだった。つづいて開発に着手した艦戦の「烈風」は、「零戦の再来」と言われたりしたが、トラブルを抱えており「不採用」となった。

このため、次期主力戦闘機として「紫電改」が本命視され、海軍の期待を一身に担って、大増産計画が打ち出されたのである。とても川西一社では生産は無理である。三菱水島製作所、昭和飛行機、愛知航空機、それに海軍航空廠の呉第十一、大村第二十一、厚木高座の各所で量産することが決まり、昭和二〇年夏には月産一〇〇〇機にまでも引き上げる計画を立てたのである。

川西では、これら各工場に配布する膨大な量の図面や作業工程の指示書、組立マニュアルなどをコピーしなければならない。何事においても従来の考え方にはとらわれず、合理性を重んじる菊原は、これまでのような青焼装置で一枚一枚焼いていく方法では、途方もない時間がかかると見た。このため、オフセット印刷機で図面を印刷する方式を採用したのだった。このときのオフセット印刷機は、敗戦後のＧＨＱ（連合国軍総司令部）による「航空禁止令」で仕事がなくなった際、生かされることになるのである。

空戦で大戦果を挙げた「紫電改」

「紫電改」の真価を示すときが、初飛行からわずか三カ月後にやってきた。最大の海軍基地である呉を攻撃する米機動部隊が四国沖に接近し、新鋭艦載機のＦ６Ｆ、Ｆ４Ｕ戦闘機など約三〇〇機の編隊が西日本各地を攻撃した。このとき、真珠湾攻撃を立案するなどした源田実《げんだみのる》大佐率いる「紫電改」五〇機の三四三航空部隊は、飛来した約一五〇機のＦ６Ｆなどと空戦を演じた。

この頃は、開戦当初と違って腕のいいベテランパイロットは少なくなっていた。にもかかわらず、自動空戦フラップと「紫電改」の性能の良さが相まって、五二機を撃墜《げきつい》し、三四三部隊の被害はわずかだった。大戦果によって、豊田《とよだ》副武《そえむ》連合艦隊司令長官から川西に感謝状が授与された。

四カ月後、菊原は川西に来訪した当時の軍需大臣に呼ばれ、大広間に会社幹部、軍関係者が大勢並ぶ中、「良い戦闘機を設計していただいてまことにありがとう。国家を代表してお礼を申します」と言われ、握手を交わした。そのとき、菊原は感極まって声が出ず、何も言えないまま、ただ涙が出るだけだった。

実は、この一カ月前に「紫電改」を生産する主力工場の川西・鳴尾製作所は、Ｂ29の大編隊による爆撃を受けて甚大な被害を出し、事実上生産はストップしていた。さらに、その一カ月前には、やはり川西の甲南製作所がＢ29の編隊の爆撃を受けて死者一三八人、行方不明者九人、重軽傷者一二五人の被害を出していた。米軍からすれば、「紫電改」を生産する工場を最重点爆撃目標としたことは当然のことだった。

八月一五日、ポツダム宣言を受諾して無条件降伏する天皇の玉音放送が、「紫電改」を生産していた各工場にも流れた。設立から二〇数年、軍用機の生産専門会社であった川西には、ほかに生産する民需品はない。このため、敗戦とともに全従業員が解雇され、事実上会社は解散となった。やがて進駐してきた米軍が川西の各工場にもやって来て、残っていた「紫電改」などの軍用機は、倉庫に保管していた二〇ミリ機銃などとともに、焼却を命じられた。

ただし、このうち数機はアメリカへ輸送され、やがて空軍博物館に展示された。その脇にはこんな解説が表示されていた。「この日本の戦闘機は、第二次大戦の末期につくられたもので、初期の生産上の問題に加えB29による日本本土爆撃に起因するパーツ不足などで、四二八機しか生産されなかった。この飛行機は、太平洋戦争で使われた最優秀の〝万能〟戦闘機のひとつであることが立証されている。しかし、B29にたいする有効な迎撃機としては、高空性能が不充分であった」(『紫電改』)

米軍をも驚かせた菊原設計の飛行艇

敗戦によって、日本全体が茫然自失となり、まったく未知の占領下の時代となった。菊原は「失われた翼を守って十七年」において、この頃のことを記しているので、以下において随時引用する。

「終戦のとき、四国の宅間水上基地には三機の『二式』大艇が残っていた。二機は大破し、一機は小破して、米軍に接収された」

昭和二〇年一一月一三日、米軍の接収部隊は川西に対して命じた。「『二式』大艇を整備して横須賀に空輸し、連合軍に引き渡すべし」。この二式大艇を横須賀まで運ぶ役割を与えられた海軍の日辻常雄少佐は、つい三カ月前まで、この二式大艇部隊の指揮官だった。それだけに、やりきれない思いと悔しさから「一瞬、このまま自爆してやろうか」と考えた。

しかし、すぐに冷静になって次のように思い直した。「自爆しても日本のためにはならない。この飛行機こそ、最後に残った日本の航空機の誇りだと考えた」「戦争には負けたが、この飛行艇を造った日本の技術は決してアメリカに劣っていない。それをはっきり証明してやるためにも、米軍に引き渡してやらなければ」

後に、このときの日辻の思いを聞いた菊原は「心から有難い」と感謝した。もし、自爆を実行していたならば、「ただ一機残った『二式』大艇も永久にこの世界から姿を消していたわけであるから」と回想する。

航空母艦によって太平洋を渡り、ノーフォーク米海軍基地で降ろされた二式大艇は、修理や点検が行われた。この後、パタクセント・リバーにある米海軍飛行実験部（ＮＡＴＣ）に送られ、昭和二二（一九四七）年一月末まで、様々な性能のチェックがなされた。米海軍が誇る「コロナド」と同じ重量とした場合の性能の比較数値を明らかにした。米海軍にとって驚くべき次のページの表のような数字が出てきた。

大戦中、米海軍は二式大艇の性能をかなり評価していた。ところが、「コロナド」との性能の差があまりにも大きいため、「まさか！」と信じられない思いだったという。この後、米海軍は二式大艇をノーフォーク基地に移して、永久保存することを決めた。

飛行試験レポートには、二式大艇の弱点も指摘していた。一つは日本側も問題にしていた「離水時の水上安定性」であり、もう一つは「コロナド」と比べて「操縦がデリケートで技量を要する」ことである。さらに、菊原が長い航続距離の実現を最優先するためにとった軽量化設計の徹底に伴う「艇体の強度が弱い」ことも欠点に挙げていた。

菊原は強度について反論する。「米軍と日本との設計思想の大きな違い」であると。零戦が最たる例だ

■二式大艇とコロナドの比較（米海軍発表）

	二式大艇	コロナド
全備重量	30,850kg	30,850kg
航続距離	7,050km	4,960km
最高速度（19,500ftにて）	470km/h	360km/h
上昇時間（20,000ftまで）	18分	57分
離水時間	40秒	1分30秒

が、日本の陸海軍は性能を最優先するため、機体は軽量で華奢なものが多かった。これに反して、米軍機は重いが頑丈に設計されていて、日本機よりもかなり寿命が長かった。しかも操縦が容易であった。ただし、菊原は「二式大艇は合計一六七機生産されたが、とくに強度的なトラブルは起きなかった」ことを強調する。

二式大艇が戦勝国のアメリカで高い評価を受けたとはいえ、菊原や川西航空機を取り巻く敗戦後の現実は、みじめなものだった。戦時中、川西には徴用工や学徒動員なども含め従業員数が七万人にも膨らんでいた。それが敗戦によって仕事はなくなり、工場も壊滅状態だった。給料が出る見通しはなく、その多くが首となり、また去っていった。

食いぶちを稼ぐため、鍋や釜も生産

結局、残ったのは約三五〇〇人だった。その中に航空機の設計技術者が四〇数名いたことは幸いだった。彼らが、七年後になる「航空解禁」後の再建において中核を担うことになるからだ。もちろんその中心に、設計部長で働き盛りの菊原がいた。

このとき、彼はこんなことを自らに言い聞かせていたと言う。「今日から自分を四十歳と思わないことにしよう。二十歳戻って、もう一度人生をやり直す。暦の歳を二十歳若くして、今後は一年に二つずつ歳をとることにする。一年に二年分の勉強をして、二十年続ければ再び暦どうり、つまり六十歳に戻るわけだ」（『空！飛行機！そして、飛行艇!!』所収の「追想・菊原静男博士」）

人々が明日をどうするかで四苦八苦しているとき、こんな決心をする菊原は、やはり学者的で勉強熱心な努力家、航空機一筋の技術者と言うべきなのであろう。とはいえ、航空機に関する仕事はもちろん禁止。とにかく、何をさておき、食いぶちを稼がなければならない。工場の倉庫に山積みされたアルミ材や鋼材などを活用して、思いつく生活必需品の鍋・釜や弁当箱、米びつ、家具などを、見よう見まねで生産した。

頭が柔軟なエリート技術者である菊原は、他にも知的なアイデアを思い付いた。焼け残った大量の在庫の未使用の図面紙を活かし、戦時中に導入したオフセット印刷機を活用して、雑誌『子供と科学』や『聖書』を印刷して販売することを始めたのだった。

出版業は素人でも、科学技術は専門のため、目先が利いていた。勇ましい軍部の宣伝を信じ、踊らされた国民の間には、戦後になると、その裏返し現象が起きていた。「日本はアメリカの科学技術に負けた」とする風潮が広がっていた。さらに、日本には戦勝国のアメリカに学べとしてキリスト教ブームも起こっており、活字にも飢えていたので、意外にも飛ぶように売れた。一時は五万部にも達した。しかし、所詮は「親方日の丸」で、海軍だけを相手にして商売すればよかった技術職だけに勝手が違う。ソロバン勘定は二の次の〝士族の商法〟だっただけに、代金の回収は滞り、五年ほどで事業は滞ってしまった。

ほかにも、オート三輪トラックの仕事を数年間つづけたりもしたが、長い歳月を航空機設計で生きてきた菊原にとって、このトラックの仕事は満足できるものではなかった。「いつも外国の航空機の様子が知りたいと思っていた」と回想する。

昭和二五（一九五〇）年六月二五日未明のことだった。玄界灘《げんかいなだ》を隔てた朝鮮半島の三八度線の全域において、南北朝鮮軍が全面的な戦争状態に突入し、米軍は日本の駐留基地から出動した。これ以後、三年余ほど続くことになる朝鮮戦争の勃発である。

この対岸の火事は思いがけず、日本に大量の朝鮮特需を発生させた。なかでも戦前の航空機メーカーに多くの仕事が舞い込むことになった。日本は最前線の兵站基地となったため、軍用機や兵器の修理、爆弾や各種軍需品などが日本で生産されたのである。

新明和に生まれ変わった川西航空機

昭和二四（一九四九）年、川西航空機は社名を新明和興業に改称した。その新明和にも大口の仕事が舞い込んだ。「戦闘機用の補助燃料落下タンクは、新明和の会社再建に大きく寄与した。数万本もの大量受注が、廃墟同然だった工場をよみがえらせ、復興を助けた」のだった。

この戦争で一時かなり追い込まれることになった米軍は、日本および極東での軍事戦略の一大転換を図った。日本を「反共の砦《とりで》」として、共産主義の浸透を防ぐために、防衛力をもたせる自衛隊の創設、強化を推し進めるのである。

その延長上にある政策として、昭和二七年三月、七年間続いた「航空機の研究・生産の禁止」が解かれて、再開されることになった。菊原は「それはただ単にアメリカ製の飛行機を組み立てたり、修理をするだけのことであった」と冷めた受け止め方をする一方、「外国の（航空機関係の）資料が手に入るようになった。私（菊原）は憑かれたように資料を読みあさった」と歓迎した。

もっとも関心があったのは飛行艇の技術進歩だった。「戦後アメリカでは飛行艇が大変進歩していることを知った。ところがアメリカでも解決していない問題が一つ残っていた」点に菊原は着目した。それは飛行艇が水上滑走をするときに、どうしても吹き上がる飛沫への対応だった。プロペラや艇体が飛沫や波を叩き、その衝撃や過負荷で故障するからだ。この対策に伴う技術課題ばかりは、戦後七年を経ても、米海軍の飛行艇は解決しえていなかった。菊原はそこに目をつけたのである。

その頃の新明和の現実は、各工場や設備が爆撃を受けて壊滅状態のままだった。世界に目を向ければ、「航空禁止」期間は、ちょうどプロペラ機（レシプロエンジン）からジェット機（ジェットエンジン）へと技術革新が急速に進んだ頃だった。研究開発を始めるには、大きなハンディがあった。

菊原の部下だった木方敬興元新明和取締役はその頃のことを「追想・菊原静男博士」で語っているので、以下において随時引用する。「欧米戦勝国の航空技術ははるか先へと走り去っていた。相手の背中も見えない不利な立場でスタート台に立ったというのが、わが国の航空界の姿だった。（中略）失われた七年間を取り戻し、再び世界の最先端に迫り得る技術分野は、当面、飛行艇をおいて他にはない。そう考えたのが菊原技師だった」

菊原の読みと戦略は、日本のハンディを踏まえつつも、手にある強みを生かすことだった。「いま世界の航空界の主流は陸上機にある。水上機の分野は各国も手薄になっている。戦災から立ち上がったばかりで、資金力も乏しい一企業にとって、飛行艇は切り込みをかける格好の研究対象」である。それはニッチ（隙間）の領域であった。

菊原は先の「日本の航空機開発の一つの流れ」でも同様の指摘をしており、以下において随時引用する。前述したが、戦後の米国が開発してきた四種類の飛行艇を調べた結果、「この一連の飛行艇は旧来の飛行艇路線の上を進んでいるものばかりで（中略）波に弱い。（中略）波に強いものを開発できれば、飛行艇の用途は大幅に開けるであろう。（中略）どうすれば、波に強く、荒波で使えるものができるか、ここに新しい飛行艇の進む路線を見つけよう」

二式大艇も波の静かな内海あるいは、せいぜい一メートルの波の高さでしか洋上離発着ができなかった。その「耐波性」が技術課題だった。戦前、九七式や二式大艇の何機かが、このために事故で失い、多くの犠牲者を出していた。その意味では、菊原にとって積年の大きな挑戦課題でもあった。そして昭和三〇

（一九五五）年頃から、「波高三メートルの耐波性の実現」を目標に研究を進めることにした。

当時「技術・生産面から世界の頂点にあったのは、米国のマーチン社である。同社の研究レポートなどが、戦後、わずかずつ手に入るようになっていた。まずは研究のねらいをこのマーチン社に定め、同社の技術水準を抜く飛行艇技術の確立を目指し、活動をスタートした」（追想・菊原静男博士）

米軍機の性能を上回る飛行艇設計に挑戦

マーチン社が戦後、新たに開発したＰ５Ｍ大型飛行艇の耐波性は波高一・五メートルだった。つまり、その頃の貧乏国の日本において、世界最先端であった米国の最新飛行艇の二倍もの性能を実現しようとしたわけである。無謀とも言える目標設定だった。常識的なアプローチでは目標達成は無理なだけに、新たな飛躍的な技術的発想が求められた。

当時から現在までですでに半世紀近くが過ぎ、その間、多くの国産機が開発されてきた。しかし、米国の最新機種をも上回る高い目標性能の実現をめざす実用機の開発は、後にも先にも菊原らのこの事例が唯一と言ってよいだろう。それほど野心的だったのである。菊原には九七式大艇や二式大艇で培った技術に対する自負があった。そしてなにより、四〇代後半となっていたとはいえ、菊原の心の内には、新たな挑戦に対する情熱が戦前の若い頃と変わりなく渦巻いていた。

この頃の菊原について、三年後輩の清水三朗が、菊原の霊前での「告別の辞」において述べている。

「研究課に入った昭和八年、貴方は設計課所属で飛行艇をやっていました。研究熱心で殆ど毎日研究課の水槽で、小野研究課長と二人で一連の模型を引っぱり続け、暑い日も寒い日も頑張って、膨大なデータを創りました。これが二式の水上性能を決めたのですね。私は初めてこのやり方を見ていて多くの事を学びました。二〇年後（戦後の航空再開の頃）のやり方も同じ菊原式でしたね」

菊原は出版の事業に失敗し、その後手掛けたオート三輪車の仕事から、航空解禁で一転、航空機の開発生産に向け、地道で息の長い基礎的な研究を、年齢を超えて再度始めたのだった。

清水は菊原の飛行機技術一筋の姿も語っている。「貴方とハメをはずして酒を飲んだりあばれたりした記憶が出て来ません。思い出すのは技術的議論と仕事の場面ばかりです」

菊原も会社も、得意の飛行艇研究に対する強い意気込みに満ちあふれてはいたが、必要とする設備は何もなかった。爆撃で廃墟と化した鉄骨にテントを張り、裸電球の下で米軍特需の生産をやっているのが現実だった。まさしくゼロからの再スタートだったのである。

真っ先に菊原が手を付けたのは、戦前と同じく、基礎研究を進めるうえで欠かせない水槽づくりからだった。飛行艇の模型を走らせるテストをする曳航《えいこう》試験のための水槽である。菊原の右腕となって活躍することになる徳田晃一技師がこの水槽づくりを担当した。ただし、会社には資金も資材もない。ならばと手づくりでとなった。徳田は、戦災で焼け落ちた倉庫の基礎のセメント土台に目を付けた。これを水槽の周囲の壁にすることを思い付き、左官のまねごとで長さ二二メートルの水槽をつくり上げていった。

模型を引っぱる曳航台車もまた、アルミ管の残材を使って自社の工場で内作した。これを動かすモーターは高価で買えない。このため、水槽の南端に隣接した資材置き場の壁に滑車を取り付け、それにロープを掛けて、その端に錘をぶら下げた。その錘が自然落下する力で曳航台車を引っぱってやろうというのである。彼らはこれを「ヨイトマケ水槽」と呼んだのだった。

貧しい時代の工場内では従業員たちが額に汗して働いている。それだけに、「給料をもらって子供のような水遊びができて、結構な仕事ですね」と冷やかされたりもした。だが、水槽実験からのスタートは、戦前・戦後を問わず、菊原の原点であった。

創意工夫で波消しや飛沫の始末を図る

菊原らが様々な調査・検討を重ね、試行錯誤を経たうえで、実現すべきと設定した新たな技術課題は、大きく分けて次の二つであった。

（1）離着水時の飛行速度を極端に低速にした状態で素早く飛び上がれること。それとともに、着水時には、これまた衝撃が少なくて、ふわりと水面に舞い降りることができ、波の衝撃を和らげられる「低速離着水（STOL）技術」である。

（2）前進するとき艇首から立ち上がる飛沫の勢いを抑えると同時に、その流れも低く抑えることで、プロペラや艇体への影響（衝撃・負荷）を防止する技術である。

（1）を解決するためには、対水速力の二乗に比例する水撃力を緩和することが可能な、離着水時の速力が低くても一気に飛び立てる「強力な高揚力装置」の開発が必要である。（2）の実現のためには、かつお節の形をした二式大艇の通称「かつお節」よりはるかに強力な波消装置をつくり出さねばならない。

「高揚力装置と波消装置の二つを新飛行艇設計の二本の柱とする方針をとった」と菊原は語る。

高揚力の実現のためには、主翼の通常のフラップなどの機構を使って揚力（係数）を高める方法では限界があり、その二、三倍が必要である。このための高揚力装置に、各国が研究をし始めていた（ターボシャフトエンジンT58を動力に使った）ＢＬＣ（Boundary Layer Control）とプロペラ後流とを組み合わせる方法を採用することにした。

菊原はＢＬＣについて分かりやすく解説する。主翼の「下げたフラップの肩から高速の空気を境界層内に吹き込ませ、流れのはく離を防ぎ、大きなフラップ下げ角まで揚力の増加を持続するものである。ＢＬＣをきかせた主翼にプロペラ後流を当てると後流は下向きに曲げられて、これが大きな揚力を発生する」

このやり方を「実機に適用して成功した例はまだなかった」ため、研究陣は基礎的な実験、そして動力付き模型による広範囲な風洞実験も進めていったのだった。相前後して幸いにも、高性能なGE製ターボプロップエンジンのT64が開発されていたため、これを採用することを決めた。この結果、水の衝撃力を四分の一に減らせたのだった。

次に、波消しや飛沫の始末である。艇体の底は楔形をしているため、滑走中にその側の稜線（チャイン）が水面を切る部分（根）から、水上に飛沫が高く吹き上がるのである。この対策として、艇体の稜線に沿って前後方向に切った特殊形状の溝を設けた。艇体の底面に沿って下から流れ上がってきた水を溝の内部に誘い込み、後部の出口へと逃がすようにした。

ただし、単に逃がすのではない。これにより、通常の艇体ならば吹き上がって飛沫となるべき水を、特殊なこの溝で捕まえることで飛沫の上向きエネルギーを、逆に機体の浮力に利用し、かつ飛沫の発生も防ぐという一石二鳥を図った。これを菊原は「溝型波消し装置」と呼んだ。この考案により、後の昭和三四（一九五九）年、菊原は工学博士号を授与された。

ほかにも、重要技術を取り入れた。極低速でも飛行する状態でのSTOL技術は、機体の運動が不安定になって操縦が難しくなる。この対策として、「自動安定装置ASE（Auto. Stab. Equip.）も採用した。様々な新しいアイデアや技術を採用し、それら各要素技術（装置）の研究、実験が試行錯誤しながら進められ、確実な手ごたえを感じるようになってきた。

ところが、開発が進むにしたがって、「新規のものが非常に多く、かつ複雑である。模型の実験だけでは寸法効果がはっきりしない。なおまた飛行機は、パイロットが飛ばすものであるから、人間とこの複雑な機械がうまく融合できるかどうか」の不確定要素が数多くあった。このため、実機開発の前段として、どうしても実験機をつくり、飛行試験を実施して、新技術や装置がうまく働くか、またその効果を確認する必要があった。

米国の協力を得て対潜飛行艇開発に成功

新明和を取り巻く現実は、このような願いを実現するには程遠かった。「可能性はゼロでしかなかった。理由は言わずとも明らかだ。資本金の約九〇倍もの開発資金。一企業の力では到底及ばぬ資金規模だった」。しかも、「飛行艇の川西」の復活に賭けて、陣頭指揮してきた川西龍三社長が昭和三〇（一九五五）年、新技術の完成を待たずして死去した。菊原らは暗たんたる思いに沈んだ。

二年後、一連の研究開発が一段落した頃のことだった。思わぬ幸運の女神がささやきかけてきた。米国の海軍航空兵器局（ＢＵＷＥＰＳ）の開発部門の幹部技官であるＦ・ロックから、菊原のもとに一通の手紙が届いたのである。ロックは米国で「ミスター・シープレーン」と呼ばれる飛行艇の専門家で、米海軍で重きをなす人物だった。手紙には「二式大艇を戦後、米本土に持ち帰るよう取り計らったのは私です。飛行試験の結果、極めて優れた性能を持つことがわかりました……」

菊原は早速返事を書いた。今、自分たちが研究を進めている、二式大艇をさらに飛躍させる新飛行艇の特徴と、採用した新技術の数々についての概要を披瀝した。この事実は、米海軍関係者を驚かせることになった。まだ敗戦から一〇年余しかたっていない日本で、米国の新鋭飛行艇を超える研究が進められている。米海軍の今後の飛行艇戦略の計画を根本から変更する必要性も出てくる。

すぐさまロックからの返事が届いた。そこには思いがけない提案が示されていた。日本の貧しい設備や資金不足では何かと大変だろうから、「アメリカで試験してはどうか」と援助の手を差し伸べるものだった。これに対して、菊原は異なる提案をした。先の「マーチンＰ５Ｍをベースに、溝型波消し装置の試験をやってはどうか」。貧しいとはいえ、新明和側には慣れた試験設備や国の研究所の水槽もあるので、試験は日本でやれる。その代わり、「マーチン社には試験結果を提供する」との条件だった。

米国側はすぐさまこの提案を前向きに受け止めた。結局、昭和三四年八月、新明和に委託研究費として少額ながら発注する形で協力する契約を、日米両社間で行ったのである。このような日米協力の関係は前代未聞のことだった。このため、「戦後、航空機開発でアメリカからドル外貨を稼いだのは菊原が最初だろう」と言われたりした。これより先、実験機を製作することを念頭に置きつつ、今までの研究開発をより進めていった二年後、菊原は米国からの招待を受けて、初の渡米となった。

十数年前まで、敵対した両国ではあったが、航空機開発においては隔てるものはなかった。菊原は訪問、見学した各所で「二式の設計者だ」ということで、大変な歓待を受け、賞賛されたのだった。国防総省では、米海軍の開発部門を統括するトップのコーツ少将から、「よし、わかった。ただし軍の金を出すわけにはいかないから、物と技術の面で最大限の応援をしよう」との力強い言葉を得たのだった。実はこの頃、米海軍の飛行艇開発は、試作機が相次いで墜落事故を起こすなど、暗礁に乗り上げていて、開発が行き詰まっていた。そこで新明和の開発に期待を寄せる方針転換を図ろうとしたのだった。

菊原には、さらにうれしいことが待ち受けていた。「『二式大艇』の保存されているノーフォーク海軍基地を訪れた。一五年ぶりに再会する『二式大艇』の偉容を前にして、私の心は感動にふるえていた」

この後、米海軍は防衛庁と協議して、グラマン社製の水陸両用機、UF1「アルバトロス」を一機、海上自衛隊に無償で供与することを決め、すぐさま実行した。防衛庁は昭和三五（一九六〇）年五月、新明和に対してUF1の改造試作の指示を出した。すでに半年前に新明和甲南工場に到着していたUF1の改造試作がこれによって開始。一年半後の昭和三七（一九六二）年一二月二五日、原型機の姿を留めないほど改造され一新した実験機UFXSは完成して、同日、初飛行に成功したのだった。

この日、瀬戸内海を前にした新明和の甲南工場から進み出たUFXSは、芦屋浜沖のシーレーンに達すると、海上を東西に向けて滑走試験を繰り返して、機体に問題ないことを確認した。工場の一角には海に張り出した管制室があった。ここに菊原ら関係者がそろい、沖の実験機を注視していた。

「ただいまから全力滑走に入る」との放送が流れた。四発のエンジンがパワーを一気に上げて轟音《ごうおん》を響かせながら速度を上げた。白波と飛沫の航跡を上げながら、当たり前のごとく、ふわっと浮いて水面を離れた。「やったぞ、バンザイ……」

管制室は歓喜の声に包まれた。高度はわずか一〇メートルで、飛行時間はたった一八秒だったが、安定した飛行ですぐ水面に着水した。敗戦そして「航空禁止」の七年間を経て、日本が世界に誇る独創的な飛行艇が誕生したのだった。この五年後の昭和四二（一九六七）年一〇月、ＵＦＸＳでの技術を全面的に採用した新規開発の対潜飛行艇ＰＳ１が完成して初飛行に成功するのである。

ＰＳ１／海上自衛隊

戦前戦後を通じ名機を生み出した天才設計者

菊原は川西で各種飛行艇や水上機、局地戦闘機などを次々に開発し、戦後の「航空禁止」の時代には水中翼船を、そして「航空解禁」後は防衛庁の対潜飛行艇ＰＳ１などを開発してきた。航空機設計者として送ってきた生涯を振り返ってこう述べている。

「飛行機の設計は、きわめて魅力に富んだものである、同時にまた、非常におそろしいものである。筆者は昭和5年以来、この仕事を続けているが、一つの問題を解決して、新しい飛行機ができ上がると、これでもう何もかもわかったような気になる。しかし、その設計の間から、新しい問題、新しい疑問がわき出してきて際限がない。40年これを繰返していると、自分には何もわかっていないと言うことがわかってくる。そしてあらためて飛行機設計の魅力とおそろしさ

US1a／海上自衛隊

が身にしみるのである」（「日本の航空機開発の一つの流れ」）。こうした思いは、軍用（航空）機設計者に共通するものかもしれないが、やはり菊原ならではの言葉と言えよう。

さらにはこんな言葉も口にしていた。「過去の記録――いわゆるデータなるものの技術的な価値は、時間とともに急速に低下するのである。たいせつなものは、その背後にあり、その根本にある原理である。これをしっかりと身につけることと、当面する問題の本質を、二つの目でよく見きわめて考える能力が肝要である」

菊原は航空機設計者である自身の心得とする座右の銘がある。「真金不鍍　好菜不説」である。その意味するところを、部下だった木方は、先の「追想・菊原静男博士」において記している。「直訳すると、『純金にメッキは不要、美味しい食べ物に説明は無用』であると解説する。「（菊原）博士ご自身の解釈は、こうだ。『本当にいい設計は、余計な飾り立てをせずとも評価される。また、どう説明しようと、設計の善し悪しは、ユーザーが使えばすぐわかってしまう。設計者は常にユーザーと向き合う姿勢を忘れてはいけない』」

含蓄のある言葉だが、あるとき、菊原は木方に打ち明けたそうである。「実は、あの言葉なあ、若い頃に中華料理店の宣伝マッチで見つけたんだ……」

後輩に引き継がれた菊原の思い

やがて第一線から退いた菊原は、若い人たちが気さくに顧問室に訪ねてくることを歓迎していた。新入の実習生だった北垣和哉はその言葉をそのまま信じて、図々しく五、六回も押しかけていた。あるとき、「飛行機の設計を志した当初、迷彩の機体ではなく、民間の美しい飛行機をつくりたかった」と語っていたという。

　新明和は平成二一（二〇〇九）年、ＰＳ１を発展させて、水陸両用にしたＵＳ２救難飛行艇の量産一号機を防衛省に納入した。これは、菊原の当初の思いを半ば実現しているものである。四年半ほど前にインタビューしたＵＳ２主任設計者の石丸寛二理事は語っていた。菊原は平成三（一九九一）年に八五歳で亡くなったが、「それ以前に、ＵＳ１Ａを進化させるこのＵＳ２の基本構想を文書としてまとめ残していました。結果的に見て、ほぼその路線に沿ってＵＳ２は完成したと言えるでしょう」

ＵＳ２／海上自衛隊

　石丸は続ける。二式大艇を「戦後になって荒波着水を可能にしたのがＰＳ１で、それを水陸両用にしたのがＵＳ１／１ａです。さらにそれを、総合的に改造開発して操縦しやすくし、人にも患者にもやさしい二一世紀の飛行艇としたのがＵＳ２なのです。そうなると、ＵＳ２は菊原静男の設計した大型飛行艇シリーズの集大成であり、ある意味、主任設計者も菊原ということになるかもしれませんね」

　これらの証言は、日本の航空史に大きな足跡を残した天才的設計者とも言うべき菊原の先見性を如実に示している。独創性があって名機と謳われる航空機は、実に息長く使われ、また進化させられることを改めて実感する。残念ながら、このような航空機は、日本ではほかには見当たらない。

新明和ではUS2の民間機への転用あるいは民間機として売り込みを進めていて、数カ国からの問い合わせなどがある。インタビュー当時、石丸はその有力な相手先であるインド政府との折衝《せっしょう》で、頻繁に日本との往復をしていた。これが現実化すると、八十数年も前の菊原が夢に描いていたことが実現することになる。

第八章　強い信念で戦中、戦後ジェットエンジンの開発に賭けた男

土光敏夫（元石川島播磨重工業社長、元経済団体連合会会長）

●どこう・としお／明治二九（一八九六）年〜昭和六三（一九八八）年。岡山県出身。東京高等工業学校機械科卒業。大正九（一九二〇）年、石川島造船所（現ＩＨＩ）入社。スイス留学後、石川島芝浦タービンに出向、昭和二一（一九四六）年に同社社長に抜擢される。その後、経営危機の石川島重工業に復帰、社長就任。以後、石川島播磨重工業社長、会長を歴任。昭和五六（一九八一）年に第二次臨時行政調査会会長に就任。

ジェットエンジンでの高シェアを導いた信念

今、日本の航空機産業の全生産高は約一兆一〇〇〇億円である。そのうちの約三割を（ジェット）エンジン関係が占めている。この「割合が意外と多い」と感じる読者は少なくないのではないか。確かにエンジンは航空機の心臓であって、付加価値が高いことは言うまでもない。ただし、機体の外観から想像するに、例えば双発の旅客機でも、エンジンの比率がそれほど高くなるとは思えないだろう。

この疑問を解くには、エンジンと機体の使用条件の違いに着目する必要がある。一五〇〇度を超す高温や高圧、毎分数千から万単位の高回転となるエンジンは、機体と比べて自ずと消耗の度合いが大きい。オーバーホールの回数や消耗部品の交換頻度も高くなる。したがって、それに伴う分解や組み立て、その後に必要となる運転などの作業工数やスペアパーツの費用発生が意外な巨額になり、メーカー側からすれば売上増につながるのだ。

例えばＡ３２０などに搭載されているＶ２５００エンジンは、昭和六三（一九八八）年、日本を含む五

土光敏夫

カ国で共同開発された。国際共同開発に初の参画となる日本は全体の二三パーセントを担った。現在時点での累計受注は六九九八台で、さらに数千台の生産が見込まれる。この結果、販売後、寿命となるまでの一五年とか二〇年もの間、オーバーホールや消耗部品の交換に伴う莫大な売上額が、これらのすべてのエンジンから繰り返し得られるのである。

エンジン市場はこの数十年間、米GE社、米プラット・アンド・ホイットニー社、英ロールス・ロイス社の三強が、世界全体の七割近くを占め続けてきた超寡占《かせん》市場である。新たに食い込むのは大変な反面、一度参入すれば、なかなか旨みのあるビジネスとなるのだ。それは販売後に発生するインクやトナーの需要で、大きな利益を上げているプリンターやコピー機のビジネスとよく似たところがある。エンジンの世界市場における日本のシェアは五パーセント強にすぎない。それでも先のように航空機産業全体の売上高の三割を占め、今後の利益も保証されているのである。

ジェットエンジンは国防に不可欠な軍用機、または輸送インフラの民間機において、きわめて重要な役割を担う戦略的な工業製品である。今後、数十年にわたり、機体とともに年率約五パーセントのペースで需要が増加することが見込まれるハイテク商品でもある。

重要な工業製品であるにもかかわらず、この三、四〇年、日本のジェットエンジン全売上高の約七割弱をIHI（旧石川島播磨重工業）が占めている。これほど高い寡占状態は他の重要なハイテク分野ではまずは見受けられない。

一般的にハイテク製品は付加価値が高く、自ずと競合メーカー間でつばぜり合いを演じるのが当たり前だが、ジェットエンジンだけは様相を大きく異にしている。なぜ世界でも、日本でも、そんな独占的な状態になったのか。その理由の一つに、ジェットエンジンはきわめて高い安全性と信頼性、長年の技術的蓄積に基づく実績や信用が重要視されるからだ。リスクが高くて高度な技術を要するだけに、当然、付加価値が高くなるが、将来の発展が約束されているからといって、そう簡単には後発メーカーが参入できない。

しかし、日本の場合はそれだけが大きな理由ではなかった。むしろ、戦後のきわめて早い時期に、「ジェットエンジンをつくらずして日本は三等国だ」との強い信念で、この事業に力を注いだ経営者がＩＨＩ（石川島）グループにいて、大きな役割を果たしたからだ。

意外と思われるかもしれないが、その人物とは、後の経団連会長や臨時行政調査会会長を務めた土光敏夫である。

敗戦後、ＧＨＱ（連合国軍総司令部）の「航空禁止」下にあって、日本全体がまだ食うや食わずの状態だった昭和二〇年代初め頃のことである。従業員数が一〇〇〇人に満たない中堅規模の石川島芝浦タービン（ＩＳＴ）を率いる土光社長は、ＧＨＱからとがめを受ける恐れもある中、「ジェットエンジンを陸舶用ガスタービン」と称して、運輸省鉄道技術研究所とともに早々と研究開発を手掛けたのだった。

戦前の日本の航空機工業は、機体よりも（レシプロ）エンジンの方が、欧米に比べて技術およびその生産規模において後れていた。欧米では、第二次大戦の後半期に英、独のジェット機がヨーロッパ戦線に登場して活躍した。これに対し、日本は敗戦の八日前、海軍航空技術廠《ぎじゅつしょう》が開発したジェットエンジン「ネ20」を搭載した中島飛行機製の双発ジェット機「橘花《きっか》」の試作機が、一回だけ一二分間の試験飛行に成功したにすぎなかった。

敗戦後、残っていた軍用機や航空機関係の諸設備、工作機械などはことごとく破壊もしくは賠償の対象とされて海外に持ち去られた。しかも「航空禁止」の七年間において、脈々とつづいてきた技術も断ち切られ、関係したわずかな技術者たちも四散し、研究開発は大きく立ち遅れてしまった。ちょうどこの時期が、世界的にレシプロエンジンからジェットエンジンへと移行する技術革新のときだった。それだけになおさら日本のハンディは大きく、再出発しようとする航空機産業の先行きは厳しいものがあった。

ジェットエンジン開発に一貫して賭ける

昭和二〇年、三〇年代、途切れそうなほど細かった日本のジェットエンジンの歴史の道筋において、局面、局面ごとの重要な分岐点で、土光が思い切った決断をし、尽力していたことはあまり知られていない。ジェットエンジンに賭ける土光の信念は一貫していた。今風に言えば、決してブレることがなかったのである。

土光の経営姿勢については興味深い指摘がある。ＩＨＩ時代、土光の下で、最大の事業部門であった船舶事業部長を務めて、土光の二代後の社長となった真藤恒《しんとうひさし》が語ってくれた。

「土光さんはまっすぐに歩く人で、仕事に関しては、自分の主張を極端と言えるほど通させていた。でも、その考えに至るまではかなりの時間をかけて思考し、煮詰めたうえのものだけに、いったん言い出したら引っ込めないし、誰も止められない。頭が切れるとか、回転が速いとかは思わないが、結果としてほとんど失敗することはないんだよ」

さらに解説する。「こちらが決めた方針をＯＫと納得して、一旦《いったん》決めたら、途中で方針を変更することはないし、約束以上のことをやっていれば、部下に全面的に任せて口を挟まない。梯子を外されることもないので、部下としては大変仕事がやりやすい」

真藤は、ＩＨＩの社長を退任して数年後、臨時行政調査会の会長であった土光の強い要請によって電電公社の総裁に就任。その後、政府が行政改革の大きな目玉の一つとして推し進めようとしていた電電公社の民営化に剛腕を振るって実現し、その手腕が高く評価された。

真藤が語った土光の経営姿勢は、まさしくジェットエンジンにおいても貫かれていた。昭和二〇年代の日本では〝高嶺の花〟で、とても手が出ないと思えるジェットエンジン工業の必要性を強く訴えただけではなかった。

実際に、日本の土壌にジェットエンジン技術の根を下ろさせる決定的な役割を果たしていた。率先してこの道筋を切り開くための方向性と積極策を打ち出して指揮を執った「日本ジェットエンジン工業の総帥」なのである。

石川島芝浦タービン株式会社

「航空解禁」となった翌年の昭和二八（一九五三）年七月のことだった。待ってましたとばかりに、オールジャパン体制で日本ジェットエンジン株式会社（NJE）が設立された。

参画したのは、土光（石川島重工業）と考えをともにする四社。戦前の航空機大手の旧中島飛行機の流れをくむ大宮富士工業（現富士重工業）および富士精密（現日産自動車）、新三菱重工業（現三菱重工業）が一致協力して出資し、それぞれ人材を出向させた。川崎航空機（現川崎重工業）は少し後から参画した。

各社は「〝ジェット機時代の到来〟と言われながらも、『航空禁止』の七年間に、日本は欧米から大きく立ち遅れてしまった。まずは経験がほとんどゼロに近いジェットエンジンを自前で開発しなければ、航空機工業の再建は緒《しょ》につかない」と焦りさえも伴う共通認識をもっていた。

反対を押し切りエンジン生産を引き継ぐ

ＮＪＥは防衛庁からの発注を期待して（一応の内諾を得て）、ジェットエンジンＪ３の開発、そして生産に乗り出すことを決めた。ところが、期待に反して開発段階ではトラブルが多発。運転中の試作エンジンが何度も損傷して圧縮機の翼（ブレード）が吹っ飛ぶような事故も起こった。高精密な部品製作には外国製の高価な工作機械が多数必要になり、試験設備は巨額になった。

資金面だけではない。各社首脳は、当時の日本の技術水準では手に余るハイテクの頂点に位置するジェットエンジン実用化の難しさを嫌というほど味わってたじろぎ、当初の志が鈍った。「欧米ではすでにジェットエンジン工業の寡占化が進みつつある中、今からこの分野に進出しても、少なくとも向こう一〇年は赤字がつづくだろう。事業としては成り立たない」

弱気がのぞく各社首脳に、先行きの不安が襲った。現実を前にして追い込まれた昭和三〇年代半ば、各社はいずれもＮＪＥおよびジェットエンジン事業そのものから手を引くことになった。

ところが、石川島の土光だけは一歩も退かなかった。そればかりか、逆に一大決断をして大々的な投資をしたのである。旧中島飛行機の関連会社跡の用地を確保して田無工場を新設し、ＮＪＥが手掛けたＪ３エンジンの開発・生産を引き継いだのだった。

ジェットエンジン部品の加工は複雑で精密なだけに、国産の工作機械では手に負えず、高価な外国製工作機械も多く購入せざるをえなかった。巨額の設備投資と、当分は黒字の見通しが得られそうにないその経営決断を、ビジネス雑誌は「土光の愚挙《ぐきょ》」と書き立てた。

数年後、予想していたよりも防衛庁の防衛計画が大規模になり、仕事量が増えてきた。このような折、新三菱重工業副社長で、ＮＪＥの発起人総代を務めた荘田泰蔵《しょうだたいぞう》が田無工場に来社し見学した後、案内役を務めた石川島の今井兼一郎課長にこう語った。

「三菱では何遍もジェットエンジンをやろうと思って勘定したし、いろいろ動いたけれども、会社の意向として、役員会でどうしても受け入れられることがならなかった。だから、三菱は残念ながらジェットエンジンでは出遅れた。土光さんに、よくあなたはここまで思い切ってやった、これは間違いなく育つと思う、そう伝えてくれ」

このときの各社首脳の経営的判断の違いが、その後の明暗を大きく分けることになった。六年後、三菱重工業と川崎重工業が再度、このエンジン分野に参入することになるが、現時点で売り上げの七割弱をIHIが占めている。残りを川崎重工業と三菱重工業の両社が分け合う形だ。この比率はこの半世紀近く、ほとんど変わっていない。その大きな要因は、昭和三〇年代半ばにおける各社の経営判断の違いである。大きなリスクが伴う航空機およびジェットエンジン事業の経営判断がいかに難しいか想像ができよう。

この決断の八年前、土光は先の中堅の関連会社から、異例にも親会社の石川島重工（IHIの前身）の社長に引っ張られていた。その後、ジェットエンジン生産に大々的に乗り出したとき、播磨造船との大型合併も断行、石川島播磨重工業（IHI）と改称し、新社長に就任していた。

造船部門の急拡大も含めてIHIは急成長する。この間、土光はその合理主義に徹する経営姿勢と剛腕《ごうわん》ぶりから〝ミスター合理化〟とも、そのいがぐり頭の魁偉な容貌で法華経の熱心な信者だったことから〝財界の荒法師〟とも呼ばれた。

昭和四〇（一九六五）年、その手腕を見込まれて、経営不振に陥っていた東京芝浦電気（東芝）の再建のため、請われて社長に就任。このとき、土光を担ぎ出したのが、一期前の東芝社長で、土光の生涯の恩師で相談相手でもあった経団連会長の石坂泰三《いしざかたいぞう》だった。土光の徹底した合理化政策と内部からの意識改革は、見事に東芝を復活させた。すると、昭和四九（一九七四）年五月、やはり石坂の要請で、今度は財界の頂点である経団連会長に就任することになった。

合理化の手腕を買われ、臨調会長に就任

今度は昭和五六（一九八一）年三月、ときの首相・鈴木善幸が土光を担ぎ出した。国鉄や電電公社（現NTT）、専売公社（現JT）の民営化などによる行政改革によって、「増税なき財政再建」を果たそうと、土光を口説いたのである。

このとき、土光は八五歳の高齢であった。だが、明治生まれで〝憂国の士〟でもある土光は、「お国の将来のため」とか「孫やひ孫の時代のために」と言われると引くわけにはいかなかった。「最後のご奉公を……」と口にしつつ、政府が推し進める臨時行政調査会の会長に就任した。土光は「行革」を推進するシンボル的存在として祭り上げられつつも、老体に鞭《むち》を打って情熱を注いだ。

このとき、当初は困難と見られていた一連の行政改革が断行され、一応の目的が達せられた。膨らみ続ける借金財政で袋小路に陥っている現在からすると、「土光臨調」はかなりの成功であったことが分かる。行政改革の内実をよく知る当事者たちは口をそろえて語っている。「行革がうまくいった大きな要因は、土光さんを担ぎ出して看板に据えたことが説得力をもち、国全体を動かした」

土光敏夫はもともと国内草創期の船舶用や発電機用のタービンの技術者だった。その経歴からして、同じ回転体で、共通するタービンや圧縮機から構成される「ジェットエンジンをつくらずして……」との土光の信念は自然だったのである。また技術的にも必然性があった。

多忙であっても、「早朝と就寝時の読経は一日たりとも欠かさない」と言われるほど熱心な法華経の信者として知られている土光は、日蓮宗の信仰厚い岡山県の農家の次男として生まれた。中学の入学試験では二度も失敗したのち、大正六（一九一七）年、東京（蔵前）高等工業学校（東京工業大学の前身）に入学、エンジニアの道を目指した。四八歳で迎えた敗戦の年まで、一貫してタービン技術者としての道を歩むが、彼のタービンとの出会いは、ほんのちょっとした偶然からだった。

「二年生だった大正七年（中略）、夏休みの帰郷をやめて、北海道旅行をやった。帰ってきて、カネが二、三円余ったので、神田の古本屋を歩いていたら、邦訳の『スティーム・タービン』という本があった。タービンのことなど、まだ蔵前でもろくに教えていない時代だった。さっそく買って、夏休みの終わりまで夢中になって読み、仕込んだばかりの新知識で、先生をへこましてやったこともある。これが、ボクとタービンとの最初の出会いだった」（『土光敏夫　21世紀への遺産』文藝春秋）

大正九（一九二〇）年、石川島造船に入社した土光は、タービン設計に配属されたが、同社に入った経緯を次のように述べている。「技術者の道が歩けるなら、就職先はどこでもよいと考えた。当時、第一次大戦後の不景気から、ひどい就職難だった。だが、蔵前高工に限って、それほど深刻感はなかった。選り好みしなければ、仕事にはありつけた。だから、クラスのみんなにいいところを選んでもらって、わしは残りものに甘んじた。それが石川島造船所だった」（『東洋経済』昭和四八年九月一五日号）

多読を自称する土光は、入社してからも分野にはこだわることなく、時間の合間を縫っていつも本を手にしていた。

「新しいタービンに取り組むには、外国の技術の本を大量に読まねばならない。このため、ドイツの科学雑誌のバックナンバーを山ほど取り寄せた。しかし、昼間は会社で設計するので、本は読めない。読むとすれば、家に帰ってからだ。家でもそれほど時間があるわけではない。そのうえ、自分のドイツ語の読解力は不足している。これだけの資料を読破するには、結局、寝る時間をさかねばならないのではないか」（前掲書）

土光の有名な「五時間の睡眠があれば充分」とする習慣は、この頃から身についたのである。彼は天才型ではなく、愚直で一筋に努力し熟考するタイプだった。

将来を嘱望され若くしてスイスに派遣

土光が入社した石川島造船は、このとき、船舶用の小型蒸気タービン分野に乗り出したばかりだった。当初は欧米からの輸入に頼っていたが、そこから脱皮して国産化を推し進めようと、大正一〇（一九二一）年、スイスの名門、エッシャー・ウイス社と技術提携に踏み切った。ツェリー式船舶用蒸気タービンの東洋における一切の販売権を取得し、経営の拡大を図ろうとしたのだ。

その際、入社から一年半でしかなかった土光に白羽の矢が立った。チューリッヒにあるエッシャー・ウイス社への研究留学を命じられたのだった。彼はそのとき二六歳で、それだけ嘱望《しょくぼう》されていたのである。

その当時のことを土光は『日本機械学会誌』（第八六巻台七八〇号）のインタビューで回想している。「東洋のあんな国から来ているというんで、設計室に入ってやっていたんだけど、もう野蛮人扱いですよ」

それは第一次大戦が終わった三年後であった。連合国側の一員として戦った日本は、日清・日露の戦争につづく勝利で、世界の五大国の一つとして注目を集め、持てはやされつつあった時期である。しかし、欧米人が日本人に注ぐ視線や偏見の現実はこうだったのである。ましてや技術面では大きな落差があっただけになおさらだった。当時、欧米に留学あるいは駐在した日本人エリートたちは、いずれも屈辱的な体験を味わっていた。

それは昭和の初め頃に欧米の航空機メーカーに派遣されて、技術の習得に努めた航空機設計者の三菱堀越二郎や川崎造船の土井武夫らもまたそうであった。彼らはそうした屈辱的な体験を公には語っていないし、ほとんど記してもいないが、現実はそうだったのである。それがかえってバネとなり、「西洋に追いつけ」として自らを駆《か》り立て、目を見張るばかりの頑張りを促すことになる。

二年半のスイス滞在を終えて帰国した土光に与えられた最初の仕事は、全国各地で稼働しているタービンの整備状況を調べて歩くことだった。それは単に自社の製品だけでなく、外国製を含む他社製品も見て回り、これにより外国の技術を盗み取っていた。

土光は終生、「現場主義」「現場に学ぶ」「自分の足で現場を見て回る」を信条としていた。大会社の社長、会長となっても、その姿勢に変わりはなかった。早起きだけに、地方の事業所に行ったときも、始業時刻よりもかなり早く正門に到着。驚いた守衛があわてて対応しようとするが、当人は一人でさっさと工場に入って行き、一回りしてから、予定の時間の会議に臨むといったことが恒例だった。

石川島は主に海軍の艦艇用蒸気タービンの売り込みに力を入れ、これに成功した。だが、一〇〇〇万人近い犠牲者を出した第一次大戦の反省から、大正一一（一九二二）年のワシントン海軍軍縮条約、昭和五（一九三〇）年のロンドン海軍軍縮条約が結ばれ、この後、海軍では大々的な軍縮が断行された。結果、主力艦ほかの廃棄および建造量の制限などが決められ、保有比率では米・英が五に対して日本は三に抑えられた。

日本の海軍工廠や造船各社の新建造は激減して、長期にわたる不況の時代に突入することとなった。加えて昭和四（一九二九）年、ニューヨーク株式市場の暴落に端を発する「世界恐慌《せかいきょうこう》」の嵐が吹き荒れた。石川島のタービン部門では、狙った拡大路線の思惑が大きく外れることになった。

ところが、状況は一変する。昭和六（一九三一）年九月一八日に起こった満州事変、そして一二月の金輸出再禁止をきっかけとして、石川島など重工業各社は生産拡大路線に徐々に向かう。加えて「満州国」の建国によって、日本の大々的な大陸進出が既定路線となる。国内とは違って、広大な大陸の満州では大規模開発に伴う電源開発や大容量の水力発電用蒸気タービンの需要が活発化したのである。

この機を逃すまいと石川島は、明治四四（一九一一）年以来、協力関係を維持してきた芝浦製作所（現東芝）との関係をさらに強化することを決定した。

昭和一一（一九三六）年六月九日、横浜港に近い芝浦製作所鶴見工場では、構内の広場に集合した従業

発電機用蒸気タービン

員たちを前にして、工場長が発表した。「当タービン工場は本日をもって芝浦製作所から分離独立し、石川芝浦タービンとして新会社組織となる」

芝浦製作所は明治四二（一九〇九）年、当時の世界有数の発電機メーカーである米GE社と技術提携、以後、技術と経験を蓄積してきた。発電機を得意とする芝浦製作所と、タービンを得意とする石川島の両社が、合弁でタービンを専門とする新会社を設立すれば、より強力な体制が整うことになるとして、この日の発表に至ったのである。

この日の発表に先立ち、石川島のタービン部門では、すでに新会社創立を決定していた首脳陣と、これに反対する実務者クラスの間で激しい議論が戦わされていた。「新会社設立反対」の急先鋒は土光だった。タービン部門のエリート技術者として第一線で活躍していた土光が反対姿勢を明確にしていることを知った石川島の松村菊勇《まつむらきくお》社長は、彼らを社長室に呼びつけた。

「お前らは、親の心子知らずだ」と怒鳴りつけた後、こう説明した。

「芝浦製作所がGE社と技術提携して、大きなものをたくさん製作しており、石川島でそういうものをつくるのは無理だから石川島と芝浦製作所が出資して、タービンだけを作る会社を作ったほうが良い」（『東芝タービン工場四十年の歩み』）

ところが、土光はそんな説明や説得では納得せず、反論した。「昭和十一年タービン会社を創るといわれて我々には異論があったものだ。当時タービン専門の製造会社というのは世界でも唯一のもので、世界のタービンメーカーであり、巨大な総合重電機メーカーでもあるGE社や、ジーメンス社などに、とうてい独立した小さな会社が対抗できるものではないと思ったからだ」（前掲書）

それは、世界の一流のタービン企業エッシャー・ウイス社を体験してきた土光の率直な見方であり主張だった。相手を射抜くような鋭い目つきで、身を乗り出すようにしながら、いつもの理詰めで反論する土光の論理に、しばらくすると松村もうなずくようになっていた。「いや、君の言う通りだ。しかし、もう芝浦製作所と調印してしまった。勘弁してくれ」

今さら決定を白紙に戻すことができないのは、土光も十分承知していた。でも自分の言うべきことを言い、松村社長に「勘弁してくれ」とまで言わせた土光は、おとなしく引き下がることにした。そして、「やる以上は何としても会社の利益を出すことを考えねばいかん」と自らを奮い立たせるようにつぶやいていた。

新会社ISTの技術部長に就任

石川島での土光の仕事は、全国を回って、各地に設置されている陸船用の蒸気タービンの整備状況を調べ、また修理するのが主だった。そのとき、他社のタービンも念入りに調べるなど、前記の通り、「現場主義」に徹していた。

「現場へ行って、機械の調子が悪いと、故障個所を見付けるのも早い。じーっと機械音に耳を傾けているうち、これもある種の第六勘だが、悪い個所がピーンとわかる。私は先述したように、最初の二〇年間は技師として、日本全国、機械修理に走り回った。その修理経験が第六勘養成に役だったと思われる」（『私の履歴書』）

石川島芝浦タービン（IST）は、横浜の鶴見に敷地三万五〇〇〇平方メートル、建物の総面積一万四〇〇〇平方メートルを持つ蒸気タービンの製作会社としてスタートした。資本金三〇〇〇万円だった。ISTは合併した両親会社の兼ね合いから、社長のポストはつくらなかった。このため、初代最高責任者には石川島常務で、「吉江式蒸気タービン」で特許を取るなど、タービン開発に熱意を燃やしてきた海軍工廠出身の吉江介三が就いた。

新会社の技術部長を命じられた土光は、自著の『私の履歴書』で以下のように語っている。「われわれ技術者は、外国製を単に輸入して販売するだけでは存在価値がない。せっかく優秀な機械を輸入したならば、それをもとに研究に励み、我が国独特の国産品を生みださなければ意味がなかろう。その先兵は設計課である」

ただし、土光を含めてISTは国産の強化を目指しつつも、外国の進んだ技術には謙虚に学ぶ姿勢も持ち合わせていた。彼はすぐさま、芝浦製作所の技術提携先だった巨大な米GE本社に、工場長らとともに派遣された。約八カ月間にわたり「勉強、見学の機会が与えられた。向こうの技術者と忌憚《きたん》なく意見交換、大いに益するところがあった」と土光は振り返っている。

余談になるが、なぜ石川島が日本のジェットエンジン生産の七割弱を占めるようになったのか。要因を探れば、このときの土光の米国滞在によって、GEとの親密な関係が戦前から構築されていたことにたどりつく。

昭和三〇年代初め、自衛隊が導入を決めた主力戦闘機F86に搭載するGE社製ターボジェットエンジンJ47は傑作エンジンと言われ、そのライセンス契約取得を巡ってのことだった。石川島や富士重工業、川崎などが先を争ってGE社にプロポーズした。土光は戦前からの親密な関係を生かして交渉に先行し、見事に契約を射止めた。出し抜かれた他社は悔しがったものである。

J47は日本が初めて導入する本格的な米製ジェットエンジンであり、大々的なライセンス生産でもあった。このため、その後のジェットエンジン生産において、石川島が主導権を確保するうえで大きな意味合いをもったのである。当然、防衛庁の支援を受けての大々的な設備の導入や生産システムの構築にもつながるし、その後の受注にも有利に働く。もしこのとき、他社が先駆けてGE社とJ47のライセンス契約を交わして導入していれば、その後の日本におけるジェットエンジン工業のシェアは、今とは大きく変わっていただろう。

帰国して四カ月後、盧溝橋事件が勃発。戦時下の日本では重工業化が急テンポで進んだ。四二歳にして土光は早くも取締役に就任。合併時の杞憂とは裏腹に、ＩＳＴは発足当初から繁忙をきわめることになったのである。

昭和一三（一九三八）年一〇月、国産機としては最大である七万五〇〇〇キロワット・タービンを完成させて、関西共同火力尼ケ崎第二発電所に納入。早くも、発電用タービンの新設機では国内の五割を、外地の大陸向けでは八割を占めるまでに急成長する。国内三大タービンメーカーの一つにのし上がったのである。

すでに日本国内は戦時体制に突入していた。増産体制を確立するため、ＩＳＴはやがて松本、辰野《たつの》、木曽などに新工場を建設する。それは吉江の出身地が長野県辰野であったことにもよる。ただし、理由はそれだけではなかった。

吉江は土光よりも早い時代にスイスのエッシャー・ウイス社に二回ほど派遣された経験があった。そこで発電機（タービン）や時計などの精密工業がスイスで発展しているのは、空気が清浄で湿度も低い風土であることが要因の一つであることを知った。それを手本にして、「日本のスイスと称される信州の地が精密工業としてのタービンには最適」とする吉江の見識がはたらいていた。

種子島時休

ここで本稿の主題となる、同じタービンを動力とするジェットエンジンに話を移すことにしよう。

土光がGE社に派遣された昭和一一年頃、欧米の航空先進国においても、ジェットエンジンの実体はなかった。後に「ジェットエンジンのパイオニア」と呼ばれることになるドイツのハンス・フォン・オハインや、世界で最初にジェットエンジンの特許を取得して実用化に成功することになる英国のフランク・ホイットルら先駆者たちが模索を繰り返していた。ひな型の段階だけに、その呼び名もまちまちだった。英国では「ジェット」、ドイツでは「タービン・ルフトシュトラールトリープウェルケ」の頭文字をとって「TL」、フランスでは「レアクトウル」と呼んでいた。

ジェットエンジンの生みの親、種子島

日本では昭和一〇年代半ば頃に、種子島時休《ときやす》技術少佐らの海軍航空技術廠（空技廠）が開発した最初のジェットエンジンらしきひな型を、海軍が「タービンロケット」と呼んでいたことから、その頭文字をとって機種の頭に「TR」と付けた。以後、これが海軍の公式用語として使われるようになった。海軍は英語の使用に頓着しなかったからだ。

陸軍では英語は敵国語として使用を厳しく禁じていた。このため、燃焼の頭文字をとって機種の頭に「ネ」と名付け、その後に出力（馬力）を分類する数字を入れた。これは陸軍が最初に手掛けたのがラムジェットであったことから、これを燃焼式噴射推進装置と呼んだことに始まる。

種子島は、戦後になると日本におけるジェットエンジンの生みの親と呼ばれることになる。自らを「ジェットエンジンに取り憑《つ》かれた男」と呼んだりもしていた。彼は鉄砲が日本に初めて伝来したときの種子島の島主である種子島時尭《ときたか》の末裔だった。子供の頃には、「テッポー、テッポウー」とからかわれたりもしたという。本人も意識していたのか、メカ的なものには無類の興味をもっていた「研究者タイプ」であり、オタク的なところもあった。空技廠では「夢見型の人」とやゆされてもいた。

種子島は、海軍機関学校卒業後、艦艇の蒸気タービンなどに強い興味をもちつつも、ジェットエンジンにつながるガスタービンや排気タービンに強い興味を示していた。やがて彼は「シリンダーやピストンで、ガソリンをとぎれとぎれに吸い込んで燃やし、プロペラを回して飛ぶ（レシプロエンジン）なんて、もう古くさいぞ」（『現代』昭和四三年二月号）が口癖となっていた。その言葉を、レシプロエンジンが全盛で、自らが長となってトラブル対策に悪戦苦闘している頃の空技廠内で吹聴《ふいちょう》するものだから、周囲からはかなり浮き上がっていた。

このような調子の種子島だけに、昭和五年には航空工学を学ぼうと、海軍の選科学生の制度を利用して東京帝大航空学科に入学。三年後に卒業し、昭和一〇（一九三五）年四月からは航空本部造兵監督官としてフランスに駐在留学した。欧州各国のタービンメーカーや排気タービン過給機のメーカー、航空機や航空エンジンメーカーなどを精力的に視察し見識を広めるとともに、研究者、技術者たちとの交流も深めていたのだった。

種子島は自らのジェットエンジンへの夢に近い排気タービンやガスタービンにはことさら強い興味を示していて、土光も研究留学したエッシャー・ウイス社に関心があった。土光も語るように「その頃のエッシャー・ウイス社には（スイスのチューリッヒ大学の）タービンの世界的権威であるストドラ博士の弟子たちが大勢いて」陸船用タービンの設計を主導。そのストドラの分厚い名著『スチーム・アンド・ガスタ

沼知福三郎

ービン』を、種子島も土光も座右の書としてつねに手元に置いて学んでいたのだった。

種子島と土光の両人は後述するように、昭和一〇年代半ばから終戦までの間、陸海軍用のガスタービンおよびジェットエンジン、過給機の開発生産において、密接な関係を持つことになるのである。土光は語っている。「石川島芝浦タービンでは、昭和17年頃から具体的な計画に着手し、目標をプロペラ併用タービン噴進機（ターボプロップ式のジェットエンジン）に置いた。陸軍を動かして（後のネ201の）研究にとりかかったが、これはのちに海軍の種子島大佐の指導を得、技術院も加わり、（方式が異なる魚雷艇用の）GTPRと称して一番注目をひいた歴史的なものになった」（『私の履歴書』）

後に土光は、戦後の昭和三二（一九五七）年八月、石川島重工業（石川島造船の後身）の技術研究所顧問として、種子島を招請《しょうせい》する。さらには、種子島招請の五年ほど前には、彼の部下であった空技廠の永野治元技術中佐、牧浦隆太郎元技術大尉も石川島に引っぱるのである。

次章に登場する永野は、第二次大戦末期、日本初のジェット機として一度だけ（初）飛行に成功した双発機の「橘花」に搭載したターボジェットエンジン「ネ20」の実質的な開発責任者として、種子島に代わって指揮を執っていた。牧浦もまた重要な役割を担っていた。招請の狙いは、単にジェットエンジンについてアドバイスや指導を得るだけではなかった。

昭和二八年七月、先の重工業四社によるNJE共同設立後、ジェットエンジンにより力を入れることになった。その際、日本における「ジェットエンジンの生みの親」である種子島や永野を擁することで、石川島が日本のジェットエンジンの本流であることを印象付ける狙いもあった。

不思議な出会いに導かれたエンジン開発

種子島がフランス留学時、エッシャー・ウイス社を訪れ、ケラ技師に面会したとき、思わぬ日本人の名前を告げられた。「私は学位論文を書くときに、東北帝大の沼知福三郎教授の（圧縮機の）軸流理論を大いに活用させてもらったんですよ」。沼知は昭和八（一九三三）年、スイスを含む欧州各国の技術動向を見学旅行した後、ドイツの名門ゲッチンゲン大学に学んでいた。その頃、ゲッチンゲン大学は科学技術分野では世界の最先端を走っていた。

種子島は、（航空）技術後進国の日本からやって来て、コンプレックスばかり味わわされる日々だった。先の土光と同様である。ところが、日本にも世界的に通用するタービン研究者がいたことを知らされ、驚き、かつ喜んだのだった。

仏滞在中には、さらにうれしい出来事に遭遇していた。昭和一二（一九三七）年四月六日、朝日新聞の国産機「神風号」が東京からロンドンまでを翔破《しょうは》し、世界記録を塗り替えた。種子島は「神風号」が立ち寄った仏ブルジュ飛行場に、フランスの航空関係者とともに出迎えた。このときも「どうだ、日本の航空技術の実力を知ったか」と内心、自慢していたのだった。

昭和一二年四月、種子島は帰国すると、ストドラの『スチーム・アンド・ガスタービン』の英語版を参考にしながら、ジェットエンジンにつながる「ごく素朴な啓蒙《けいもう》」的実験を進めていった。そして次第に興味深げに集まってくる好奇心の強い若い研究者らを抱え込んでいくのである。

種子島は数年間、そんな実験的な試みを発展させていった後、沼知の協力を得て、念願の日本初と言えるジェットエンジン用軸流圧縮機のひな型を完成させることになる。ちなみに、沼知のこうした世界に通用する業績もあって、戦後、東北大学にはタービンやジェットエンジン、航空機などの理論解析に不可欠な空気力学も含めた流体力学研究所が新設されることになる。

土光がＩＳＴにおいて本格的にタービン製作に乗り出していた頃、欧州各国ではジェットエンジンのパイオニアたちが、独自の発案から試作をしては失敗を重ねている段階だった。彼らもまた、ガスタービンや排気タービン過給機などを手掛かりとしつつ、我こそはと、勝手な着想に基づく構造・機能形式のジェットエンジン開発に精力的に取り組んでいた。

と同時に、これらの研究者、技術者たちは、近い将来において実を結び始めることになるジェットエンジンを目指す志が導きの糸となって、邂逅していたのだった。後の時代から振り返って見るとき、日本の種子島や沼知、土光らは数歩遅れながらも、このような欧米のパイオニアたちの輪の周辺に加わっていたのである。

戦争末期、ＩＳＴの最高責任者に

現在、世界のジェットエンジン界の三強の一角を占めるＧＥ社は、土光が派遣された昭和一一年頃、すでに巨大メーカーとして君臨、発電機用タービンを盛んにつくっていた。ジェットエンジン開発にはほとんど手を出していなかったものの、空気の薄い高空においてもエンジン馬力を落とすことがない航空用排気タービン過給機などの開発・生産は盛んだった。それは、その後高々度飛行を可能とする〝空の要塞《ようさい》〟Ｂ17や〝超空の要塞〟Ｂ29などにも搭載されることになる。

この方針を打ち出したのは、ＧＥ社の技術的権威であるモス博士が次のような主旨の判断を下していたからだ。「高温の燃焼ガスに直接さらされるジェットエンジンのタービン材料には耐熱材が不可欠だが、その開発にはかなりの時間がかかるため、ＧＥとしては排気タービン過給機に力を入れる」

日本で過給機に力を入れ出すのは欧米より十数年も遅れてのことである。それは航空用レシプロエンジンの国産化が盛んとなった昭和五、六年頃になってからである。後にＩＳＴは、陸海軍の要請に基づき、過給機の開発・生産も手掛けることになる。

土光も種子島もジェットエンジンの原理にもっとも近い排気タービン過給機やガスタービンには何かと縁があり、また強い興味を示していた。種子島は訪問したスイス・バーデン市にあるブラウン・ボベリー社から持ち帰った四五〇馬力から五〇〇馬力用の排気タービン過給機を、海軍、日立、石川島造船、三菱が協力して調査研究して後、試作にトライさせた。

一方、種子島は空技廠において、レシプロエンジンの「サービスエンジニアの長」としての仕事をするかたわらで、ブラウン・ボベリー社の排気タービン過給機を応用したジェットエンジンらしき試作に挑戦していた。

昭和一〇年代の日本を取り巻く国際情勢は一段と緊迫の度を増していた。日中戦争の長期化が続く中で、昭和一六（一九四一）年、日米開戦を迎えた。本格的な戦時体制となって、欧米からの輸入が絶たれると、その分国産機の注文が増えることになった。ＩＳＴの生産品の種類も増え、復水器や給水加熱機、送風機、蒸気用ボイラの部門にも進出した。

戦争の拡大に伴って、緊急度の高い軍需品の生産が最優先され、比重も一挙に高まった。ＩＳＴの本拠である鶴見工場は手薄となったため、軍需品の生産体制をより強化する意味からも、松本市外に広大な用地を確保し、建物面積一六・五万平方メートルの工場を建設した。翌年七月には、片倉製糸紡績の工場を借用して長野県辰野に辰野工場を設立。タービン翼や過給機翼、バルブなどを生産することになった。すぐさま木曽工場や伊那工場も建設された。

辰野工場では、「従業員の大部分は片倉製糸の女工さん達で、それに学徒動員のうら若き女子挺身隊も加わって、一時は総勢1500名を数えたが、その三分の二以下は女子で、まさに『女護島』を現出していた」(『石川島汎用機械二十年史』)。

陸軍から発注された軍需品の代表的なものは、石油精製用のターボプロップ式ガスタービン「ネ201」、危急推進用「ネ3」、B29など敵機を迎え撃つ迎撃戦闘機「火龍」搭載のターボジェットエンジン「ネ130」など。海軍からは、種子島が手掛けた高速魚雷艇用の軸流式のターボプロップ式ガスタービン「GTPR」の試作製造命令などが相次いだ。各種の過給機も手掛けるようになった。

発電機用や艦艇用の蒸気タービンは数多く手掛けてきたが、これらジェットエンジンや過給機ともなると、回転数が非常に高く、燃焼温度も高温だけに試作も勝手が違った。試行錯誤でトラブルも多く、夜も昼もなく、強行日程の中、開発作業がつづくことになった。その先頭に立って、陸海軍や各工場間を東西に奔走し、指揮を執っていたのが技術部長の土光だった。

戦局も押し迫ってきていた昭和一九(一九四四)年三月二九日、最高責任者の吉江介三が辰野駅前で倒れ、そのまま不帰の人となった。その当時の様子を、介三の甥の吉江清朗は、次のように語ってくれた。

「毎週土曜の夜、私の家と同じ敷地内の料理屋、箕輪屋の二階で生産対策会議をやってました。食料が不足がちでしたから、それぞれが食料になるものを一升枡に一杯ずつ持ち寄ることに決められていて、ある人は粟一升、またある女工さんは裏山で採れた山菜を一山持ってくる。土光さんは米一升を持ってきて、『よろしくお願いします』と言って、部屋へ入って行かれました。これらを料理して、食事をしながら、夜遅くまで生産計画の打ち合わせや技術的問題の対策会議が行われました。土光さんはやさしく、おとなしい感じの方でした」

吉江の死に伴って、技術部長だった土光が後任に推挙された。日本軍の戦いも末期症状を呈し始めた未曽有の混乱期、軍からは大増産を厳命されていた中、土光はISTの最高責任者の座に就くことになった。

土光にとってはまさしく青天のへきれき、敗戦までの苦闘の日々が待ち受けていた。

無理が生じていたジェットエンジン開発

陸海軍からの試作命令によってISTがネ201やネ130、GTPRなどのガスタービンおよびジェットエンジンの開発を進めている頃、この分野では先頭を走っていた空技廠の種子島は、タービンロケットのTR10の試作に精力を注いでいた。TR10は排気タービン過給機とガスタービンを折衷《せっちゅう》したような形式で、五年近く研究開発を進めてきたが、トラブル続きで行き詰まっていた。

その大きな要因の一つは、技術発展の流れを見れば、欧米ではピストンエンジンから過給機へ、過給機からジェットエンジンへと、二段階を経て研究開発を進めていた。ところが、欧米と比べて日本の過給機の技術はかなり遅れており、まだものにできていない。そこで、種子島はこの二つの段階を一緒にしてしまい、一挙に超えようとしていたため、無理が生じていたのだ。

フリーピストン・ガスタービンの研究開発

日米開戦前後の頃から東京帝大航空研究所（東大航研）の粟野《あわの》誠一《せいいち》らは、「航空用原動機としてガスタービンを利用することに着目」（『日本航空学術史』）して研究を進めていた。後にこの研究は陸軍によって「ネ201」と命名され、その開発はかなり進展して、敗戦までつづけられることになる。

粟野は強調している。これに先駆けて研究を進めていた種子島グループが手掛けるTR10とともに、ネ201は「わが国で最初にスタートした航空用ガスタービンの研究試作であった」

この開発には土光技術部長が率いるＩＳＴが全面的に参画していたし、試作も手掛けていた。ＩＳＴ（土光）は、排気タービン過給機の開発も手掛けており、日本のジェットエンジン技術の先端部分に加わっていたのである。

この急迫する時代において、大学の研究所ながら五〇〇〇馬力を狙う一九段の軸流式圧縮機を備えたネ201の研究開発が進んだのは、陸軍の強力な後押しがあったからだ。昭和一七年七月、この研究を粟野が日本機械学会で発表したところ、第二陸軍航空技術研究所（第二陸軍航研）が大いに興味を示し、陸軍と航研の共同プロジェクトとして研究を進めることになった。

海軍の種子島のようなジェットエンジンの先覚者が見当たらない陸軍の研究は立ち遅れていた。陸軍は海軍のように自力で開発し、試作する工廠を持っていなかったこともそれに拍車をかけていた。このため、東大航研との共同研究によって、様々な種類のジェットエンジンの開発を進めることを決めるとともに、メーカーにも試作を発注していたのだった。

この決定を受けて、「当時、石川島芝浦タービン社、（以下には㋟社と記す）の技師長（筆者注：技術部長の誤り）なりし土光敏夫氏が二航研（第二陸軍航研）企画の噴流推進エンジンに対し激しい受注活動をされ、二航研所長の提案で、㋟社側、川航（航空機）グループ側、夫々、エンジン試案二〜三ずつを用意し、同所長の前で提示し合って討論」して競い合った。以上のように川崎航空機のジェットエンジン開発のリーダーである林貞助技師は振り返っている。

陸軍がついにエンジン試作を命令

昭和一八（一九四三）年三月二日、第二陸軍航研が七種類の噴流推進エンジンを企画、試作を各タービンメーカーや航空機メーカーなどに命じた。

その構造形式は「(1)ガスタービンとプロペラの組合せ、(2)プロペラ出力と排気推力(ラムジェット)の組合せ、(3)排気推力のみという色々の形で航空用として極めて将来性がある」(前掲書)とし、開発に取り組むことになったのである。ちなみにネ201は上記(1)の形式であり、これとは方式がやや異なる魚雷艇用がGTPRである。

GTPRとはガスタービン・プロペラ・ロケットのそれぞれの頭文字をとった略称である。このネ201と似た形式を、陸軍から試作を命じられた林は解説する。それは「当時の航空ピストンエンジンの一基当りの出力の限界を考えての、3000〜4000馬力又はそれ以上の出力を目標とする大型ターボプロップ型式(いずれも大きな空気流量を前提とした軸流式圧縮機附)」(「旧陸軍試作の補助ジェットエンジンの全貌(その1)」)だった。

海軍側の種子島グループが開発を目指したTR10などは、ジェットエンジンだけを(主機として)機体の推進動力とする方式だった。これに対して、陸軍と東大航研が目指した①ネ201およびラムジェットの「ネ0」、②エンジンジェットの「ネ1」および「ネ2」、③軸流式ターボジェットの「ネ3」、④一段遠心式ターボジェットの「ネ4」——上記の形式は、いずれもジェットエンジン(ガスタービン)を補助エンジンとしていた。緊急時やスピードアップのときだけ稼働させるものだった。主機(主動力)はあくまで既存のピストンエンジンであり、それに減速機を介してプロペラを回す、従来のプロペラ機だった。

この方式を陸軍が採用した理由の一つには、ピストンエンジンとジェットエンジン(ガスタービン)の組み合わせでもって成功した伊カンピーニ社の初飛行の情報が、一般の航空雑誌『航空朝日』などによって、なぜかかなりオープンに報じられたことがあったからだ。

加えて「補助(ジェット)エンジンにどんな型式を採るか、種々検討したが、各種型式の特性がいずれも未知であるとの前提に立」(前掲書)っていたからだった。悪く言えば、数撃ちゃ当たる方式の考え方でもあった。

土光が語っているGTPRは、基本的には現在の自衛隊の対潜哨戒機P3CやPS1などに搭載されているターボプロップの形式だが、各構成要素の並び方が異なっていた。前方から圧縮機、燃焼器、タービンと続くところまでは同じだが、減速機とプロペラ(スクリュー)をそれらの後方に配置。その点が現在のターボプロップ方式とは逆になっていた。

陸軍が計画した前述の一連のジェットエンジン(ガスタービン)のうち、ISTは発電用タービンで培った技術が買われて、以下のエンジンの開発および製作を引き受けることになった。①ネ1、②ネ3、③ネ4、④一〇〇〇馬力級のエンジンジェットと軸流圧縮機式を組み合わせたネ101——この四つのエンジンにおける主に圧縮機およびガスタービンである。

この頃の土光はISTの最高幹部の技術部長で、一連のジェットエンジン開発に直接かかわる技術者ではなかったが、ISTの責任者として、陸軍や東大航研などとの重要な会議には出席していた。

ただし、戦時下だけに、ISTにはこうした試作だけでなく、多くの軍需品の大増産命令が出されており、それらの対応にも追われていた。このため、従来の鶴見工場だけでは生産がとてもこなせず、信州の辰野、松本、木曽などの工場建設や生産体制の立ち上げが集中していた。それゆえ土光は東西に奔走する多忙な日々だった。

日本経済新聞に連載した『私の履歴書』は後にまとめられるが、それでも九〇ページほどである。その中で、第二次大戦中の三年九月間についての記述はわずか一ページほどでしかない。

加えて、「こうしたタービンに明け暮れているうち、日本はついに太平洋戦争に突入、石川島芝浦タービンは、(昭和19年4月)軍需工場に指定された。そこでまず昭和18年、東芝(芝浦製作所は昭和14年に東京電気と合併、東京芝浦電気と改称）の首脳陣を説得して、長野県松本市に大工場を建設した。敷地30万坪、建物だけでも5万坪という広大なものであった。ここは、航空機用排ガスタービン、過給機などを製造する工場とした」と語っている程度である。

体系的に研究開発に取り組んだドイツ

戦時中に、土光がかかわったジェットエンジン開発について明らかにしようとするには、周辺にいた関係者たちの断片的な証言に頼るしかない。ネ２０１やＧＴＰＲの開発では、発電用タービンの軸流圧縮機を得意とするＩＳＴを代表する技術者の井口泉らも加わり、同社で試作が進められていった。

昭和一八年一二月、製作された五〇〇〇馬力級のネ２０１の試験を行うが、軸流圧縮機の翼（ブレード）がトラブルを起こし再製作。その後戦局も押し迫ってきた昭和一九年一〇月、ついに蒸気を使っての毎分八五〇回転の運転に成功する。分解点検したが、異常は認められなかった。しかし、皆が昂揚《こうよう》する中、再び組み立てて実施した一五〇〇回転では、運転中に軸流圧縮機がバースト。結局、完成に至らぬうちに敗戦を迎えるのである。

では、日本より開発がかなり先行していたドイツにおけるジェットエンジン開発はどうだったのか。昭和一四（一九三九）年春、ハインケル社のハンス・フォン・オハインが試行錯誤を経て試作したエンジンは、軸流と遠心式とを組み合わせた圧縮機の「ＨｅＳ３」だった。これを搭載したハインケルＨｅ１７８が、この年の八月に初飛行に成功。世界初の実用化されたジェットエンジンの誕生となった。

これにつづいて、英国では昭和一六年五月、フランク・ホイットルが率いる英パワージェット社の遠心式「Ｗ１」ジェットエンジンが完成した。これを搭載した英グロスター社のグロスター・ホイットルＥ28／39が二〇分間の初飛行に成功していた。両国ともこの後、ジェットエンジンおよびジェット機の開発、量産が加速していくのである。

ドイツ、イギリス両国が先駆けたジェットエンジン開発だが、とくにドイツの研究開発の取り組みには目覚ましいものがあった。それは様々な形式のジェットエンジンの研究に体系的に取り組んでいたからである。戦中に実用化された遠心式および軸流式のターボジェットだけではない。ロケットエンジンとの中間のようなラムジェットやパルスジェットがV1号やV2号に搭載されて登場する。このうちのV2号は今日のミサイルである。戦後実用化されて花開くターボプロップやターボシャフト、ターボファンなど一連の形式も、すでに戦中に研究、試作されていたのである。ドイツ人が得意とする体系的な思考の成果だった。

これにならって、日本陸軍が様々な形式の案を、海外情報などを基にして考え出し、その大型や小型のジェットエンジンの試作を民間メーカーに一斉に命じたわけである。陸軍ほど多くはないが、先行していた海軍も同様に様々なタイプの開発を推し進めるのである。その数は十数種類にも及んでいた。

ただでさえメーカー内では、戦中の大増産命令で量産および試作中のレシプロエンジンのトラブルも多発しており、技術者の手が足りない。これによって各メーカーは大混乱するのである。この反省から大戦末期になると、ジェットエンジン開発は陸海軍の協同プロジェクトとして、若干ではあるが整理した形で進められることになるのである。

技術者不足で各メーカーは開発に四苦八苦

軍からの受注を得たメーカーの中で有力な一社がISTだった。川崎航空機、中島飛行機、日立製作所、三菱重工業、荏原製作所などにも試作が振り分けられていた。

先のターボプロップ方式のGTPRは、海軍の高速魚雷艇用として採用されることが決まった。それは三〇〇〇馬力の「一号ガスタービン」と仮称され、開発が命じられた。「土光さんとはGTPRの打ち合わせの会議のときにいろいろとやりとりした」と語る永野治元技術中佐は、そのときの状況を次のように振り返っている。

種子島が吹聴したのであろうが、彼と親しい軍令部の浅野卯一郎中佐が海軍技術会議に出席して熱弁をふるった。当時の詳細な記録は残っていないが、このGTPRの試作を命じられたISTの技術部門の責任者である土光も、重要な会議だけに出席していたと思われる。

「四十一年あまり前、海軍技術会議でガスタービンの試作についての論議がありました。私も航空本部部員（兼任）としてこれに列席したのですが、その席での熱い論戦は今でもまざまざと思い出されます。『一号ガスタービン』発足の瞬間だったのです。

妙なことに、技術担当の人々からは、もろもろの異論が出たのに、軍令部の浅野中佐が『進め！　進め！』と熱弁をふるわれたのです。思えば一号ガスタービンは生まれる前から文字通り夢のエンジンでした。そして長い長い見果てぬ夢が続いたのでした」「一号ガスタービンの思い出」

出席した良識的な技術者のほとんどは、艦船に搭載するこの派生型的な魚雷艇用の一号ガスタービンには批判的だった。その理由として、様々な種類のジェットエンジン（ガスタービン）の試作命令が各メーカーに下されていて、それだけで開発に手一杯だったからだ。陸軍が目指す航空用としての開発も手探り状態である。これらに加えて艦船用も開発するとなると、技術者の手が足りない中、さらに開発が困難で未知な領域に突っ込むことになる。

それでも強い権限を持つ軍令部の浅野中佐はお構いなしに命じた。「艦政本部のやるべきことはただ一つ」と言明して、強引に試作を決定して引っぱっていこうとした。会議に列席したメンバーも、長時間のやり取りにいささか飽きてきて、最後はパチパチと拍手をして賛同したのだった。

ISTがネ201やGTPRとは別に開発を命じられたのが、B29などを迎え撃つ高速性を有する迎撃戦闘機（特攻機）「火龍」用のターボジェットエンジン「ネ130」である。七段の軸流式圧縮機で回転数は毎分九〇〇〇回転、推力九〇〇キログラム。今から見てもかなりバランスのとれたエンジン構造となっていた。それには理由がある。昭和一九年七月、独駐在監督官の巌谷英一中佐がドイツのターボジェットエンジンBMW003Aやユモ004などに関するわずかな情報を潜水艦で持ち帰ったのだ。

海軍は種子島グループが開発していたTR10やその改良型の「ネ10改」（TR10をネ10に改称）、さらに改良した「ネ12」の開発を進めていたが、トラブルが解消しなかったため、これらエンジンの実現をあきらめた。ドイツからのわずかばかりの情報を頼りに、代わってBMW003Aの構造を全面的に取り入れた形の「ネ20」を、先の永野中佐が実質的な責任者となって名目上、陸海軍の共同開発で進めるのである。このネ20はISTの親会社である石川島造船が試作および量産を引き受けることになる。

同様に陸軍もそれまで幾種類も進めていたジェットエンジンの試作の多くを諦めて整理した。その後、陸海軍共同で、同じくBMW003Aの構造を取り入れた「ネ130」の開発に邁進《まいしん》するのである。ほかにはさらに大型の「ネ230」、「ネ330」の試作をメーカーに発注するのである。

陸軍、東大航研、ISTが開発したネ130

このとき、第二陸軍航研と東大航研およびISTの井口泉技師らを中心にしてネ130の開発が進められることになった。ネ130の開発については、これを手掛けた第二陸軍航研の岡崎卓郎大尉や中村良夫中尉に話を聞いたことがある。岡崎は東京帝大航空学科原動機専修を昭和一五年三月に卒業、中村は同専修を昭和一七年九月に繰り上げ卒業している。

日本の敗色が明らかとなりつつあった昭和一九年一二月、岡崎や中村ら若手技術者は上官から突然「『松本に出張しろ』と言われて出発し、信州の浅間温泉に着くまで、何のための会議なのかさえ知らされないままに到着。第二陸軍航研の高官や石川島芝浦タービン、東大航研など関係者とのネ130の秘密計画会議がもたれた」

この温泉はISTの工場がある松本から比較的近かった。そこで一三日から一五日の三日間にわたり、やり取りが行われ、第二陸軍航研の高官は、新人同然の中村らに対して「君たち若手でネ130を開発しなさい」と命じたのである。

それはドイツ、イギリスしか自力で開発していない、しかも日本にとっては未知な革新的技術のジェットエンジンである。「レシプロエンジンについての実務経験も数年でしかなく、ましてやタービンなどまったく無経験」の中村らにとっては「ただただ唖然《あぜん》とするだけで、まことに恐るべき命令であった」と回想する。

彼らに与えられた参考資料はと言えば、一つが独駐在監督官の巖谷英一がドイツから持ち帰ったマイクロフィルムに収められたBMW003Aとユモ004の二枚の断面図写真。もう一つは巖谷がドイツのジェットエンジン工場を見学したりして書いたノート一冊だった。ただし、前者については「キャビネサイズに引き延ばすと、はなはだ漠としていて細部までは判読できず、（詳細は）想像するしかなかった」と中村は語った。

試作エンジンを製作するISTの総指揮を執ったのが、この年の春、最高責任者（社長）に就任していた土光だった。部下は小倉義彦、安井澄夫、円城寺一、井口泉らだった。開発が急がれるだけに、設計そして試作はISTの鶴見工場の寮に泊まり込んでの追われるような日々だった。一日の作業が終わると、夜、寮に戻ってディスカッションするのが恒例だった。ときには土光も加わっていたが、とくに口を挟むことはなかった。その際に、土光から口癖のように掛けられた言葉があったという。「若いからといって、あまり無理しなさんなよ」

朝、鶴見工場に出勤するとき、中村は土光のオンボロ自家用車のフィアットに同乗させてもらうこともしばしばだった。そして、土光家への配給と思われるミカンや、松本からの土産の水飴をよく差し入れてもらったのだった。

中村は振り返る「土光さんの人柄から察するに、あの当時、ミカンは貴重だったが、たぶん土光家の一般配給だったのでしょう。それをごっそり、そのままわれわれにと鶴見寮に持って来てくださった」

彼らは種子島や土光が長年、バイブルとしてきたストドラ博士著の『スチーム・アンド・ガスタービン』にかじりつきながら手探りで計画を作案し、設計を進めていった。取り組みの当初は、技術的な性格が異なる陸軍航研、東大航研、ISTの三者の間で、設計・製作を巡ってのかなりのそごが表面化した。

ISTの井口は記している。「陸、海軍の方針には整合性がなく、又大学や研究所も開発の実際的な問題点が何処にあるか大した関心もなく、産、官、学がばらばらであった」（『日本航空学術史』）。これに対して、理論計算や基本計画などを受け持つ東京帝大航空学科卒の、やや頭でっかちな岡崎や中村らに言わせれば、「蒸気タービンの専門家で叩き上げのISTの安井さんは、優秀なんだが、経験が豊富なだけに、過去のやり方にとらわれがちで、未知なるジェットエンジンで新しい技術を採用しようとするとき、説得するのが大変だった」

敗戦後もネ130の研究開発を継続

これまでのネ201やTR10などの開発で蓄積された技術があったため、試行錯誤を経ながらも試作は予想を超えるスピードで進んだ。昭和二〇（一九四五）年三月には、早くも一号機が完成し、立川の第二陸軍航研での試運転にも成功した。火事場の馬鹿力と言うべきであろう。

ところが、開発が順調に進んでいた矢先の六月二六日、毎分八〇〇〇回転での運転中に圧縮機の一段動翼が破損、他の段の翼も一瞬にして吹っ飛んでしまった。直接的な原因は、ギアを留めていたクリップをセットするとき、ISTの作業員が図面とは違った折り曲げ方をしていたからだった。高回転になると、そのクリップに遠心力がはたらき、抜け飛んでしまったのである。

直ちに対策会議が開かれた。その席上、タービン設計者としても長く経験を積んできた土光は語気を荒立てて主張した。「こんな間違いやすい設計をしたのが悪い。最初からネジかボルトでがっちりと組み立てる方式に設計しておけば、こんな問題は起こらなかったはずだ」

設計を手掛けた第二陸軍航研の若い中村良夫中尉はすぐに反論した。「図面の指示通り作業していれば、問題は起こらなかったはずです」

このトラブルでの両者の言い分は、ともにもっともな面があって興味深いものがある。それは東京帝大航空学科卒で第二陸軍航研の若い航空技術者と、一般産業用の蒸気・火力発電用タービンを得意としてきたISTの設計者との設計思想の違いが如実に表れているからだ。前者は航空技術者ゆえに、常に軽量化設計が頭にある。できるだけ重量を軽くしたいという発想からクリップを採用していた。

一方、陸上用の発電用タービンなどを主に設計してきたISTの設計者は、少しくらい重量が増えることにそれほどこだわりがない。重くなってもがっちりと固定することを優先する設計を基本としていたのである。

その後、直ちに改修・再製作が行われて、再び運転を始めることになったが、航空基地や航空機工場がある立川地域はB29などによる空襲が激しくなってきたため、疎開することになった。ISTの松本工場に比較的近い明道工業学校の校庭に運転設備を設置して、七月から運転実験がつづけられた。やがて自力発火の運転に入り、陸軍の高官や、海軍のジェットエンジン研究の先駆者である種子島技術大佐らが顔をそろえての立会運転が行われた。

エンジンは毎分八〇〇〇回転まで上がったところで定常運転に入った。このとき、種子島はネ130の後部横に回り、手にした小石を排気口のすぐ後ろに放り投げた。すると猛スピードのジェット噴流は一瞬にして小石をはるか後方へと吹き飛ばした。この超高速の燃焼ガスの勢いの反動（推力）で機体は前方に飛ぶのである。

種子島は近くにいた中村の方を振り返って、にっこりと笑った。中村も笑みを浮かべたのだった。まだ全力運転には至っていなかったが、一応の成功と言えた。この後、回転数は九〇〇〇にまで上げられた。圧縮効率は設計値の八〇パーセントにまで達していたという。

しかし、ネ130を完成するための十分な時間は残されていなかった。運命の八月一五日を迎えたのである。信州の北アルプスを背後にした城下町の松本に照りつける真夏の日差しは、ことのほか強く感じられた。明道工業学校の校庭には陸軍の軍人たちやネ130などの技術者や工員ら全員が整列し、記念写真を撮った。その後、天皇の玉音放送が流れた。

中村らは、野外での雑音混じりの放送だっただけに言葉はほとんど聞き取ることができなかった。大坪特兵部長の身体が膝からガクッと崩れ、涙している姿が目に入った。中村の同僚の岡崎卓郎技術大尉はその姿を見て、「日本は負けたのか！」と察したと語った。

大坪は全将校らを集めて命令した。「大坪はただいまから国賊となって（航空基地の）立川・福生地区を占領する。諸官は身辺の整理をすませて、午後五時に本校庭に集結されたい」。軍中央の「無条件降伏」の命令に反して徹底抗戦しようというのである。

大坪の部隊とは別に、中村やIST関係者ほかで構成されたネ130班は、別に全員が集まり、今後の処置や対応について協議した。その結果、軍需省から届いていた「ネ130および図面などの一切は長野の横穴壕に入れて密封すべし」などといったすべての命令を無視して、独自の判断で開発を進めることにした。

翌日、中村らは軍上層部からの命令に反して、ネ130の運転を続けることにした。悪戦苦闘を経て、完成寸前にまでこぎつけていながら、自分たちの努力の結晶を見極めないまま放棄することはとてもできないと判断したからだ。中村は語った。「もともと試作エンジンなんだから、壊れることも覚悟で限界まで回して、いろいろなデータを取るのが目的だった」

ところが、運転中に早々と金属片か、それとも小石が圧縮機の入口から飛び込んだらしく、ブレード（翼）は一瞬にしてすべてが壊れてしまった。八カ月の格闘の末に作り上げ、ここまでこぎつけたすべてが一瞬にして崩壊した。それはまさしく日本の敗戦を象徴しているかのようだった。

初飛行に成功したネ20搭載の「橘花」

海軍側のジェットエンジン開発は、ネ130よりも一歩先へと進んでいた。種子島グループの永野治技術中佐が実質的なリーダーとなって、ネ130とほぼ似た構造のネ20を開発していた。敗戦間際の八月七日、双発の迎撃戦闘機（特攻機）「橘花」に搭載され、一二分間の初飛行に一度だけ成功していたのである。これが戦前の日本が飛ばした唯一のジェット機であった。

「米国戦略爆撃調査団報告書」によると、量産を進めていたネ20は敗戦までに、横須賀海軍工廠で一二台、海軍航空技術廠で九台が生産されたと記されている。このほかに、八月五日、ＩＳＴの親会社である石川島造船が横須賀海軍工廠に五台を納入していた。

このほか、昭和一八年頃、ＩＳＴはネ130とは別に、海軍からＧＴＰＲの開発を命じられていた。こちらのエンジンは、東大航研の若い技術者らとともにＩＳＴの鶴見工場で設計、製作が進められた。昭和一九年一〇月、蒸気を使っての毎分八五〇回転の運転には成功したが、一二月三〇日一五〇〇回転での運転中に軸流圧縮機がバーストしてしまった。すぐに改修、再製作され、翌年四月から運転が再開された。

しかし、これもまた敗戦によって、完成に至らぬまま作業は中止された。

GTPRはネ130やネ20と同様に、軍から破壊を命じられた。しかし、ISTの関係者らは「自分たちの手で壊すことはしのびない」として、ひそかにISTの敷地内の一角に穴を掘って埋めたのだった。

やがて進駐してきたGHQ（連合国軍総司令部）の命令によって、占領政策が次々と発せられ、「航空禁止令」が公布された。一切の兵器（軍用機）や試作のエンジンなどもすべてが破壊されてスクラップとされ、ごく一部は米国に輸送された。そして日本の航空界の活動は七年間の空白期を迎えることになる。

鉄道で生きながらえたジェットエンジン研究

ただし、航空解禁までのこの「空白の七年間」、奇しくもジェットエンジン（ガスタービン）研究の細い糸は、かろうじて保たれることになる。それは、運輸省鉄道技術研究所（鉄研）が、失職した数百人規模の陸海軍の航空技術者たちを受け入れたことに始まる。ときの中原寿一郎鉄研所長が、各部門の責任者たちを前にして言い渡していた。

「日本は今、航空の研究は禁じられているが、いつか必ず再開される日が来る。その日のために、この人たちは大切に育ててほしい」

翼を奪われて、陸に上がったカッパとなった彼らには、これといって研究課題もなかったが、ある日、雑誌情報で「アメリカがガスタービン機関車の試作に着手した」ことを知った。そこで「われわれもガスタービンの研究でもやろうか……」となったのである。

国鉄の方ではこのような予定はまったくなく、米軍の爆撃で破壊された全国各地の路線の復旧、復興がすべてという時代だった。それでも中原は英断を下した。当時の研究費としては大金の二〇〇万円をスンナリと出すことを決めたのである。

このとき、鉄研の研究者として奔走した元海軍空技廠の近藤俊雄元技術大佐は語ってくれた。「ある日、ガスタービンが石川島芝浦タービンにあるというのを耳にして、鶴見の工場に見に行きました。掘り返されて、大きな海亀が甲羅を下にしてひっくり返っているような姿だったが、部品は一通りそろっているようで、私には『地獄に仏』でした。この後、趣旨を説明して土光社長に面会を申し入れると、『それなら、会おう』となって、とんとん拍子に話は進んだのです」

その後、鉄研がガスタービンを買い取って、鶴見工場で修理がなされ、やがて運転にこぎつけられるまでになった。それを手掛けた彼らは戦中、海軍空技廠の技術者ではあったが、ジェットエンジン研究には縁がなく、種子島や永野らの奮闘を横目で見ていた程度だった。見事によみがえったＧＴＰＲは「一号ガスタービン」と呼ばれることになった。

土光は語っている。「敗戦で当分の間タービンの注文は無いし、工員の間では『工場をキャバレーにしたらどうか』という声もあったが、こうしてガスタービンの研究を始めることによって、工場本来の仕事が出来てよかった。われわれは鉄研に足を向けては寝られない」（『一号ガスタービンの思い出』）

ＧＴＰＲは日本で唯一のガスタービン（ジェットエンジン）であるだけに、その後、大きな役割を果たすことになる。ＩＳＴの本拠である鶴見工場や鉄研において、ＧＴＰＲを教材としつつ、戦後の新たなるジェットエンジン（ガスタービン）の研究が細々とながら進められるからである。

この後、鉄研では月一回のペースで「ガスタービン研究会」が開かれることになった。

全国に散らばっていた産、官（旧陸海軍）、学の航空エンジンおよびジェットエンジンの開発を手掛けた技術者、研究者たちは航空機の研究に飢えており、ひきつけられるようにして集まってくることになった。その中でもっともジェットエンジンについての知識を持ち、また開発経験のある先の永野治元技術中佐も出席した。ところが、日本の現状からして、「ジェットエンジン（ガスタービン）の研究開発は無理だ」と決めつけ、第一回の集まりには出席したが、その後顔を見せなくなった。

修復された一号ガスタービンは、昭和二五（一九五〇）年一月に完成して点火され、翌年七月には毎分五〇〇〇回転まで上げることに成功した。

一号ガスタービンの研究を中心的に担った元空技廠の燃焼の専門家である中田《なかた》金市《きんいち》は振り返っている。「石川島芝浦タービンでは土光社長が活躍しておられた時で開発に強い意向を持って居られたこと等いくつかの幸運が重なっていたといえよう」（前掲書）

また空気力学を担当し、後の科学技術庁・航空宇宙技術研究所（現・宇宙航空研究開発機構・JAXA）の所長を務めた山内正男もこう述べている。「当時の石川島芝浦タービンの土光敏夫社長の絶大な好意により、会社のタービン工場の一隅を借りて実験が進められた。その面積はつぎつぎに広がっていった。しかし航空用ガスタービン研究のかくれ蓑という意図は全くなかった」（前掲書）

山内の言葉の最後の部分は、立場上から表向きの弁である。鉄研や研究会の関係者らの本音は、そう単純ではなかった。欧米ではすでに「ジェット機時代の到来」と言われるようになってきていただけに、「『航空解禁』となれば、そのときに少しでも後れを取らないように……」との狙いがあったことは言うまでもない。

こうした一号ガスタービンを開発そして再運転を手掛けた土光は次のように振り返っている。「戦後、昭和二十五年、石川島重工業の社長に迎えられた私は、ジェットエンジンの開発を一つの柱にして、その研究を行った。もっとも、戦後しばらくは、『航空生産はまかりならぬ』ということであったので、研究会グループを作り……」（『私の履歴書』）

そして石川島グループに向けて、次のように呼び掛けていた。「これまで（親会社である）石川島（造船）は全社を挙げてジェットエンジン（ネ20）の開発に取り組んできた。芝浦タービンも同じようにジェットエンジンの研究をやってきたではないか。今ジェットエンジンを研究することもできないが、これまで培ってきた技術の芽に肥やしをやらなければ枯れてしまう。ジェットエンジンは全面禁止だが、同じ原理のガスタービンまでは禁止されてはいない。ここで全石川島がガスタービンの研究をやっていけば、将来、必ず開花する時がくる。ガスタービンの研究を始めようではないか」（『ジェットエンジン・シリーズ2』）

この呼びかけをきっかけに、昭和二三（一九四八）年、他社に先駆け、社内に「ガスタービン研究会」を発足させて、情報をできる限り集めることから活動が開始された。

やがては、単なる情報集めだけでは満足できなくなってきた。当時、東京都多摩地区の立川には、敗戦直後から米極東空軍が進駐して来て、米軍基地となっていた。盛んに米輸送機や戦闘機などが飛び交っていた。とくに昭和二五年六月に朝鮮戦争が勃発すると、ここが前線基地となって、修理や補給活動も一段と活発化した。ただし、このような状況でも当時は航空分野では欧米人との交流は許されないことになっており、海外の専門的な文献を取り寄せることもかなり難しかった。

土光の長男、陽一郎へのインタビュー

今から九年ほど前、土光の旧宅を神奈川・鶴見に訪ねた。質素な「めざしの夕食」シーンが話題になったＮＨＫ番組にも登場する築七〇年ほどの住まいだった。とはいえ、土光が亡くなってすでに一六年が過ぎていたため、実際は長男で旧知の陽一郎を訪ねたのである。私が訪ねた頃、陽一郎は橘《たちばな》学苑の理事長であった。それ以前は、ＩＨＩの常務を務めていたが、リタイアしたのを機に、請われて理事長に就任し

土光陽一郎

ていたのである。

もともとはジェットエンジン技術者である。先のＮＪＥの創設メンバーとして、戦後初の国産ジェット機である防衛庁のＴ１初等練習機に搭載された日本初の実用ジェットエンジンＪ３の設計に従事していた。その後は、ＩＨＩの航空エンジン事業部（現航空宇宙事業本部）で、主に生産（技術）畑を歩み、生産技術部長、工場長となる。さらにはＩＨＩの常務取締役、ＩＳＴの後身である石川島汎用機械社長を歴任していた。その点では、父親が念願の事業を立ち上げる経営的判断を下し、息子が具体的な路線を形づくって、主に生産部門において事業の発展とリーダーシップを担ったのである。

当時を振り返りながら、昭和二三年に石川島造船に入社していた陽一郎は語った。「外国の文献なんかで、ジェットエンジンに不可欠な耐熱材の勉強もしたけれども、それと合わせて、立川のスクラップ屋から、米極東空軍が廃棄処分にしたジェットエンジン部品を手に入れて分析したりした。スクラップ屋が売り込みに来るんだよ。単にスクラップにしたのではただの鉄屑でしかない。それをどこの会社に持ち込めばより高く売れるか、彼らはよく知っている。もちろんその頃、高度な軍事機密に属するジェットエンジンの部品だから、外形形状もわからないようにグジャグジャにされている。だけど、材質を知るうえではそんなことは関係ないからね。あの頃、米極東空軍とは、いろんなことがあったよ」とほのめかした。

航空禁止の時代ではあったが、そんな裏ルートも含めて、日本のガスタービン（ジェットエンジン）技術者たちは知恵を絞って、欧米の技術を少しでも多く吸収しようとして、米極東空軍との非公式の接触を図ったりしたのだった。

その後、米極東空軍側も日本側に協力的となり、GE社が開発した後、GMアリソン社が量産を行っていたJ33遠心式ターボジェットエンジンの貸し出しが石川島に許可された。しかも米極東空軍のクリスト技師がわざわざジェットエンジンの講義もしてくれて、分解、組み立て、さらには埼玉県狭山の米ジョンソン基地での運転もさせてもらえるようになるのである。

「J33を借り受けるにあたって、日米両国、技術者同士の温かい友情と支援があった。つまり、ジェットエンジン開発にかける情熱である」（前掲書）と土光は振り返っている。

経営危機に直面した企業でらつ腕をふるう

昭和二五年夏、ISTの親会社の石川島造船は造船事業で大赤字を出して無配に転落し、経営危機に直面した。立て直しを図るため、経営陣を一新することになって、土光に白羽の矢が立った。この頃のISTの従業員数は大幅に減っており、わずか七〇〇人程度でしかなかった。中小企業の社長から、いきなり五〇〇〇人の親会社の社長への抜擢は、異例中の異例だった。その理由は、敗戦後の混乱期、本社に先駆けていち早くISTを立て直した手腕が買われたのである。それにもまして、逆境の時代になればなるほど異彩《いさい》を放つ強烈な土光の資質が買われたのである。

かなり後になって土光は自らの人生を振り返っている。「ワシは、なにも好んで社長や会長なんか引き受けてきたんじゃない。行く先々で悪い風に吹かれてきた。だが、誰かがそれを引き受けなくちゃならん。ワシは、いったんその任務についたら、悪い風を追っ払うため、全力投球してきた。それがワシの主義なんだ」

ときが来ればジェットエンジン事業をスタートさせるとの思いで、準備を進めてきた土光は、戦中、ジェットエンジンの開発にかかわった経験を持つ技術者の獲得にも熱心に動いていた。なかでも、戦前に唯

一、初飛行に成功したジェット機「橘花」に搭載されたネ20を開発した実質的な責任者の永野の招請を進めた。

永野は、先の鉄研のガスタービン研究会には第一回目の会合にだけ出席した後、姿を見せなくなってい た。彼は職を転々としていて、七度目の転職先である小松製作所で、削岩機の開発を進めていて、炭坑に潜り込んでいた。そこへ、ネ20の開発時、永野の部下で活躍した牧浦隆太郎元技術大尉が、土光の命を受けて勧誘し、説得に成功したのだった。牧浦は土光の誘いによってすでに石川島入りしていた。

昭和二七(一九五二)年三月の「航空解禁」を経て、石川島重工業(石川島造船を改称)内におけるジェットエンジンに関する動きは活発化した。永野がジェットエンジン部門の技術部長に就任し、事業を牽《けん》引《いん》していくことになる。彼は経営者としての〝金勘定〟については今一つだったが、空技廠時代からの航空エンジンに対する情熱や見識、そして人格については誰もが認めるところだった。

何よりジェットエンジンの全面的なユーザーである防衛庁からの信頼は厚かった。その理由は、防衛庁(自衛隊)創設後、練習機や戦闘機、対潜哨戒機などを導入するための計画づくりや機種選定、さらには自主開発を進める技術部門の担当者ら幹部の多くは、戦前の陸海軍の元技術士官たちだったからだ。彼らは永野の海軍時代の同僚であったり上司だったりしたので、防衛庁とメーカーとの垣根を超えての率直なやり取りも可能だったし、気心も知れていた。こうした点も含めて、人を見抜き、適材適所で配置する土光の絶妙な人事だったのである。

エンジン開発に満悦、実験の爆音に喜ぶ

土光の招請を永野に伝えて説いた牧浦だが、彼もまた土光からジェットエンジン開発の命令を受けて奮闘した。そのときの興味深いエピソードを牧浦は披露《ひろう》する。それは土光のジェットエンジンに対する並々

ならぬ意気込みのほどを如実に表していた。

まず圧縮機の運転試験に必要となる翼列風洞設備の新設を土光社長から命じられた。窮乏の時代だけに、大した予算ももらえないだろうと思い、できるだけ工場内にある残材などを利用した。設置場所も工場の片隅にと考えて、とりあえず五〇万円の予算を請求した。その書類に目を通した土光は「その設備は佃島の本社に持ってこい」と命じた。

金額が張るモーターや送風機は海軍の払い下げ品を安く手に入れたが、天井クレーンなど一連の新設備はことのほか出費がかさんだ。そのうえ工事も遅れたため、さらに費用は膨らんだ。ある日、経理部長から「大部予算がオーバーしているので稟議書《りんぎしょ》を出せ」と指示された。元海軍の技術者で金銭感覚に疎いだけに、伝票を集計してみると、当初予定の五〇万円が三〇〇〇万円にも膨らんでいて、牧浦は仰天した。

大幅超過の理由を綿々と書きつづって稟議書を役員室にもって行くと、土光は外出中だったので、これ幸いと技術担当常務に押し付けて逃げ帰ろうとしたが、言い渡された。「こんなこと、俺から社長に説明できるか。社長が戻ったらお前を呼ぶから待っていろ」

しばらくして秘書課長から、社長から稟議書が下りてきたとの連絡があった。行ってみると、稟議書に赤鉛筆で「当初の計画をもっと綿密に立てるべし。T・D」と記されていた。土光は再び外出して留守だったので、秘書課長に尋ねた。「これで稟議書は通ったのですか」

秘書課長はにっこりしながら答えた。「社長がハンコではなく、自筆でT・Dとサインされるのは、ご機嫌でOKされたということなんですよ」

この後の昭和二九（一九五四）年二月、かねてから油圧機器メーカーの萱場《かやば》工業と共同で開発を進めていたヘリコプレーン用のラムジェットエンジン1型が完成した。萱場は戦前、陸軍からの試作命令を受けてラムジェットエンジンの開発に取り組んでいた実績があった。回転翼（プロペラ）の先端に石川島が開発した小型のラムジェットエンジンを取り付けて回転させる方式である。世界にもほとんど類例をみない野心的な挑戦だった。このエンジンを先の翼列風洞で運転することになった。準備が整い、着火された。すると、大爆音といったほうがピッタリするほどの凄まじい騒音とともに、工場の建物全体が振動を起こすありさまだった。

隣の構内道路を隔てて本社の建物があるだけに、その屋内の経理部や勤労部では、窓を閉め切っても電話もかけられないし、人の声もよく聞き取れない始末だった。社長命令の開発・運転とはいえ、たまりかねた両部長が土光に「あの爆音はなんとかしてくれませんか」と訴えた。すると、土光は涼しい顔をして答えた。

「工場ででかい音がするのは当たり前だ。そんなものはお前たちで工夫せい」

土光はむしろ、エンジンが稼働していることに、いたって満足げな様子だった。土光はよく二階の役員室の窓から、実験の様子を楽しげに眺めていた。「いがぐり頭の魁偉《かいい》な姿が窓越しに浮き上がって見える。『おい、オヤジさんがまた見ているぞ』というわけで、一同ますます張り切ったものだった」と牧浦は振り返っている。

赤字を顧みずジェットエンジンの生産を継続

すでに紹介したが、相前後して、石川島は旧中島飛行機で後の富士重工業、富士精密、新三菱重工業、川崎航空機などとともに、NJEを共同で創設して、ジェットエンジンJ3の開発に乗り出した。トラブルつづきで悪戦苦闘の末、なんとか完成させ、日本初の富士重工製のジェット練習機T1Bに搭載された。

その後、石川島以外の四社は、「日本でのジェットエンジン開発・生産は手に余るし、時期尚早。当分の間、赤字が続く」としてNJEから手を引き、同社は解散になる。ところが、土光は赤字が当分つづくことも覚悟して、事業を引き継いだのである。

このＪ３の量産と並行して、自衛隊の主力戦闘機Ｆ86用のＧＥ製ターボジェットエンジンＪ47のライセンス契約も獲得して生産も始めた。その後、防衛計画の進展とともに生産するジェットエンジンの種類も増えていくが、赤字は予想された通り一〇年近くもつづくのである。

今から振り返ると、現在、日本のジェットエンジン生産の約七割近くをＩＨＩ（石川島播磨を改称）が占めているのは、このときの土光の決断が決定的な意味を持っていた。その根底には、戦前から土光が一貫して持ち続けてきたジェットエンジンに対する情熱があったからだと言えよう。

ジェットエンジンを含む航空機事業はハイテクの塊で、他の業種と違って開発のリスクは大きく、開発費も桁違いに巨額になるし、その投資資金を回収するには二〇年も先になる。もし経営の読みが外れたり、開発に失敗したりすると経営破綻が待ち受けている。事実、世界の三大航空機エンジンメーカーとして君臨している英ロールス・ロイスですら大型ジェットエンジンの開発に失敗して、倒産し、一時は国有化された。航空機ビジネスは「スポーティーゲーム」と呼ばれる、いわゆるギャンブル的世界なのである。

とかく会社の存続を第一に考え、また短いスパンでもって事業の先行きを見て経営判断を下しがちな日本の企業には向いていない業種である。この点からすると、先に真藤が指摘した通り、「一旦決めたら、途中で方針を変更することはない」とする泰然とした姿勢であったがゆえ、土光は日本のジェットエンジンのトップ企業をつくり得たと言えるであろう。

第九章　終戦間際、日本初のジェットエンジン「ネ20」の開発に成功

永野　治（元海軍技術中佐、元石川島播磨重工業副社長）

●ながの・おさむ／明治四四（一九一一）年〜平成一〇（一九九八）年。広島県出身。東京帝国大学機械工学科卒業。昭和九（一九三四）年海軍航空技術廠入廠。軍用機のエンジン対策を手掛けた後、ジェットエンジン「ネ20」の開発に携わる。土光敏夫からの要請で、昭和二七（一九五二）年石川島重工業に入社。その後、日本ジェットエンジンの研究部長を兼任。石川島播磨重工業取締役、副社長などを歴任。

海軍入省時の面接官は山本五十六少将

昭和七（一九三二）年三月一日、日本の傀儡《かいらい》国家である「満州国」が建国を宣言した。その一年後に開かれた国際連盟はこれを承認せず、「対日勧告」を採択し、不服とする日本はただちに国際連盟を脱退した。欧州では、この二カ月前にヒットラーが独首相に就任してナチス政権が誕生し、日独両国はともに国際社会からの孤立の道を大きく踏み出していた。

日本を取り巻く国際的な軍事情勢が一気にきな臭さを増しつつあった昭和九（一九三四）年三月、東京帝国大学機械工学科を卒業した永野治は、海軍に入省するに際して面接試験を受けていた。面接官は航空本部長（少将）ただ一人で、堅苦しさはまったくなかった。本部長の執務机を挟んで向かい合わせに座り、ざっくばらんな会話に終始した。

永野は机の上に置いた本部長の手の指が二本切断されていることに気づき、ためらうことなく訊ねた。

「その指はどうされたのですか」

「日露戦争で失くしたのだよ」。こう答えた面接官こそ、当時から航空戦力の強化を強く主張していた「航空本部の三羽烏」の一人、山本五十六《やまもといそろく》少将だった。軍の組織では、階級の違いからくる上下関係は厳しく、言葉遣いにも神経を使うものである。階級差が大きいときの受け答えは格式張ったものになり勝ちである。ましてや、相手が少将ともなればなおさらである。

ところが、永野は新入りの実習中尉という末端の階級でありながら、その身分に臆《おく》することがなかった。上官の身体的なハンディについて気づいたまま、ストレートに問うたのである。そんな率直でお偉方にも臆することのない姿勢こそ、彼のその後の生き方を象徴していた。

このときから半世紀ほどのときが流れた頃、永野は「日本のジェットエンジンの生みの親」あるいは「日本のジェットエンジン工業の育ての親」と呼ばれるようになっていた。

戦前、戦後、技術者としての永野の生涯は公私ともに波瀾万丈《はらんばんじょう》だった。戦前には陸海軍が焦燥感を深め、怒号が飛び交う状況下で、実質的な責任者として日本初のジェットエンジン「ネ20」を幾多の障害をわずかの期間で乗り越えて開発した。

永野　治

終戦間際、ネ20を搭載した中島飛行機製の双発の局地戦闘機（特攻機）「橘花《きっか》」が一二分間の初飛行に成功。それは、ドイツ、英国に次いで世界で三番目の自力によるジェット機の飛行で、日本の航空史上記念すべき偉業であった。それは不眠不休で「残酷なまでに奮闘努力」し、「これ以上の努力を求めるのは酷である」と吐露《とろ》したほどの努力の成果だった。

一方、戦後には一九八〇年代半ば、日本が初参加した五カ国による国際共同開発事業で、Ａ３２０などの民間機に搭載されるV2500ジェットエンジン誕生のきっかけをつくった。永野はこのプロジェクトで、要所要所で迫られる大きな決断においても、きわめて的確な判断を下していた。

現在、V2500の累計生産数は五五八三台を記録している。今も着実に売れており、日本のジェットエンジン工業を大きく支え、今日の発展をもたらした。世界から大きく遅れていた日本のジェットエンジン工業を国際舞台に押し上げて、認知されることにもつながったのである。

永野に数度のロングインタビューをしたのは、今から四半世紀ほど前のことである。その頃、私は石川島播磨重工業（現IHI）航空宇宙事業本部設計部門の現役社員。永野は当時顧問に退いていたが、副社長などの役員時代に、自身が出身のこの事業部門に何度か顔を見せたこともあって、そのときには遠くから、また永野が主宰する勉強会のときには近くでその姿に接することができた。

とはいえ、私は顔を覚えられる存在ではまったくなかった。それにもかかわらず、会社を四二歳で退職する一年半ほど前、思いきってインタビューの主旨をしたためた手紙を送った。「日本のジェットエンジン開発史についてぜひとも話を聞かせて頂きたい……」

秘書を通じてOKの返事を得たことで休暇を取り、本社にある顧問室に永野を訪ねたのである。今から思うと、自分が所属する会社の元副社長に、仕事とは直接的には関係がないことをインタビューするというのはかなりやりにくいもので、複雑な心境だった。

しかも永野は博識で知られていた。実家が浄土真宗のお寺で、「門前の小僧、習わぬ経を読むじゃないが、実際に読んでいたんだよ」と語った通り、子供時代から経を読み、仏教に限らずキリスト教も含めた宗教、哲学、文学、歴史、詩や短歌などの古典についても広く通じていた。何気ない会話や講演などにおいても、こうした古典の中の名句が次々と口をついて出てくるのである。私にとってはこのようなインタビューは初めての経験だっただけに、なおさら緊張したが、かつての山本少将と同様に気さくに接してくれた。

最初にインタビューした際、私は以前から思っていることをぶつけてみた。「回想録を書かれるお気持ちはありませんか」。それは、永野を知る多くの人たちが期待していることでもあったからだ。だが、答えはあっさりしていた。「ぼくは書くつもりはないね。思い出したくないこともいっぱいあるし、書けば人様（上官も含めて）に迷惑のかかることだってあるからね」

その後、敬愛する山本五十六の歌を二度繰り返して口にした。

「国を出でていむかふきはみちよろずの軍《いくさ》なりとも言挙《ことあ》げはせず」。本意と反しながらも、連合艦隊司令長官として艦隊を率いて南太平洋へと出発する前、山本が万葉歌をもじって詠んだものである。

永野はニコニコしながら、「この心境だよ」と口にした後、語調を強めてこう語った。「過去がどうであったとか、誰がどうしたとかいうことより、これからをどうするかの方がずっと関心があるからね」。七〇余年の人生、人に比べれば二倍も三倍も事を成してきた永野だが、この年齢となっていても情熱は衰えることなく、未来を見つめていたのである。

子供の頃から技術のもつ合理性にひかれる

瀬戸内海に浮かぶ小さな下蒲刈島《しもかまがりじま》に生まれた永野は末っ子で、幼い頃、裁判官である父を亡くしていた。子供が一〇人もいたため、裕福ではなかった。治の名前は、「これで子供は治めにしよう」との思いで付けられた。幼い永野は父親の実家であるお寺に預けられ、日課は、朝早く起きて、石臼をひいて米を粉にして団子をつくることだった。何体もある仏像に、つくった団子を供えてまわる毎日の繰り返しは、昔からの伝統をただ習慣として引き継いでいるだけであって、寺のマンネリズムそのものを象徴していた。

「なぜこんなことをしなければならないのか」

若くて多感な年代の永野には、まさに非合理そのものとしか思えず、疑問と反発を絶えず感じていた。このような思いが次第に、「科学的精神が、技術のもつ合理性が、これからの時代を切り拓いていくのだ」との信念を形づくることになった。

「特に飛行機と言わず、元来私はモノを作ることが好きでした。役に立つものを作る、そして動かすのが最大の満足だった」という理由から、高校に入る頃には「工学系に進みたい」と心に決めていた。そして、昭和六（一九三一）年四月、東京帝大機械工学科に入学するのである。

永野の兄で、新日本製鉄の会長を務めた永野重雄は『私の履歴書』に記している。「私以下六人の兄弟は全部大学教育を受けた。寡婦の身でよくそんなことができたものだと不思議に思って後年その疑問を母にたずねたことがある」。その答えは、長男の護が「日本資本主義の父」とも呼ばれて五〇〇以上もの会社を設立したことで知られる渋沢栄一の家に住み込みで書生（秘書）をするなど、身を粉にして働き、そこで得た給料などを家族に仕送りしてくれたからだった。

戦後、日本が落ち着きを取り戻して、高度成長路線を走り始めた頃、日本の宗教界、政財界の上層において活躍していた兄弟が勢ぞろいし、「華麗なる永野一族」として世間の羨望《せんぼう》を集めるようになる。先の長男・護は運輸大臣なども歴任している。「賢兄ぞろいで窮屈でしょう」との問いには、永野は「みんな雑草みたいだから」と答えた。このように、永野の子供時代は、家が裕福でなかったこともあって、海軍の依託学生になっていた。当時の陸海軍では、優秀な学卒の技術士官を確保するため、大学二年のときに委託学生の試験を行って合格すれば在学中から給料を支給する制度があった。

初陣の「零戦」エンジンを指導

海軍に入省し配属された当時の空技廠発動機部には、学卒の技術部員（士官）は一人もいなかったという。そのため、「三菱や中島飛行機などは海軍の統制下にあったので、それらのメーカーで開発・生産していたほとんどの（航空用）レシプロエンジンは僕が担当した。審査や技術的な指導・アドバイス、それにトラブル対策に従事していた」と永野は語る。

中島飛行機を代表する傑作エンジンで知られ、零戦に搭載された「栄《さかえ》」や、三菱が誇る「金星《きんせい》」なども担当。永野は戦前の航空用レシプロエンジンの権威者であった。同時に周囲からは「空技廠の名物男」と呼ばれていた。物事の理に沿ってはっきりとものを言い、それに反する場合には、正面から反論するのは当然としていたからだ。単刀直入に言えば、「若いのに理屈を通すうるさ型だ」と見られていたのである。

昭和一五（一九四〇）年七月、永野は零戦の初陣の際、お守役として空技廠の同僚二人とともに海軍の航空部隊が進出していた中国大陸の漢口基地に赴いた。蔣介石の中華民国政府が首都としていた重慶を爆撃するため、大陸の奥深く侵入する九六式陸上攻撃機の護衛として、航続距離の長い零戦の出動が要請されたのだ。

零戦はまだ試作段階でトラブルが解消していなかった。このため、現地で「栄」エンジンの対応にあたったのである。このときの部隊司令が剛毅な大西瀧治郎少将だった。後の昭和一九（一九四四）年秋、窮迫してきた戦局を前に、神風特攻作戦の命令を下した人物であり、敗戦時には割腹《かっぷく》自殺《じさつ》した中将である。

永野らの指導や試験飛行によって、パイロットたちも次第に操作に慣れてきて、トラブルも起こらなくなってきたため、彼らは帰国した。この後、零戦は一三機が出動して、待ち受ける中国軍の敵機I15やI16計三〇機を相手にし、格闘戦を演じ、三〇分ほどで「敵戦闘機、全機撃墜《げきつい》」し、全機無事に帰還したのだった。

この初陣による大戦果によって零戦はその高性能ぶりを初めて証明してみせたのである。海軍は狂喜し、一躍、零戦はその名を高め、その後、日米開戦までその存在を秘匿《ひとく》することになる。日本の航空史に残る戦闘に永野はエンジン担当者として深くかかわっていたのだった。

多大な戦果を上げた零戦を海軍は絶賛していたが、搭載された「栄」エンジンをよく知る永野の受け止め方は違っていた。確かに海軍が好む小型軽量でかなり高い馬力に設計されてはいたが、その分、余裕がなく、制式採用後ただちに進めるべき馬力アップの伸び代が三パーセントと極端に少なかった。

そのことからくる零戦の性能向上にむけた今後の発展性および改造が制限されることを危惧した永野は、先を見越しつつ、早くも昭和一七年の時点で、非公式ながら堀越に対して提案した。それは、「栄」より馬力も伸び代も大きい三菱が開発したばかりの「金星」への換装だった。だがこの時期、堀越ら設計チームは相次ぐ改造や新機種の開発に追われていて応ずることができず、断っていた。堀越は奥宮正武との共著『零戦』の中で悔しさをにじませている。

「昭和十七年、私（堀越）が永野治航（空）本部員の私的打診に応ずることができず、（そのことを）十九年七月自発的に（「金星」62型を）海軍に提案して否定されたことが、（昭和十九年十一月になってやっと）日の目を見ることになった」

永野の提案は卓見であったが、その後、米軍の新鋭機が次々と登場してきて、零戦の劣勢が著しくなってくるまで、その提案は採用されなかったのである。

種子島のエンジン研究を手伝う

この漢口出張の二年前の秋のことだった。「海軍エンジン界の風雲児種子島時休技術大佐がフランスとスイスとのガスタービン臭を発散させつつ航空技術廠に乗り込んで来られると事態は変わってきた」（『航空技術の全貌』上巻）と永野は記している。

フランス留学から帰国して発動機部の長（工場主任）となり、永野の上司となったのである。土光の章でも述べた通り、種子島大佐は好奇心が人一倍旺盛で、好きなことに熱中する子供みたいな面もある研究者タイプであった。種子島夫人は語った。「大好きなカメラなどを分解してはまた組み立てる。また一日中、自室に籠《こ》もって鉄道模型の組立・分解やレール上を走らせて夢中になるといったところがありました」

この頃の種子島は、自分の実験室にこもって、まったく海のものとも山のものとも言えない大学生の実験製作のようなシロモノをつくって夢を追っていた。海軍では初めて手掛ける〝ジェットエンジンらしき〟研究を細々とながら進めていたのだった。本職の方では〝サービスエンジニアの長〟としてレシプロエンジンのトラブル対策に追われる泥臭い仕事の毎日だったが、忙しい合間を縫って、フランスから持ち帰ったフリーピストンや仏製の排気タービンを参考にしてつくった装置を「タービンロケット」（TR）と称し、運転実験を繰り返していたのだ。

新たな原理の発動機の実現を想像しながら、この作業を手伝うことは永野にとっても「夢の世界に浸ることができたのは望外の幸せであり、それは限りなく楽しい思い出の時代であった」

永野によれば種子島は「夢見型の人」だったという。町の発明家のように研究に熱中して稚拙なやり方でモノをつくっていく姿は、技術士官や試作工場のベテラン職人から見れば「モノづくりを知らない工場主任の独り相撲」であり、浮いた存在だった。彼らは陰で「プロペラのない飛行機なんて」とか、「種さんほど幸せな男はいないんじゃないか、この忙しいさなかに、自分の好きなことをやって……」とやゆしていた。

さらには、エンジンが運転中にたびたび破損してファンが吹っ飛んだりすると、「危険きわまりないから、実験は止めろ」と怒鳴り込まれたりもした。このような実情だったため、実験を手伝っていた若い技術士官らは次第に身を引いていった。

ところが、当の本人はそれほど気にすることもなく「新しい研究や実験ではこんなトラブルは当たり前だ」「そのうち鼻をあかしてやる」と決してひるむような様子はなかった。自分の言うことを聞く現場の作業員だけで実験を進めていったのである。

昭和一〇年代半ば近くともなると、日本は連合国との軍事的な緊張が高まってきた。海外からの軍事・技術情報が届かなくなり、手探り状態でジェットエンジンの研究を進めていくしかなかった。

この頃の実情について永野は独特の表現でこう記している。「鎖国状態に近かった戦時の日本では、外国技術界の消息は鉄のカーテンを通してのぞくよりもむずかしく、ジェットエンジンの初期研究は、全く新世界の探検開拓に等しかった」（『世界の航空機』第五集）

急速に高まったジェットエンジンへの関心

日米開戦前後の頃ともなると、海外の一般的な航空雑誌や海軍の駐在員らから「欧州で航空用のジェットエンジン（ガスタービン）の試作に成功した」というニュースがちらほら飛び込んで来るようになった。新しい原理の航空用原動機だけに、陸海軍の航空技術者たちの強い興味をひくことになったのである。

ジェットエンジン情報に対する関心の急な高まりには理由があった。時代の趨勢として、航空機の高速化または大型化は必至の見通しである。ただし、それに必要な「レシプロエンジンの大馬力化」は「プロペラ先端の周速がマッハ領域に近づいたことで起こる（プロペラの）振動現象」などから限界に近づきつつあることを日々の開発を通して予感していたからだ。

昭和一六（一九四一）年春、ドイツ駐在から帰国して空技廠に帰任した熊沢俊一中佐は、同僚たちに語った。「折に触れてドイツのガスタービン研究状況を話題にし、我々（永野ら）の興味を唆った。それはＤＶＬ（独航空研究所）やハインケル（社）で盛んに排気タービン過給機の研究を行っているが、ドイツでは排気タービン過給器そのものに対してはあまり熱意は無く、もっと素晴らしい計画を考えている」(『航空技術の全貌《ぜんぼう》』)。

それはジェットエンジンのことで、新時代の到来を感じさせた。この後、種子島は、航空本部の情報担当者から「英国でジェット機の初飛行に成功した」とのニュースを聞く。

その年一二月八日、日米開戦となった。日本の連合艦隊の航空部隊が真珠湾を攻撃して大戦果を挙げたとの報を聞くや、種子島は焦《あせ》った。「ある日突然、高性能の新兵器が連合国から出現してきたら……」と焦りを募らせた。「ジェット機にはジェット機で対抗するしかない。もはや〝それらしき〟タービンロケットの実験装置に甘んじて時間を費やしている場合ではない。一刻も早く実用化に向けた本物の推進装置を作らなければ……」

すぐさま上司の松笠潔少将にジェット推進法について熱っぽく説いた。「ジェットエンジン研究に専念させてほしい」と申し入れ、これが受け入れられた。昭和一七（一九四二）年一月、発動機部内にジェット推進機開発に関する専門の研究グループ二科が新設され、種子島が主任を命じられたのである。種子島のグループには、若い技術士官に加えて約二〇〇人の工員が与えられ、本格的な試作そして運転試験が行われることになった。

昭和一七年夏、種子島が執念をもって進めてきたジェットエンジンの開発が一つの形となって結実した。「タービンジェットとしての啓蒙実験《けいもうじっけん》として我が国のエンジン界に新紀元を画した」(『航空技術の全貌』)。それは「TR10」と名付けられた排気タービン過給機とガスタービンを折衷《せっちゅう》したようなものだった。形式は一段の遠心式圧縮機（ファン）で毎分一万六〇〇〇回転、推力はわずかに三二〇キログラムだった。しかし、これにより、大いに期待は高まった。

ところが、その後の二年余りは、TR10を運転実験してはトラブルが多発する毎日だった。改造しては確認の運転を繰り返す日々がつづき、行き詰まってしまった。圧縮機も燃焼器もタービンも燃料制御装置も、嫌というほどトラブルに見舞われたのである。

高回転に耐えられるベアリングが製作できない、燃料制御の油圧機器や電気的な装置機器が頻繁《ひんぱん》にトラブルを起こす……。原因はいろいろと考えられたが、最大の問題は南方からの輸入に頼っていた希少金属のモリブデンやタングステン、ニッケルなどが戦争で入手できなくなり、高温に十分耐える耐熱材が満足につくれないことにあった。このため、タービン翼（ブレード）の根元にすぐクラックが入り、翼そのものが焼損《しょうそん》あるいは吹っ飛んでしまうのである。

圧縮機やタービンの原理的あるいは理論面ではもちろんのこと、メーカー側も、すべての面で過酷な条件に直面するジェットエンジン部品に必要な技術水準に達していなかった。このため、「この原理のタービンロケットをいつまでつづけても、実現することはできない」と部下たちの士気が次第に落ちていった。それでも、種子島は一人ひるむこともあきらめることもなく、改善、改良をつづけることを命じていた。

種子島のお目付役としてエンジン開発に復帰

昭和一九年に入ってまもなく、元空技廠部員で、駐独武官の巌谷英一技術大佐が潜水艦によるドイツからの八七日間の潜行でシンガポールに入港。その後、航空機を乗り継いで帰国した。ドイツでは開発されて実際に飛行しているタービン推進機（ジェット機）のメッサーシュミットＭｅ２６２戦闘爆撃機と、推薬ロケット機のＭｅ１６３の二種類があることなどを伝えた。

併せて、それらの製作工場を見学してつけたノート、Ｍｅ１６３に搭載されたターボジェットエンジンＢＭＷ００３Ａの断面図を縮写したキャビネ版の写真などを持ち帰った。ただし、その写真はピントが十分に合っておらず、「ボヤーとした感じで、構造の細かいところまでは判別できないシロモノだった」（中村良夫元技術中尉談)。この他にも、原理の異なるジェットエンジンが何種類か伝えられた。

これらの情報やわずかな資料を手掛かりにして、それまで何かと言えば足の引っ張り合いを演じて確執の多かった陸海軍は、めずらしく協同で何種類ものジェットエンジンや推薬《すいやく》ロケットの試作、量産を空技廠や中島飛行機、三菱重工業、石川島芝タービン、日立、川崎航空機などに命じた。

昭和一九年八月末、二年ほど前に異動になって種子島グループを離れていた永野が、古巣の空技廠発動機部に戻り、種子島の主席部員に着任した。それは、種子島がしゃにむになって進めるTR10の開発が暴走しそうなこともあって、永野をお目付役としたのだった。

永野は部員らを集め、種子島を中心として向かうべき方向について大いに議論した。この頃、種子島グループは何種類ものジェットエンジン、ガスタービンの開発を進めていたからだ。その結果、集中すべき開発工事を三つに絞った。タービンロケット、軸流ファン、推薬ロケットという三種類のエンジンの開発を進めることになった。

種子島がもっとも強く固執するTR10は相変わらずトラブルつづきだった。このため、ドイツからの情報とBMW003Aなどの構造も踏まえ、これまでの遠心圧縮機の前に四段の軸流圧縮機を取り付けることで回転数を低くし、各部にかかる負担を小さくした。その構造のエンジンを「ネ10改」(ネは燃焼の頭文字)と名付け、さらに改良したものは「ネ12B」として新たに設計、製作して運転をした。

ところが、それでも不具合は解消しなかった。三〇分も運転すると、やはりタービン翼の付け根にクラックが発生するなど、トラブルつづきで悩まされた。この間、ネ10改やネ12改、ネ12Bのほかに何種類もの試作を命じられていた現場では、足下の現実を無視した種子島の一方的な命令にシラケた空気に包まれていた。士気も上がらなかった。正直なところ、「皆は僻々《へきへき》気味であった」と永野は吐露する。

このような空気を感じ取っていながら、なかなか決断できなかった種子島が、一〇月末、部員らを集め

ネ20ターボジェットエンジン

た対策会議の席でついに次のように述べた。「ネ12Bをここまで持ってきた努力に対して、謝意を表するが、どうもこのエンジンは中途半端である。この際、過去のことは一切御破算にして、ＢＭＷ００３Ａを参考に、出直す方が賢明である」

種子島はこのときのことを回想している。「皆（会議に出席していた永野ら実質的な担当者も含めて）も内心そう思っていたのだろう。むしろ私が言い出すのを待っていたかのごとく無条件でこの案は賛成され、ただちに設計陣の活動となった」（『機械の研究』第二一巻一二号）

種子島は自らを「実験研究屋」と称し、永野は意味深長な言い回しで「夢見型の人」と語っている。彼は自身のアイディアや構想に基づいていろいろと装置をつくり、実験、試験を繰り返していくタイプの研究者あるいは発明家的な性格であった。使用条件に応じた強度や構造、適正な材料などに基づき、きめ細かく設計していく技術者としての資質は欠けていた。このため、開発は失敗を繰り返した。種子島自身が述べているように「ジェットエンジンは設計さえうまくやれば結局風車式の非常に素直な性質のものだから、その体勢を取っていたら一年早く完成していただろう」

わずか二カ月間でこぎつけたエンジンの運転試験

この後、ＢＭＷ００３Ａの構造を基本としつつも、詳細な技術情報はわからないため、ＴＲ10やネ12Ｂなどで得た要素技術や運転試験のノウハウや経験を取り入れてネ20が設計された。軸流圧縮機が八段、回転数はＴＲ10やネ12Ｂよりも低い毎分一万一〇〇〇回転だった。

参考資料はわずかでしかなかったが、基本設計および詳細設計、部品図は、わずか一カ月余という信じられないほど短い時間で、昭和二〇（一九四五）年二月末に完成した。ただちに、部品が製作されて、三月二〇日には組立が完了して運転試験へとこぎつけた。通常であれば、少なくとも二年は要する作業がわずか二カ月ほどで完成したのだから、まさしく「火事場（非常時）の馬鹿力」だった。

米グラマンＦ６ＦやＢ29の空襲もあるため、神奈川県秦野の丹沢山地のタバコ工場に疎開して、本格的な運転試験が始まった。圧縮機の性能がさっぱり出ず、設計をやり直したが、試作部品をつくり直す時間はない。永野は自らペンチを握って数多くある圧縮機のジュラルミン製の動翼のピッチ角をやや大きくしたりして調整した。

運転をすると、性能はかなり改善したが、十分ではないため、今度は静翼側にも手を加えた。またも永野は自らハンマーを握った。技術少佐が油にまみれて、自らペンチやハンマーを握って徹夜で改造する、そのような見慣れない荒っぽい仕事ぶりに、「職人たちが呆《あき》れ顔で見守っていた」と永野は語る。

この他、軸受の焼き付きや損傷、燃焼機のトラブル、タービン翼の焼損やクラックなどが発生したが、何とか全力運転をできるまでになったため耐久試験も行った。わずか三カ月の間に、改良試作した数は、圧縮機が五種類、燃焼機が四種類にものぼっていた。

昼夜兼行の体力勝負でことにあたっていたが、山地に疎開していたため、食糧の補給がままならず、すきっ腹を抱えてのがんばりだった。ときには周囲の農家から野菜などが届けられたりすることもあったが、支給される食料だけでは腹を満たすことができず、不足分は個人個人で工面するしか方法はなかった。

永野は当時を振り返った。「季節柄、朝食の味噌汁には自分たちで摘んできたカラタチの新芽を入れ、渋さを我慢しながら食べた。カンパチの葉も食べたし、サザエのようにカタツムリをつけ焼きにして舌つづみを打ったこともある。シマ蛇はけっこううまかったが、青大将の照り焼きは生臭くて閉口した。面白がっていろんなものを試して食べたが、これも気分が張りつめていたからだろう」

宿舎の近くにあった日本鍛工《にほんたんこう》秦野工場は軍需工場だけに、お上の命令だとばかりに、近くの農家から食料を買い占めてしまう。彼らは食料が豊富なこともあって、しばしば宴会を催して、奇声を発したり大声で歌ったりする。空き腹を抱えた永野らは、恨めしいやら、癪に障るやらで、すさんだ気分に襲われたという。

それでも、夜通しの運転試験の後には、実験場のそばを流れる小川のほとりに咲いた野草の花に囲まれて、射し込む春の陽の光を浴びながら、正体もなく眠ってしまうこともよくあった。実家のお寺で育った永野は、日々の忙しさを忘れて、「生きとし生けるもの、信頼するに足りるのは、大自然の整然とした摂理だけである」ことを、驚きをもって感じ取っていた。

昼夜問わず運転試験や修理に明け暮れる日々を送っていたとき、海軍中将が現場の視察に訪れた。視察後、ピントの外れたまことしやかな発言をして運転試験に口を挟んだのである。気性が激しい永野だけに、現場の責任者としてこれには我慢がならなかった。

少佐の身分でありながら、中将に食ってかかり大激論となった。周囲は凍りつくような緊張が走った。あってはならない光景が目の前で起こって、同僚たちは唖然としていた。中将に付き添ってきた上官が「永野君、身分をわきまえたまえ」と叱責して事は収まったが、いかにも彼らしい行動だった。このハプニングは、永野の同僚たちの語り草となって後々まで伝えられることになる。

日本初のジェット機「橘花」初飛行成功

二年数カ月を要しながらも、種子島のアイディアによるＴＲやネ12シリーズがいっこうに展望が開けなかったのに対して、それにとらわれずに新たに設計、製作したネ20は様々なトラブルが発生したとはいえ、なぜこれほど早く完成し運転できたのか。確かに「BMW003Aの設計のバランスが取れていた」こともあるが、それだけが要因ではなかった。何しろドイツからの細かい技術情報はほとんど入手できていないのだから。その大きな理由の一つとして、開発リーダーの資質の違いが挙げられる。それは、どんな工業製品の開発においても当てはまる場合が多い。

研究者である種子島は、実際の泥臭い現場の技術や工作技術、生産技術にはあまり興味を示さず、自らが思いついた新しいアイディアに基づく新技術または新装置としてのジェットエンジン開発に情熱を傾ける研究者タイプだった。航空史にその名を刻んだ種子島だが、戦後は大手メーカーの研究所に勤務、または大学の教授となって、戦前に手掛けていたフリーピストンなどの研究を進めた。しかし、目立った業績を上げることはできなかった。

それに比べて永野は、海軍に入省以来、数多くのレシプロエンジンの審査や不具合対策で、泥臭いまでのモノづくりの現場やエンジンづくりを経験したため、それらの隅々にまで精通していた。

「ネ20の開発では、（中略）品物に教わることによって、何とか打開の道を見つけることができた。戦時中のわれわれのグループの技術水準は、おおむね未開状態にあり、依存すべき技術情報も、誠に限られており、いやおうなしに自らを灯とし、法を灯とせざるを得ないすがたであった」（『日本機械学会誌』昭和六三年二月号）とする姿勢であり、ものの見方をしていた。

永野は自身の開発姿勢についてこうも述べている。「モノに則して、理にかなった自然の理法に則って物事を進めていく実験科学の方法を重視する」。研究者的な

「橘花」／探検コム

発想の種子島とは違って、経験科学も踏まえた技術者タイプで、総合的に物事を見定める力を持っていた。

ネ20を二基搭載した中島飛行機製の特攻機「橘花」は地上での運転試験や滑走試験を経て、戦局も押し迫った八月七日、初飛行のときを迎えた。東京湾に面する海軍・木更津基地の滑走路は、真夏の太陽を受けてまぶしく輝き、陽炎が海を踊らせていた。ベテランの高岡迪《たかおかすすむ》中佐が操縦する「橘花」は、ジェットエンジン特有のレシプロエンジンを上回る爆音を響かせながら、一直線に飛び立ち、見る間に大空へと浮び上がった。

期せずして、地上から歓声が上がった。「飛んだ、飛んだ、バンザイ、バンザイ」。息を飲んで見守っていた「私たち（永野ら）は機械人形みたいに自然に手足が跳ね上がって踊り、それがしばらくとまらなかった」

日本航空史上、記念すべき瞬間であった。高岡はこの日本初となるジェット機の飛翔《ひしょう》について後に語っている。「私の肉眼は、ジェットエンジン・ナセル（カバー）の空気取入口に思わず吸いつけられるのだった。プロペラがなくて飛べるとは信じ難かった。両側に一つずつ回転している（プロ）ペラがつくるぼんやりとした円が見えなければならないはずだ。しかしこいつが本当のジェットエンジンで、これまで経験したことのない大きな力で私を飛ばせているのだ」（『ＫＩＫＫＡ』）。ベテラン操縦士とはいえ、プロペラ機しか経験してこなかった高岡には信じられない体感だった。

八日後、永野は「無条件降伏」による敗戦という厳粛《げんしゅく》な現実を迎えることになった。それでも海軍の軍人としての立場を超え、技術者として開発者として「あまりにもあっけない幕切れとなったが、それでもやることをやり遂げたという深い満足感が残った」。戦後しばらくすると、「ネ20があったから僕は今日まで生きさせてもらったということを実感している」としみじみと語っていた。

敗戦後、目標を失い虚脱感に悩む

これまで、戦前・戦中に陸・海軍やメーカーで航空機（兵器）開発に携わっていた技術士官や技術者たちを数多くインタビューしてきた。その中で大戦末期、戦局も押し迫り、追いつめられてきた段階における彼らに共通した戦争に対する受け止め方や心理状況がある。それは、「とてもこの戦争に勝てるとは思えないが、敗戦が目の前に迫っていた時期においても、敗戦という現実がどういうものなのか、その具体的なイメージがさっぱり浮かんでこなかった」というのである。

明治以来、日本は大きな戦争においては敗戦の体験がなかったから無理もないとも言えよう。だがそれだけが理由ではなさそうだ。国の存亡を賭けた目の前の戦いに、とにかく軍事技術者としてすべてを賭けて全力投球していたからであろう。それだけに、その後に訪れる虚脱感は大きかった。

敗戦後、ＧＨＱ（連合国軍総司令部）の命令によって「航空禁止」の命令が下された。彼らは翼を奪われて、職を失う場合が多かった。このため、他産業の技術者よりもいっそう敗戦の打撃は大きく、その後の身の振り方（職探し）においても厳しいものがあった。

海軍空技廠発動機部にあって、永野は日本初のジェットエンジン、ネ20の実質的な開発責任者（首席部員）として、「全能力を傾注して文字通り寝食を忘れて努力」し、驚くほどの短期間で成功させ、初飛行も実現させた。後の時代から見ると、日本のジェット機時代の幕を開ける役を担った記念碑的な偉業を成し遂げたのである。ところが、「生涯を海軍で過ごそうと思っていたのに、終戦になってしまったので、何もやる気が起きなかった」と胸中を語る。

永野は気性が激しく何事にも集中する性格である反面、理を重んじ筋を通そうとする。頭が良すぎる人物に特有の幼児性も兼ね備えていた。敗戦後、少し冷静になって、戦時中の様々なことをあれこれと振り返り、自己検証をしだすと、海軍の組織の現実や軍の指導者たちがあまりに非合理で理不尽《りふじん》だったこともあって、「つくづく日本が嫌になった」とも語る。

その後の永野は職が定まることがなかった。帝国ミシン（後の蛇の目ミシン）や北辰電機、小松製作所など、職を転々とするのである。「戦時中はなにもかも投げ出してジェットに専念するのが私の行く道だと信じて疑わなかった」ので家庭は顧みず、ジェットエンジンに没頭していた昭和一九年には、幼い長男を失っていた。敗戦から間もなく妻も病（乾酪性肺結核）で失った。その痛手と傷心の中で、病気がちな幼い子供二人を抱え、勤めにも出られず、一時は一家心中を思い立つほど追いつめられていた。

次男の永野進は語った。「母の病気が移るといけないので、接触はできず、母乳も与えられないということで、免疫力がなく、私はあらゆる病気をやった。父は敗戦直前までしゃかりきになってやってきたジェットエンジンが飛んだと思ったら、敗戦でだめだとなった。家庭が大変な中で、一生涯ジェットエンジンにはかかわれないという大きなダメージを受け、生きていくモチベーションを見いだせなかったのではないだろうか」

次第に落ち着きを取り戻してくると、過ぎ去った戦争に対する強い疑問と反省が頭をもたげてきた。「なぜ日本はこんな無謀なまでの戦争に突入し、そして負けたのか」。さらには「ドイツや英国は実戦機としてジェット機を飛ばすことができたのに、自分たちがつくったネ20はせいぜい三〇、四〇時間ほどの耐久性しかもちえなかったのか」

戦後、新聞や雑誌などが欧米で急発展しているジェット機の最新情報を伝え、「新開発や初飛行に成功し、最高速度はマッハを超えた」などと報じていた。なおさら何としてもこの疑問を解明したいと思い詰めていた永野の耳に、一つの情報がもたらされた。

「日本が生きていくためには技術、『今後は技術だ』というのがみんなのコンセンサスだった。ところが、知識がない。戦時中、日本は鎖国時代だったが、ＣＩＥ（ＧＨＱ民間情報教育局）にはその間の欧米のいい本が網羅してあった。戦争中から戦後にかけて欧米で進んだジェットエンジンの研究の結果をまとめて読むことはできなかったが、CIEに行くとズラリとあった。あそこは本当にオアシスだったんだよ。僕らはCIE図書館に入りびたっていたよ」

冷静に評価していた自身開発のネ20

永野だけでなかった。戦後の自動車や電機、化学などの各種産業でリーダーシップを取ることになる研究者や技術者の多くがCIEに通い詰めて、欧米の技術の最新情報を読み漁《あさ》った。永野はCIEの資料を通して、自らが開発したネ20と、その構想の基本となったジェットエンジンBMW003Aやユモ004との性能を比較した。なかでも、ジェットエンジンの技術（性能）水準を端的にあらわす重量当たりの推力や燃費などを比べて結論づけた。

「(ネ20）は一トン当たり一トン強の推力と、推力一トン当たり毎時一・五トンの燃料消費量という性能を得たことは、新型式の原型としては成功の部類に入ると思われる。

００３の原型が昭和一五年年に完成した当時は、重量一トン当たり推力は〇・七五トン、燃料消費は推力一トン当たり毎時二・二トンという貧しさであり、二年足らずの間に、大改造を一二回も重ねた後、重量当たり推力一・四、燃費一・四七に改善することができた」(『世界の航空機　第五集』)

ネ20の場合はBMW003Aと違って原型が完成して、その後二カ月ほどしか改造する期間は与えられず、敗戦を迎えていたからだ。戦中、ドイツのジェットエンジン専門家やアメリカの専門家は、後進国日本の航空機およびジェットエンジン（航空）の技術を実際より低く見積もっていた。

ところが、戦後になってネ20の性能を知り、米軍のレポートはともに高い評価を与えることになる。ネ20を搭載した「橘花」と、「橘花」が参考にした「BMW003エンジンを装着したドイツのMe262

（戦闘爆撃機）と同等の性能を持つものであることに注目されねばならない」とも結論づけている。

海外からの評価を受けて、種子島元技術大佐は述べている。「戦争には負けた。飛行機も、量ではアメリカにかなわなかった。しかし、質ではむしろ日本がまさっていた。頭脳や技術でなら、決してアメリカに負けてはいない！　現にこの〝橘花〟を見てほしい。（中略）日本人の頭脳は、技術は、最後までアメリカに離されることはなかった、と私は信じている」（「帝国海軍初のジェット機をつくったのは私だ」『現代』昭和四三年二月号）

やや勇ましいこの発言に対し、実質的にネ20の開発を主導してきた永野は、種子島の原稿を読んでいたかどうかは分からないが、当時の日米独の技術水準を醒《さ》めた目で比較分析していた。「『アメリカ人は評価している』なんて書いてあるけど、システマティックな知識によって作り上げたものではないんだよ。日本はただ闇雲《やみくも》につくったもんなんだ」

戦前の航空技術者たちの戦後になっての証言は、自分たちが悪戦苦闘して開発した技術や航空機（エンジン）について、後付けでもっともらしく解説し、また過大評価（自慢）する場合が少なくない。種子島が発表した雑誌の論稿にはそれが目立っている。欧米の航空技術者たちと比べて、多くのハンディを負う中で開発を進めて、かなりの程度まで実現し得たのだから無理もない面はある。

ただし、永野は自身が「全力投球して」開発し、「世界で三番目に自力でジェット機を飛ばした」ネ20について、自身の身びいきとなる恐れもある心情を排して、性能の数字比較をしながら前記の比較のように冷静に客観的に分析している。それは「理に則って」を信条とする永野らしい考察である。

ついに突き止めたクラックの原因

永野は、ネ20の開発過程で最大の問題で、最後まで苦しめられたタービンブレード（翼）の付け根に発生するクラックの問題についても調べていった。ネ20を搭載した「橘花」が一二分間の初飛行に成功して戦後高い評価を受けるが、その内実は「予想された寿命は三〇から四〇時間、全力運転すると一五時間程度だった」と正直に語っている。

　ところが、イギリスで初のジェットエンジンを開発して、その特許も取得したフランク・ホイットルが開発したエンジンは「初期のものでも寿命は五〇〇から七〇〇時間もあった」。この大きな違いの一つは、ブレードを円盤状のディスクのタービンに取り付ける方法が異なっていたからだ。

　ネ20では両者の取り付けを溶接でガッチリ接合していた。このため、溶接時の高温による材料の変質によって強度が落ちると同時に、運転中の高温時と停止した後に冷やされたとき、両材料の熱膨張差が生じる。さらにタービンにかかる遠心力や振動による応力も加わって（ブレードが）耐えられなくなり、亀裂《きれつ》が生じてしまうのである。

　これに対し、ホイットルはブレードの付け根をクリスマスツリー形のクサビ状のギザギザの雄型とし、それをディスクに彫られた同型の雌型にはめ込む方式にしていた。しかも、その両部品の間には、わずかではあるが適度な隙間をもたせる構造にしていた。溶接はしていなかったのである。この微妙な隙間がミソだった。はめ込む両部品の熱膨張差による変形が起こっても、それを逃がすことができ、また振動に対してもダンパーの役割を果たすので、余計な応力がかからない構造なのである。

「ホイットルの『ジェット』という本を読むと書いてあるが、彼は物理屋出身だったので蒸気タービンの長年の伝統的な知見というものについて無知もいいところだった。だから、彼は自分の学校で習った物理学に基づいてはめ込み式のタービンブレードの設計をした。蒸気タービンの機械屋はそんなことは思いつかない。これまでの蒸気タービンの延長上でジェットエンジンを設計して、従来の溶接に固執した。僕らも蒸気タービンと共通するスーパーチャージャー（排気タービン過給機）からスタートしたから溶接方式械屋それぞれの専門家の発想の違いが、決定的な明暗を分けたのだった。

「コロンブスの卵」と同じで、知ってしまえば、「なんだ、そんな簡単なことか」となるが、物理屋と機

義的な『専門家（機械屋）というものは先祖の犯した間違いをそのまま踏襲する人種である』」

それについてホイットルは初めからフリーパスだった。ホイットルが指摘している言葉が面白い。経験主

ところが、溶接は一番悪い接合方法だった。だから、最後まで割れて割れて、どうしようもなかった。

の羽根（ブレード）にした。

戦前の軍組織や技術開発を徹底検証

永野の戦前・戦中における自己検証と反省は単にネ20に止まらなかった。航空技術廠の同僚らとともに、海軍全体の技術開発の進め方やその組織や体制、運営方法、さらには日本人の資質や性向についての検証も進めた。その内容は、『機密兵器の全貌』および『航空技術の全貌』（同／上・下）として昭和二七（一九五二）年に発刊された。ともに副題は『——わが軍事科学技術の真相と反省——』となっている。

各専門分野の技術士官たちが、様々な角度から、種々の点について反省と自己批判を記述している。その中の一点だけを取り挙げてみよう。ドイツ駐在武官でＢＭＷ００３Ａなどの資料を潜水艦で持ち帰った巌谷元技術大佐は、海軍空技廠飛行機部を経て海軍航空本部部員だったが、こう述べている。

「新鋭機を決める場合、その会議は全部海軍航空技術廠で廠長司会の下に行われた。（中略）一番発言力の強いのは当然第一線歴戦パイロット（用兵側）であった。彼等が『こうだ』と云えば、多くの場合その意見が通るのである。列席の軍令部参謀、航空本部員、空技廠担当技術官やメーカーの代表者等が多少の不満があっても之を飲んでしまう場合が多かった」

このような実情に対して、巌谷は反省として「このような場合、敢然とパイロットに対し、技術上の問

題は、技術者に一任して貫いたいと云える勇気ある技術者がいなかったのは如何にも残念であった。そのとき自分自身もっと勇気があったら……」と述懐している。

「永野の直接の上司である種子島は自身が発表した小冊子の『太平洋戦争と軍人技術者の反省』の中で記している。「兵器の選択と作戦との関連問題等の大方針は、当時の筆者の階級（海軍技術大佐）や地位では、誠にどうすることもできなかった。只、黙々と自己の与えられた職務を誠心遂行するだけであった」。ややも言い訳がましく思えるが、それが、海軍における技術士官たちの現実であった。

これに対し、永野は巖谷や種子島らと同様な反省をしつつも、前記の著書の中で、当時の日本の航空機技術全般について結論づけている。「日本の浅い技術の歴史であれだけの実績を残したことは一つの驚異であり、関係者の努力は賞賛されるべきものであろう。（中略）物の面では我々は量に敗れたと云うが、努力の面に於ては我々は量ではなく質に敗れたのである。（中略）工業技術と云うものは、とくにエンジンのような総合的な高度のものは育つのにひまのかかるものである。日本の航空工業は未熟のまま無理にふくらませられてしまった。それが、所詮アメリカに対抗できなかったのは当然である」

この「質に敗れた」とあえて指摘しているところが、永野独特の視点である。彼は陸海軍などの指導層や上官への名指しの批判は慎んでいる。だが、この指摘の中に、先の種子島の発言も含めた、日本（海軍）の組織のあり方やその前近代性、日本人が持つ根源的な問題性やその特質、行動様式にまでも視野に置いての批判が込められている。「マッカーサーの言葉じゃないが、歴史的に見ても、日本はまだ子供なんだよ」と語る永野の言葉が端的にそれを示している。

これまで、戦前から活躍してきた数多くの著名な年輩技術者あるいは技術者出身の経営者をインタビューしてきた。その中で強く考えさせられることがある。戦前・戦中における日本（軍）の失敗や組織の問題性、行動様式を、どれだけ深く、また広がりをもって自己検証と反省をして教訓としたかによって、戦後の生き方の意味や深みが違ってくるように思える。これは歴史認識の仕方においても同様である。戦前の教訓を踏まえつつ、永野は戦後の重要な航空政策決定の局面では、たとえ権限をもつ防衛庁や経産省の高級官僚、大物政治家に対しても、自説が正論であれば、臆することなく正面から主張し反論することもしばしばだった。

土光からの要請を受け入れ石川島へ

戦前の海軍における航空機（エンジン）開発やその体制、組織形態、そのときの姿勢や意識がどうであったのか。欧米の航空機先進国との比較をしながら、反省や自己検証を厳しく行ってきた永野は、日本人の根源的な問題性にまで行き着き、否定的な見方をしていた。

ジェットエンジンに関しては種子島と並ぶか、または実際的な知見においては上回る第一人者であったが、土光および鉄研が進めるガスタービン（ジェットエンジン）研究会や、立川にある米極東空軍下でもたれていた戦前の日本の航空技術者や研究者たちの集まりにも否定的であった。要請されて第一回だけは参加したが、その後は見限って出席しなかった。

敗戦後の七年間、先のような事情から職は一向に定まらず、七度も勤めを変えていた。昭和二七年、永野は小松製作所に移り、石炭削岩機の開発に専念していた。そこに、かつて航空技術廠時代に永野の下でネ20の開発に従事していた牧浦隆太郎元海軍技術大尉が訪ねてきた。

「石川島では将来、航空用ジェットエンジンの開発を念頭に置いているが、まずは舶用のガスタービンの研究から手掛けている。自分は今、石川島でガスタービンの開発を担当しているが、社長の土光さんも、ぜひあなたに石川島（現ＩＨＩ）に来て欲しいといっているのだが、どうですか」

永野は戦時中のネ20開発において「『ピント』の外れた『進歩を命じる』式の当路の指導者やとりまき

連中に対し、労作中はもとより、今尚抑え難き敵愾心を覚える」と、昭和二三（一九四八）年頃に寄稿したと思われる『日本航空学術史』で珍しく感情を露《あら》わにしている。こうした海軍時代の理不尽と苦渋に満ちた体験を思うと気乗り薄だった。

　しかし、兵器としての航空機やジェットエンジンについては「すべてが終わったのだ」と思い込もうともしていたが、転々とした七つの勤め先のどれも永野の内なる欲求を満たしてくれなかったことも事実だった。このような状態で気持ちの整理がつかぬまま、誘われて先の鉄研のガスタービン研究会に参加したときのことを振り返って永野は語った。「そこで土光さんに会うチャンスができて、ガスタービンのディスカッションをいろいろとやっているうちに、何となしに石川島に行くことになっちゃった。だから、ウロウロしながら結局行ったんだよ」

Ｊ３ジェットエンジン

　激しい性格で、何事においても明確に言い切る永野にしては、このときばかりはめずらしく歯切れの悪い説明だった。戦前から、航空関係者の間で気骨ある人として通っていたＩＳＴ時代の土光を、永野はＧＴＰＲやネ１３０の会合を通してよく知っていた。一度捨てたはずのジェットエンジンに対する夢を「土光さんなら汲み取ってくれるかもしれない」と思ったという。

　かねてから土光は、石川島の社員たちに対して「ジェットエンジンをつくらずして、日本は三等国だ」とたびたび口にしていた。そんな土光の下、何事にも集中しだすとその実行力には目を見張るものがある永野だけに、石川島入り後一変するのである。

「昭和二十七年は、日本の航空解禁の年でした。われわれの暮らしがただ夢中で生き延びていた姿から、なにがしかの夢を追うところまで持ち直し始めた時期でもありました。そんな年の暮れ近く、私は石川島に入社して技術部長となりました。当時石川島もやっと息をついている姿でしたが、土光新社長の下に小柄ながらも火の玉のような意欲に燃えていました」（ＩＨＩ航空宇宙事業本部社報『信頼運動ニュース』昭和五二年三月二〇日号）

　土光の章でも記述したが、昭和二八（一九五三）年七月、新三菱重工業、石川島重工業、富士重工業、富士精密の四社が共同出資（資本金一億六〇〇〇万円）する日本ジェットエンジン株式会社（ＮＪＥ）が設立。少し遅れて川崎航空機も加わった。この前年四月に、対日平和条約が発効して「航空解禁」となった。この間の航空禁止の空白の七年間に、世界はジェット機時代に突入していた。大きく後れを取っている日本が「まず着手すべきはジェットエンジンの開発」というのが各社の共通認識だった。

　このため、戦前に航空機を生産していた各社が、ＮＪＥで推力一・二トン級のジェットエンジンＪ３を開発することになった。これは防衛庁が開発を計画していた戦後初の初等（中間）ジェット練習機Ｔ１向けのエンジンだった。零戦の主任設計である新三菱重工業の堀越二郎が語った。「今、防衛庁が練習機の計画をしている。それは高山捷一《たかやましょういち》君がやっている。彼に訊いたらわかるが、自分の見当では推力が一トンか一・二トンだったような気がする。それを目当てにしたらどうか」

　高山捷一とは、永野と同じ海軍空技廠にいた機体関係の技術士官で、三年後輩である。零戦や「紫電《しでん》改《かい》」などの審査を担当するとともに、昭和一五年、零戦のお守役で永野が中国の漢口基地に出張したとき、同行していた。昭和二九（一九五四）年に防衛庁入りしていて、この頃、技術開発官となっていた。

　永野はネ20の経験と実績からしてＮＪＥの研究部長に就任した。しかし、開発が進められたＪ３は、ＮＪＥの期待と奮闘も空しく、ネ20に勝るとも劣らないほどトラブルが続出。やっと昭和三四（一九五九）年になってほぼ完成にこぎつけたが、完成スケジュールが遅れたため、予定していた台数の内のかなりの数が外国製エンジンに取って代わられた。

意気込んでのＮＪＥでの挑戦だったが、この時代の日本の技術水準ではジェットエンジンの自主開発は手に余るものがあった。永野にとっては、ネ20で果たせなかった〝見果てぬ夢〟をＪ３で実現しようと意気込んだのだが、またも遠のく結果となった。Ｊ３開発で苦闘した五年間を振り返りつつ、永野は次のように吐露する。「私はＪ３を見ながら時々思う。〝これが我われの姿である。これ以上でもなければこれ以下でもなかった。これが我われの姿であった〟と」（『信頼運動ニュース』「Ｊ３百台完成を記念して」）

各社が手を引いたエンジン生産を背負う

この結果、すでに述べたように、三菱、川崎、富士重、富士精密の四社がジェットエンジン事業から手を引くことになった。Ｔ１にＪ３を搭載したい防衛庁としては、引きつづき生産やオーバーホールなどを引き受けてくれる会社がなければ、計画が宙に浮いて日本の防衛に支障をきたす。このとき、土光は当分の間、赤字がつづくことが確実視されていたが覚悟してジェットエンジンの生産を引き受ける決断をした。石川島が機体分野に進出していなかったことも背景にあっただろう。

一連の舞台裏について、防衛庁の担当官で、戦前は陸軍航空本部の発動機を担当した木原武正が次のように述べている。「ＮＪＥは生産工場ではない。どこかの会社に頼むしかないのだが、こんな危ない仕事を引き受ける会社はない。結局、永野さんが『俺が引き受けるより仕方なかろう』と言った。あの声は今も忘れることが出来ない。多分、そのためには社内の意向のとりまとめに永野さんは相当な苦労をしたろうと思うが、この辺、矢張り永野さんは日本ジェットエンジンの総帥だと思った」（『航空工業再建物語』）

防衛庁は「土光社長のジェットエンジン事業に対する熱意」と「永野に対する個人的な信用」によって、Ｊ３を石川島に任せたとも言われている。このときの経営的決断が、その後の日本のジェットエンジン生産のシェアを決定づけた。現在、ＩＨＩが日本のジェットエンジン生産の七割弱を占める。Ｊ３の例は、航空機（エンジン）事業を巡る、経営判断の難しさを教えている。

その後の日本は昭和五〇年代半ば頃まで、実用（量産）に結びつくジェットエンジンの自主開発プロジェクトが現実化することはなかった。石川島のジェットエンジン事業は一〇年近くにもわたり赤字がつづくことになった。会社の売上高に占める割合は低く、〝すねかじり事業部〟〝お荷物事業部〟〝赤字事業部〟とやゆされ続けた。永野は振り返っている。「私共の関心のキーワードは、終始『すねかじりからの脱出』でありました」

昭和三五（一九六〇）年一二月、石川島重工業と播磨造船とが合併して石川島播磨重工業と改称し、前者の田無工場が格上げされる形で航空エンジン事業部が新設され、永野が事業部長に就任した。そのとき、永野は従業員に対して、次のようなメッセージを送っていた。

「航空機は遺憾ながら主として軍用に発達し、二度の世界大戦にそれぞれ兵術の革新をもたらし、戦争の申し子的事業として二度のブーム的発展をした。文明に本当の貢献をするのはむしろこれからであろう。(中略)つづく課題はこれらの商用機への進出から、更に舶用産業への応用分野にわたるのであるが、これには五年ないし一〇年の苦闘が必要とするであろう。予想される経過には漁夫の利といったものは到底望むべくもない」。永野は民間機へと進出する強い思いがあったが、それが実現するには、この頃の予想よりさらに二〇年も後になる。

ＩＨＩは何機種もの米国製軍用ジェットエンジンのライセンス生産を始めることになった。永野はこれらの生産体制の確立に全力を注いだ。この段階で三菱と川崎が再び、ジェットエンジン事業に乗り出すことになったが、結果から見れば、Ｊ３の事業を巡っての経営的な判断がこの分野での発展の明暗を分けた。この後、第二次および第三次防衛計画などに基づく自衛隊機の数々の導入によって、米国製ジェットエンジンのライセンス生産が次々とスタートしたため、ＩＨＩの航空エンジン事業部の生産額は予想を超えるほどの右肩上がりで増えていった。

昭和三九（一九六四）年末、永野は副社長に就任。航空エンジン事業部を離れて、本社に移り、他の事業部門も含めて担当することになった。それは喜ぶべきことだったが、現場重視の信念をもつ永野にすれば複雑な思いも感じていた。

「技術屋は本質的には自然を見なくちゃ駄目《だめ》なんだ。新しい技術は常に現場から出るもんなんだ。紙やコンピュータから出てくるものではない。ただ、現代は全体の技術水準が高くなっているので、個人的な実験と知恵だけでなく、かなり体系的に大勢の知恵を統合しなければ、役に立たなくなってきている」。ネ20をつくり上げた戦前・戦中の世代の技術者たちが第一線で活躍する時代が終わりを告げ、新たな時代に入ろうとしていた。

飛躍的に成長したＩＨＩ航空エンジン事業部

この後、ＩＨＩの航空エンジン事業部は飛躍的に生産を伸ばしていった。永野が航空エンジン事業部にいた頃に手掛けたエンジンを列挙しよう。主力戦闘機Ｆ86に搭載されたＧＥ製Ｊ47ターボジェットエンジン、Ｆ104用のＧＥ製Ｊ79―11などにつづいて、Ｆ4ファントム用のＪ79―17、Ｆ15イーグル用のプラット・アンド・ホイットニー（Ｐ&Ｗ）製Ｆ100、ヘリコプター用のＧＥ製ターボシャフトジェットエンジンＴ58、対潜飛行艇ＰＳ1および対潜哨戒機Ｐ2Ｊ用のＧＥ製Ｔ64ターボプロップジェットエンジン、対潜哨戒機Ｐ3Ｃ用のＧＭアリソン製Ｔ56ターボプロップジェットエンジン、Ｔ2高等練習機および支援戦闘機Ｆ1用の英ロールス・ロイスおよび仏ターボメカが共同開発したアドアターボファンジェットエンジンなどである。

しかし、実用化につながる自主開発エンジンは、Ｊ3以降一台もなかった。科学技術庁傘下の日本航空宇宙研究所が計画した実験機用の垂直離着陸機のエンジンとしてJ3をベースとしたJR100、JR200の試作と、後の短距離離着陸機「飛鳥」に搭載することになるFJR710があるのみだった。あとはものになるかどうかわからないXF3ターボファンエンジンの研究の取り組みだった。

昭和四六（一九七一）年にスタートしたFJR710は、世界の主流となりつつある低燃費、低騒音のファンジェットエンジンである。自主開発エンジンの計画がなくて、世界から取り残されてしまうとの懸《け》念《ねん》もあって、通産省工業技術院の「大型プロジェクト制度」に基づき、日本が初めて取り組む民間機用のジェットエンジン（推力五トン）開発だった。IHI（七〇）、川崎（一五）、三菱（一五）の三社による開発プロジェクトだった（括弧内は分担比率）。

FJR710の開発では、実施しなければならない高空性能試験のための運転設備がないため、英国立ガスタービン研究所（NGTE）に委託した。この研究所は実質的には国策会社でもあるロールス・ロイス（RR）の運転試験場でもあった。通常このような新開発のエンジンは、試験データが極秘となるのが通常である。しかし、設備もオペレーターもNGTEだけに、当然、各種データは彼らやRRの人間にも筒抜けとなる。

それがかえって幸いした。世界三大航空エンジンメーカーの一つであるRRが、FJR710の性能の良さに着目したのである。まさしくひょうたんからコマであった。ある日、RRの元経営者で会長付き顧問のスタンレー・フッカーから永野のもとに呼びかけがあった。彼と永野は旧知の間柄であった。「ロールス・ロイスと日本との共同で、民間機用のターボファンエンジンを開発しないか」

ロールス・ロイスから求められた共同開発

当時、日本（IHI）の技術水準やその規模からしても、GEやP&Wと並ぶ世界三大メーカーの一つであるRRと国際共同開発など、望むべくもないと思われていただけに、永野（日本）にとっては青天のへきれきだった。その発端《ほったん》について永野はうれしそうに語った。「FJR710の図面をどこかから入手して、細かく調べたらしい。その結果、日本のFJRが一人前のエンジンであることを確認した。それで、ロールス・ロイスの相棒に日本をと、僕のところに言ってきたんだよ」

一見、唐突とも思えるこの呼びかけだが、それには以前からの個人的なつながりもあった。そのことについて、永野の次男、進が語ってくれた。

「戦前（戦中）のほぼ同時期に、ジェットエンジンを開発して実際に飛ばしたと言われているのは、英国のフランク・ホイットル、ドイツのハンス・フォン・オハイン、そして彼ら二人ほどじゃないが、父の三人ということになっていて（彼らは）戦後も生き延びた。この三人は以前から親交があって、『リアクショナリーズ』（噴出する燃焼ガスの反動で飛ばすジェットエンジンの「反動」力の意味）という会をつくっていて、いつか三人で何かをやろうじゃないかと話をしていたらしい」

世界を代表するジェットエンジンのパイオニアの集まりであり、進の知る限りでは、一度、欧州で三者の集まりがあり、夫人同伴で出かけたことがあったという。フッカーはフランク・ホイットルと親しかったことから、この会の世話役を買って出ていたらしい。

フッカーはRRのジェットエンジン部門の全盛期を担った技術者であり経営者であった。航空界では世界的にも広く知られていて、同社の発展に大きく貢献していた。年齢もあって一度引退したが、昭和四六年RRが一度経営破綻したことから、復帰を強く求められ、会長付の技術顧問に就任していた。

「一九七〇年代、IHIは全日空のジャンボ機に搭載されるRRのエンジンRB211のオーバーホールを受注し、その仕事をつづけてきた。さらにIHIは、防衛省の超音速T2高等練習機用のアドアエンジンのライセンス生産もやってきた。このエンジンはRRと仏ターボメカ社が共同開発したもので、このような関係から、父はＲＲのフッカーと親交があった。この縁でフランクに呼びかけてきたのだと思う」と進は解説する。

確かにこの話はビジネスではあるが、ややこしい手続きなどはひとまず脇に置き、国や企業の垣根を超えて、個人的なつながりから、単刀直入に呼びかけてきたのである。

ただし、日本にとってはまったく未経験で初となるジェットエンジンの国際共同開発であり、詰めなければならない課題は山ほどあった。ジェットエンジンの世界でＲＲは、米ＧＥ社、米Ｐ＆Ｗに並ぶ世界三強の一つであったが、数年前に一度倒産していたため、凋落《ちょうらく》の時期にあったことは言うまでもない。

英国の名門中の名門企業だけに、倒産すれば大きな影響が及ぶため、英国政府としても潰すわけにはいかず、国営化していたのである。ＲＲは、一九六〇年代後半以降の日本の航空分野が、技術力も生産額も右肩上がりで伸長する一方、国全体としても日米貿易摩擦を生じさせるほど、「経済大国」「技術大国」として台頭してきたことに注目していた。

倒産により資金繰りが厳しいＲＲだが、少し前まで言われてきた三強の一角に復帰するには、経済大国化してきた日本を抱き込んで新エンジンを開発することで、引き離された二強のＧＥとＰ＆Ｗと再び肩を並べたい。日英で開発する新たな旅客機用エンジンで巻き返しを図ろうとしたのだった。

ＲＲに対抗、ＧＥからも共同開発の申し出

国営のＲＲだけに、ＩＨＩとの企業間だけの交渉ではすまない。ＩＨＩとしても、リスクがかなり高く巨額の資金も必要となるジェットエンジンの開発プロジェクトだけに、一社だけでは負担しきれない。国の支援が不可欠である。ところが、政府としては補助金制度の性格からして、一民間企業のＩＨＩ一社だけに資金援助をすることはできない。このため、エンジン生産を手掛ける川崎重工業、三菱重工業も含め

た国内三社を支援する形を取ることになった。

計画は一〇〇席から一二〇席クラスの旅客機に搭載する推力七から八トンクラスの、低燃費、低公害のファンジェットエンジンRB432の開発で、概算見積りによる費用は七〇〇億円（あえて少なめにした数字）と算出、日英で五〇パーセントずつ負担する結果になった。向こう一五年を通して二五〇〇台の販売が見込めるとし、売上総額は一兆円を超えると予想された。当時の日本のジェットエンジン三社を合計した年間売上総額が約六〇〇億円であったことからしても、このプロジェクトが日本側にとっていかに巨大であるか想像ができよう。

しかし、RR側は資金援助する英国政府やユーザーである英国航空の諸事情から調整がつかず、開発のスタートに向けた進展は見られなかった。そんな折、唐突にもGE社からIHIに誘いがかかった。「わが社（GE）とファンジェットエンジンの共同開発をしないか」との呼びかけだった。

明らかに日英共同開発の計画にくさびを打ち込もうとする狙いと見られた。GEの提案はこうだった。「開発して量産に入ったばかりのわが社の新エンジンCFM56（推力一〇から一一・八トン）を改造して、RB432に対抗するエンジンを共同で開発しようではないか」

この場合、ゼロから開発するRB432と違って、改造だけに開発費は安上がりとなる。技術的なリスクも小さい。このうえ、GEとP&Wの二強が市場を押さえている現状で、RB432が期待する数千台も売れるか否かはわからない。この事業に失敗したら、開発につぎ込む数千億円は回収できず、まだ基盤がしっかりしていない日本のジェットエンジン工業は大きなダメージを負う。「補助金を出す日本政府としても責任問題に発展して困るはずだ」と言うのである。日本の弱みを突いたGEの提案でもあった。

話を聞くため、永野が渡米し、ボストン郊外にあるGE社のリン工場に赴き、技術部門の責任者ゲルハルト・ニューマンと面談した。得々と説くニューマンの話に、永野は終始聞き役に回っていた。

「一九六〇年代、J79のライセンス生産が始まった頃、石川島とは親密な関係にあった。その後のT58やT64などでもそうである。あの頃のような親密な関係を再びつくり上げようではないか」。ビジネスライクなアメリカの経営者とは思えない、むしろ日本的な情に訴えかける説得であった。

ニューマンは精力的な技術系出身のGE副社長として、この業界では広く知られていた。ドイツ出身のユダヤ系ドイツ人で、戦時中はナチスの手を逃れて、中国に渡った。第二次大戦中には、中国に駐在していた米軍事顧問団に身を投じた。そこで技術曹長となり、不時着した零戦を捕獲し修復し、これを自ら操縦して飛ばしてビルマに運んだ。その後、零戦はアメリカに運ばれた。

この零戦を米国側は徹底的に研究して、その弱点を見つけ出し、対抗する戦法を編み出すと同時に、新たな戦闘機を開発した。これによって、米軍は不利だった空中戦の形勢を逆転することに成功するのである。その意味では、零戦の「栄」エンジンの審査やトラブル対策を担当した永野とは敵同士だったとはいえ、不思議な縁があった。

ニューマンはこのような貢献により、米議会から表彰を受け、市民権も得てアメリカに定住し、一機械工から叩き上げて昇進、GE社で技術部門を担当することになった。彼がチーフエンジニアとして担当したJ79は傑作エンジンとして高く評価され、GE社のジェットエンジン部門の発展に大きく貢献していた。永野と似てニューマンは、やや気が短くて決断は早い。既成概念にも捕らわれることなく、常に革新的なものの考えをする。そんな両者は気が合い、J47、J79のライセンス生産時代から意気投合していた。

しかし、このような個人的な親交や信頼関係と、今当面する国家的な事業としてのビジネスとは別物である。この国際共同開発に対する永野の一貫する基本的な考え方は次のようなものだった。

「確かに石川島はGEとともに歩んできたし、多大な支援をしてもらった。それはこの二〇年の歴史を振り返れば一目瞭然である。幾種類ものGE製エンジンのライセンス生産によってGEの技術を習得してきた。今後ともGEとのつながりは大切にしていきたい。

ところが、GEが提案してきた計画は、CFM56の改造である。エンジンの重要部分であるコンプレッサーや燃焼機、タービンといった高圧、高温、高回転のコア（中核）部分までも大きく手をつける（新規開発および大幅な改造）というものではない。プロジェクトとしては成功の確率は高いだろう。資金も少額ですむし、安全であることも確かだ。ただし、コア部分に手がつけられないのでは、本当の意味でエンジンを開発したことにはならないし、もっとも重要で高い技術を習得することができない」

永野の基本認識は「たとえリスクが大きくて困難でも、最優先すべきことは、自分たちのジェットエンジン開発の技術を引き上げること」にあった。ネ20やJ3エンジンでさんざん悩まされてきたのは、コアの部分の技術開発であった。この苦い経験から「コアを開発するプロセスを避けて、無難で安全第一の道を選んでいたのでは、ジェットエンジンの開発技術はいつになっても身につかない」という教訓を得た。そうなると、やはりRRとの共同開発のほうがメリットは大きい。永野の考え方は、ニューマンとのやり取りを経ても揺らぐことはなかった。

V 2500エンジン

その頃、IHIの全社売り上げの半分近くを占める造船部門が、石油ショック後の大不況に見舞われて業績が極端に悪化、事実上、銀行の管理下に置かれ、社長の真藤恒がその責任から退陣した。代わって、銀行に受けがよく堅実な財務畑出身の生方泰二が社長に就任した。銀行からは「赤字からの脱却」が至上命題であると言い渡されていた。

社長に就任したばかりの生方は、ある日都内のホテルで開かれた同窓会に出席していた。その席で海軍空技廠時代にジェットエンジンを担当し、永野と旧知の仲だった田丸成雄に話しかけていた。
「今、頭を痛めているんですよ。よりによってこんな大変な時期に、巨額のお金を出さなくてはならない。リスクもあるし……」。田丸は生方のぼやきが、日英共同によるジェットエンジン開発の事業計画であると察しつつ、永野の姿を思い浮かべた。「永野さんのことだから、絶対にやるだろうなと思った」と語った。

五カ国の共同開発で誕生したV2500エンジン

この後、RB432を取りまく市場の変化で計画は変更。さらにそのうえの一五〇席クラスのエンジンを開発することになった。開発資金はより巨額の二〇〇〇億円あまりに膨らむ見通しとなった。その負担からしても、資金的また技術的にも三強の残りの二社のうち、どちらかを引き込む必要が出てきた。このため、競合するエンジンをもたないP&Wが参画することとなり、規模を大きくして日、英、米（P&W社）、独、伊の五カ国による国際共同開発の体制へと発展し、エンジンはV2500と命名された。

開発の本拠となる英国のブリストル市に設立されていた日英共同設計事務所には、RB432のときにも増して、日本から渡英した大勢の若い設計技術者らの姿があった。ここはかつて、コロンブスが新大陸を目指して船出した港のある町として知られている。

V2500の開発では、日本が主に低圧ファンを担当したが、RRが担当する圧縮機のトラブルが長引き、先行きが案じられる局面もあった。民間機用エンジンに加え、国際共同開発が初体験の日本側は、戸惑うことも多かったが、それらを乗り越え、昭和六三（一九八八）年九月、ロンドン郊外のファンボロー空軍基地で開催された航空ショーで、V2500を搭載したエアバス製A320が初飛行した。

当初は売れ行きが低迷して案じられたが、その後は順調に売れつづけ、事業は大成功を収めている。その生産台数は現在累計で五〇〇〇台を超している。今や日本のジェットエンジン工業の稼ぎ頭であり、航空機産業の発展と売り上げにも大きく貢献している。RRから永野のところに呼び掛けがあった頃は、世界市場への進出はまだまだ先のことと思っていた。ところが、V2500は日本のジェットエンジン工業を一気に国際舞台に押し上げたのである。

かつて「赤字事業部」「脛《すね》かじり事業部」とやゆされ続けて、永野はつねに後ろめたい思いをしてきた。ところが現在、IHIの航空宇宙部門は、全社の売上高の二七パーセントを占めてトップになっている。航空機の需要は今後数十年にわたり年率五パーセント近い伸び率が予想されている。IHIの航空部門の売り上げもこれとともに伸びていくことが予想されている。

父・永野治について今回、あらためて話を聞いた永野進もまたIHIのジェットエンジン技術者であった。父と同じ東大機械工学科を卒業、昭和四二年、当時の石川島播磨重工業航空エンジン事業部に入社し、研究・開発部門で活躍した。手掛けたのは、中核のプロジェクトで、現在の日本のジェットエンジン工業の稼ぎ頭であるV2500およびその発端となったFJR710などである。

しかも、これらジェットエンジンの中枢部分となる圧縮機やファンの空力設計では、当時としては先駆けとなるCFD（コンピュータによって流体の流れを数値化してシミュレーション解析する技術）の航空エンジンへの適用をはかって、国際共同開発の海外パートナーに日本側の技術を認めさせる重要な役割を果たしていた。

その後、やはり国際共同開発となるジェットエンジンのGE90やCF34、HYPRやESPAと名付けられた超音速用ジェットエンジンの開発においてもリーダーシップを執っていた。IHI航空宇宙部門のトップとなり、その後常務取締役を務めた。

東洋人初の英国王立航空学会名誉会員

昭和五三（一九七八）年秋、世界でもっとも伝統と権威のある英国王立航空学会から永野のもとに一通の知らせが届いた。V２５００へと至る功績や、戦前のネ20の開発などを踏まえて、世界で四二人目の名誉会員に選ばれたというのである。東洋人としては初だった。

一二月四日、英国入りした永野は、ダービーにあるヘンリー・ロイス記念館で、ライト兄弟以来つづく恒例の講演を行った。「日本の戦時中のジェットエンジンの開発について」と題する英語での講演だった。未曽有の混乱期に、その逆境を克服してネ20を完成させた不屈の精神は、聴衆たちに感動を与えた。万雷《ばんらい》の拍手の後、人々が次々に永野のところに近寄ってきて求めた。「日本の戦時中の航空技術、ジェットエンジンの開発について初めて知った。ぜひ今日の話についての資料がほしい。日本から送ってくれないか」

しかし、永野は丁重に、その求めのすべてを断った。そのときのことを永野はさりげなく語った。「別に自慢すべきことでも何でもないんだよ。みんなドレッドフルメモリー（嫌な思い出）につながることだから、そんな気はないよと断った」

私は、この言葉と共通する永野の指摘を思い出した。それは、「日本のジェットエンジン開発史を一冊の本としてまとめたい」として私が永野にインタビューして一通り終わったとき、そのまとめ方については何一つ注文をつけなかったが、次のような二つのことだけは口にした。

「単に昔はこうであったとかいうのではなく、今後に生きてくるような客観性のあるまとめ方であってほしいね。それと、戦前の日本が、迷惑をかけた周辺諸国（韓国や中国など）から見ての視点も考慮に入れておく必要があるのではないだろうか」

技術者でありながらも、つねに広い見地からの歴史的な見方を重要視するいかにも永野らしい言葉と思えた。

このインタビューの五年前、永野に勲二等瑞宝章《ずいほうしょう》が贈られることになったときのことだった。早速、社内報の編集者がインタビューに訪れ、授賞の感想を尋ねた。だがそれに対する言葉はたった一言だった。「いやあ、僕にとっては枯れ木に花ですよ。長いことエンジンにかかわったからだろうけど……」。その後の話は、もっぱら自身が注視している開発中のＦＪＲ７１０に移った。「過去のことに慰めを見出しても意味がない」として、日本のジェットエンジンの今後の話題で話は終始した。

日本では、一定の業績を挙げた政治家や経営者、文化人たちが、ある年齢に達すると勲章の一つもほしがるものだ。このような世間的な名誉とは距離を置いたところに真の価値を見出している永野は、政治家や役人（お役所）とのやり取りでも、臆することもへつらうこともなく率直な言葉で正論を吐いていた。

例えば、Ｊ３の燃料制御装置の開発が難航していたときだった。これを危ぶむ防衛庁の幹部らが石川島の工場に乗り込んで来て検討会議を開いた。その席で、エンジンにも詳しい永盛英一開発官が、不信感を露わにしつつ、声を強めて問いただした。「永野さん、燃料コントロールは本当に大丈夫なのですか」

すると永野はすぐさま立ちあがり、きっぱりとした口調で言い放った。「技術的なことはわれわれが責任を持ってやっている。だから、口を挟まないでもらいたい。われわれを信頼して任せてほしい」。これには一瞬、会議の出席者らは水を打ったように静まり返って、緊張した空気に包まれた。

確かに永盛は永野にとって海軍空技廠時代の先輩で、気心が知れているとはいえ、石川島にとって大事な顧客である防衛庁の幹部である。それに対して、「口を挟むな」とくぎを刺したのである。常識的にはあり得ない発言だった。たぶん戦中のネ20の開発過程で、技術に疎い上層部や用兵側の不要な口出しによって、エンジン開発に無用の混乱を起こした苦い体験が、頭をよぎったのであろう。

また、先のＲＢ４３２やＶ２５００の国際共同開発を巡って論議が行われているときだった。理不尽と感じた永野は、この航空機産業を所管する通産省航空機武器課に乗り込んで行って直言した。「日本にとってきわめて重要なこの国際共同開発について、通産省の一課長が勝手に決めてしまっていいのか……」

若手テクノロジー集団の育成に尽力

ＲＲとの共同開発事業に関連して、当時、防衛庁長官であった「自民党のドン」と呼ばれる実力者の金《かね》丸《まる》信《しん》が、日本のジェットエンジン工業を今後どう進めていくべきかを巡って永野に迫っていた。「日本は、石川島一社だけに航空エンジンを頼っていていいものだろうか。もし石川島がつぶれたらどうするんだ」

永野は自らの信条とするところを披瀝《ひれき》した。「ジェットエンジンは手を広げるより、国のナショナルな力を傾けて努力を集中していくことが必要であって、その帰属（どこの会社か）は問題ではありません。例えば、ＲＲ社はつぶれたが、英空軍は困ったでしょうか。そうではない。実体があれば必ずつづくんです。要するに、テクノロジー集団として実体があれば、つぶれるとかつぶれないとかは無関係に生きていけるのです」

この反論を実践するかのように、六六歳になっていた永野は副社長を退いて相談役になると、待ち望んでいたかのように自身の現場である航空宇宙事業本部で、若手の技術者たちを集めての勉強会をつくった。「ジェットエンジンでは、優秀なテクノロジー集団をいかにつくり出すかが、もっとも重要なんだ。僕はテクノロジーに力を入れる。ほかのことは欲の深い人がやればいい」

いかにも永野らしい姿だった。かつて、昭和二七年、永野は土光の強い勧めで石川島に転職した。そのとき、本人の意識としては「石川島に就職したというよりもジェットエンジンをとにかくやりたい」というものではなかったか。それは、海軍の技術士官時代の意識と同じだった。海軍においてレシプロエンジンやジェットエンジンの開発を手掛けることは、国のため、あるいは自身が新しいものを創造したいとする技術者の思いであり、その延長上の気持ちで石川島に再就職したのであろう。

　息子の永野進も指摘していた。「父は、ガスタービン（ジェットエンジン）というのは将来性があると、ずっとそう思っていたと思う。ビジネスとしてどうなるかはわからないとしても。また今までやってきたものを放棄して、止めることはあり得ないと」

　それは本人がよく口にした「ネ20があったから、今まで生きさせてもらった」とする言葉とつながっているのだろう。永野は苦笑しながらこんなことも話していた。「僕みたいな金儲《かねもう》けのことなどろくに考えもしないで（トップの）事業部長なんかが務まったんだから、当時はいい加減だったんだよ」

　永野はさらにつづける。「過去、現在におけるアメリカでの航空機工業の進展の内容、あるいはヨーロッパ先進諸国の事情などを見るにつけても、日本の航空機工業の将来は経済大国として姑息なものであってはならないし、今や歴史的洞察の上に立った適切な手順が求められていると思う。ジェットエンジンというものに即して素直に見ていけば、こういうことが自然にわかってくるはずなんだよ」

　永野は日本機械学会会長も務めたことがあり、学会誌には何度か寄稿している。その中で、永野は技術者に対して「技術者の自覚」とか「技術開発精神について」といったタイトルで厳しい言葉を記している。これは数々のレシプロエンジンのほか、当時未知だったジェットエンジン、ネ20の開発やＪ３などの技術開発を通して学んだ知見であろう。

　永野は「事実そのものを自分の目で世界を直視し、自然の理法にのっとって物事を進めていく」、あるいは「情緒的な見方や行動様式を排して、システマティックな思考で」といった姿勢を強調する。これに加えて、次のようにも語っている。

「本来、自由な発想のもとに生まれてくる、もろもろの技術が、やがて職業の世界に組み込まれると、支配と競争の中に埋没する技術者の識見は、素朴な人間性から遠ざかっていくように見える。（中略）技術者は技術自体のもつ論理性だけでなく、文明の担い手としての正負の効果についての識見をもたなければならない」。巨大化した科学技術下における組織内で、技術者が専門性に埋没し、狭い自分の殻に閉じこもることへの危険性を警世的に指摘する。

経営者または技術者としては、いささか理想主義あるいは理念的と見られるかもしれない。しかし、このような内容を永野が口にしても不自然さを感じさせない。永野の性格や資質もあるだろうが、理由は決してそれだけではない。自身も含めた海軍での技術開発に対する姿勢や心構え、その組織や体制について徹底的に検証をし、反省をしてきたからであろう。これまで私は戦前の時代から活躍してきた（航空）技術者、技術士官らを数多くインタビューしてきた。しかし、永野ほど徹底的に検証を突き詰め、それを教訓として戦後いかなる生き方をすべきかと自ら律し実践してきた人を私は知らない。

その永野が自らの専門としてきたジェットエンジン工業の将来に向けて発言した言葉を最後に紹介しておこう。「ジェットエンジンを、航空機を今後つくり上げていくならば、もう一九世紀的な富国強兵、競争と獲得のセンスではダメなんだ。そんな地平を超えて、人類史を切り拓く参加と協調の時代でなくちゃならんのだよ。そして、二一世紀は最適化と集積の時代だと予想する。航空機そのものがそう教えているんだよ。未だに日本はもっと競争原理を持ち込まなきゃいかんと主張する経済団体のお偉方がいるが、そんな時代じゃない。少なくともジェットエンジンは違うんだ」

二一世紀となり、大型のジェットエンジンを開発する場合には、数千億円を要する。大型旅客機では一兆数千億円を要する時代となった。ＧＥ社やＲＲ社、ボーイング社やエアバス社でも、もはや一社では開発費を担い切れず、国際共同開発の形態となっているのが、この業界の今日の姿である。永野が常々強調してきた「歴史的洞察」なるものの重要性がより増してきているように思える。

第一〇章　「ＹＳ―11」から「ＭＲＪ」まで三菱一連の民間機を開発

西岡　喬（元三菱重工業社長、元三菱航空機会長）

●にしおか・たかし／昭和一一（一九三六）年〜。東京都出身。東京大学航空学科卒業。昭和三四（一九五九）年新三菱重工業（現三菱重工業）入社後、航空機・特車事業本部名古屋航空宇宙システム製作所長などを経て、同社副社長、社長、会長および三菱自動車工業会長などの要職を歴任する。その後、平成二二（二〇一〇）年三月末まで小型旅客機「ＭＲＪ」を開発・販売する目的で設立された三菱航空機会長を務める。

「ＭＲＪ」の事業化が正式発表

平成二〇（二〇〇八）年三月二八日の三時過ぎのことだった。受信したばかりのファックスに目を通すと、三菱重工業から「五時半から記者発表を行いますので、ご出席ください」とあった。かねがね「三月末までにはＭＲＪの事業化の可否について結論を出す」とは聞いていたが、突然の連絡に私も驚いた。

ＭＲＪとは、三菱が社運をかけて一〇年近く検討してきた「三菱（Ｍ）リージョナル（Ｒ）ジェット（Ｊ）旅客機」のことである。座席数は七〇から九〇席クラス、航続距離は「リージョナル（地域航空機）」の名の通り約三四〇〇キロで、その路線は日本からは上海、台湾まで、北米ならばアラスカをのぞく全域、欧州なら北アフリカを含む全域をカバーできる。最大の売り物は、燃費が従来機よりも二〇パーセントも良い点である。

自宅から二時間以上をかけ、東京・品川の三菱重工業本社に到着すると、会場はすでに二〇〇人近い報道陣が押し掛け、熱気に包まれていた。予定の時刻からやや遅れて記者会見が始まった。堂々たる体格の

西岡　喬／三菱重工業

佃和夫《つくだかずお》社長（当時）が満面の笑みを浮かべながら立ち上がり発表する。「先程、役員会で事業化の見通しが得られたと判断しました。ＭＲＪは全日空からの発注も得られ、アメリカのリース会社や東南アジア、中近東の航空会社からも高い評価を受けております。今後の二〇年間で一〇〇〇機の受注を目指したい。航空機生産は官民にとって長年の悲願である。ＭＲＪの事業によって日本の基幹産業の一翼を目指したい」

この後、記者たちとのやり取りに移った。佃社長は、この事業に対する覚悟のほどを口にした。「二〇年は赤字の苦しい時代が続くことが予想される。この苦しい一〇年は、利益を上げている他の事業をミックスしながら支えていきたい」

三菱重工業は、四日後の四月一日に、「ＭＲＪの事業母体となる新会社（三菱の別会社）の三菱航空機株式会社を資本金一〇〇〇億円で設立いたします」とつづいて発表した。

戦後の日本が開発を手掛ける旅客機としては、ＹＳ11以来、半世紀ぶりのことである。大勢の報道陣の一人として、発表を聞きつつ反射的に頭に浮かんだことがある。

それは記者会見時、手元に配られた鋭い流線形をしたＣＧ画像のＭＲＪが、何年後かに世界の空を飛翔《ひしょう》している雄姿といったものではなかった。このときより一五年ほど前にインタビューした、ＹＳ11の一連の設計技術者たちの顔と、胸に突き刺さるような彼らの無念の言葉だった。

実は大健闘だった「ＹＳ―11」ビジネス

国策プロジェクトであったＹＳ11は一八二機を生産し、七五機を輸出したが、事業母体の特殊会社・日本航空機製造は三六〇億円という巨額の赤字を出した。このため、寄り合い所帯での高コスト体質や、ずさんな経営実態が国会で取り挙げられて批判された。与党自民党の大臣クラスも、これ以上、野党から追及されることを恐れ、昭和四五（一九七〇）年に事実上の生産中止を決めた。日航製の発足からわずか一一年足らずのことだった。

ＹＳ11事業がなぜうまくいかなかったのか。なぜ早々と事業を解散してしまったのか。その数々の要因を関係者から聞くとともに、各部門の幹部たちが自ら赤裸々にその内実をつづった膨大な量のマル秘資料『ＹＳ11白書』にも私は以前に目を通すことが許された。

そこで気づいた点は、民間機事業は他の業種とはまったく性格が異なり、一般産業の常識が通用しないことだった。当然ながら、当時の政治家や役人、航空機メーカー、協力した学者、そしてジャーナリズムも民間機ビジネスがいかなるものであるかを、最後まで理解していなかった。

日航製の当事者たちだけが、孤軍奮闘する苦闘の日々を送っていたのだった。それは半世紀近くも前の日本がまだ貧しい時代のことである。しかし、基本的な点について言えば、現在の民間機ビジネスを取り巻く環境は当時と何ら変わってはいない。

リスクが巨大な民間機ビジネスを、この世界では「スポーティーゲーム」と呼んでいる。つまり、それはギャンブル的な世界だというわけである。きわめて特殊な業種であることを、うまい言葉で言い当てている。

航空機はハイテクの塊だけに、たとえば二〇一一年秋に就航した中型機のボーイング７８７は開発費だけで一兆八〇〇〇億円にもなる。大型ジェットエンジンの開発費も五、六〇〇〇億円はかかる。もし開発に失敗すれば、その会社は倒産の憂き目にあいかねない。

例えば、現在、最大手のボーイング社はジャンボジェット７４７が就航した頃、当時の石油ショックに

ＭＲＪの完成イメージ／三菱航空機

よって航空需要が激減、販売が低迷。軍用の大型輸送機の失注なども重なり、一時は倒産の危機に陥り、従業員数を一挙に三分の一にまで減らして何とかこれを乗り切ったのだった。航空機メーカーの名門のダグラス社は経営不振に陥り、ボーイング社に吸収合併された。民間ジェットエンジンも手掛けるロールス・ロイス社は開発失敗で一度倒産している。

　民間機ビジネスは会社を賭けるほどの大きなリスクを伴うことから、名門企業も含めて倒産した航空機メーカーは数限りない。このため、自動車や電機（エレクトロニクス）などの産業と違って、市場は超独占体制が数十年も続いていて、新規参入がきわめて難しい。

　中・大型機について言えば、アメリカのボーイングと欧州のエアバスの二社が市場を独占している。小型機である数十席クラスのリージョナルジェット旅客機では、カナダのボンバルディアとブラジルのエンブラエルの二強が市場をほぼ独占している。この二社とも、一九九〇年代半ば頃からのリージョナル機ブームにうまく乗って、急成長を果たした機体メーカーである。

　ここに、三菱のＭＲＪのほか、ロシアのスーパージェット１００や中国のＡＲＪ21が割り込もうとしているのだ。この三社の機体はいずれも七〇から一〇〇席前後の大きさであることから、今後、この五社による競争が激化することになる。

　では三菱のＭＲＪの事業計画はどのようなものか。小型機なので、今のところ開発費はＢ７８７の一〇分の一程度の一八〇〇億円程度と見られている。もちろん、開発が長引けば出費は増える。ただし、巨額となるのは開発費だけではない。量産の資金やプロダクトサポート（アフターサービス）の体制づくりなどもあって、これらも含めると数千億円の事業となる。

航空機（旅客機）は大勢の人の命を預かるので、安全と信頼性が第一である。その裏付けとして、経験と実績がものを言う。そうなると、エアラインからの信用を得て、受注をたくさん得るために、三菱のような新参者は至難の努力が必要だ。だから、かつてＹＳ11の事業が失敗したことも、何の不思議はないのである。むしろ敗戦国で技術も経験も信用もおぼつかない日本としては、その販売機数からして大健闘したと言えよう。

記者会見にはいなかった「ＭＲＪ」の立役者

三菱重工業の会見場で、数十年も前のＹＳ11事業のことを思い浮かべているとき、おやと思った。それは、このＭＲＪの事業化決定に向けてもっとも尽力し、「ゴー」の決断に至らしめた主役が、晴れの記者発表の舞台に顔を連ねていないことに気づいたからだ。その人物とは西岡喬である。この発表の時点では、三菱重工業の代表権のある会長だった。つい三、四時間ほど前に開かれた役員会には列席しているはずなのに「なぜ」と思ったが、会長ゆえに遠慮したのであろうかと想像もした。

三菱重工業内にはＹＳ11の開発を直接的に手掛けた人間はほとんどいない。しかし、このとき七一歳の西岡は、入社して間もない頃、研究課の構造試験係としてＹＳ11の重要な各種試験に二年余ほど取り組んでいた。つづいて三菱が自前開発し、世界に販売した一〇席前後のビジネス機ＭＵ２およびＭＵ３００の開発には二〇年もかかわった。自衛隊機の開発・生産が主となっていた三菱の航空機部門にあってはめずらしい職歴だった。

ちなみに、アメリカに組立工場もつくって生産したＭＵシリーズは合計八六八機を販売したが、不運も重なって一八〇〇億円もの赤字を出し、三菱は昭和六一（一九八六）年に全面撤退した。

西岡には平成三（一九九一）年、三菱の名古屋航空機製作所副所長の時代に一度、それから二〇年近くたった平成二二（二〇一〇）年三月に再度話を聞いたことがある。二度目のインタビューは偶然だったが、三菱航空機会長退任発表の翌日だった。そのせいか、この日のインタビューでの西岡の口調は歯切れがよかった。航空技術者として、また企業のトップを歴任してきた五一年にわたる企業人生が、一つの区切りを迎えたことで吹っ切れた思いがあったのかもしれない。航空機に賭けてきた思いと情熱を、きわめて率直に、しかも大胆に語った。

「二年くらいするとＭＲＪは正念場に入ってくる。今回、会長職を降りることにしたのだが、この時期をもって、ＭＲＪの基本はほぼ固めたと思っています。幸い、一二五機の受注を確保して、事前の受注としては十分な数字（注：二〇一三年八月現在では三二五機を受注）でしょう。設計の方も仕様をほぼ固めています」

三菱における西岡の足跡をたどると、ＹＳ11およびＭＵシリーズなど民間機の自主開発に取り組んだ日々が長いことがわかる。その最終仕上げとも言うべきものが、きわめて大物事業となるＭＲＪの事業化の決断だった。そのことを思うとき、二〇年ほど前の一度目のインタビュー時に強い口調で語った一言が思い起こされた。「三菱としてはいつか必ず、自力で丸ごと国産旅客機を開発したい」

この後、西岡は順調に組織の階段を駆け上って役員となり、平成一一（一九九九）年六月には社長に就任。その思いの実現に向けて動いていった。三年後の平成一五（二〇〇三）年、経産省が（三菱と相談しつつ）計画を打ち出して、翌年に公募した「環境適応型小型航空機」（後のＭＲＪ）に、三菱重工業がリスクを覚悟で手を挙げてプラム（主契約者）を獲得した。実質的なＭＲＪの計画づくりをスタートさせる決定を、西岡は社長として下したのである。同時に、経産省との二人三脚で、事業の大枠の仕組みづくりに尽力してきた。このときから事業化の決断へ五年がかかったのである。

この五年間、ジャーナリストや航空好きのファンは盛んに陰口を叩いていた。「名門で業界のトップ企業なのに、本当にやる気があるのか」「煮え切らない、腰が引けている」。これに対し、当時の三菱の航空関係の幹部を取材すると、反論めいた本音を漏《も》らす言葉が返ってきた。「この事業に失敗したら、三菱といえども屋台骨が揺らぐのですよ。外野のヤジなど関係ないし、構ってはいられない」

自前開発によってのみノウハウは身につく

この間、三菱は慎重にも慎重を期して世界市場を見きわめつつ、ＭＲＪの可能性を探り、基礎研究も進めてきたのだった。『本当に民間機がやれるのか』という検討でかなりの時間がかかったのが正直なところです。ロシアや中国が民間機市場にこれから登場してくるのだから、今回のＭＲＪ開発は日本にとってラストチャンスになる。ここでしっかりとＭＲＪをつくっておかないといけない。もしこの機会を逃したら、日本での民間機開発は未来永劫にわたり不可能になるかもしれません」

西岡はインタビューで驚くほど単刀直入に語っていた。「『いつまでたっても三菱は民間機をつくらんじゃないか、だらしない』と言われ続けてきました。それは、仮に三菱が今つくったとしても、世界で『これだ』というような飛行機にならなかったからです。技術的なエッジを持たないと、われわれとしては世界市場に入り込めない。今回（ＭＲＪに搭載する）プラット・アンド・ホイットニー社から、革新的エンジンのＧＴＦ（ギアド・ファン・エンジン）が出てきたことが、大きな一歩を前に進められる要因になったと思います」

このチャンスをとらえ、清水の舞台から飛び降りる思い切った経営的な決断を行ったわけである。「そのとき、日本の航空機産業は成り立っていけるのか。飛行機をつくるなら、一〇〇年先くらいを考えないとなならない。B767やB777、B787といった機種で進めてきたボーイング社との（下請け的な）共同開発や分担生産では、主導はボーイングだけに、販売やユーザーへのプロダクトサポートを担当できず、事業の主体性が持てない。これではサプライヤーでしかありません。（三菱主導の）MRJなら、売ることやプロダクトサポートで会社が苦労しないといけません。三菱重工業の経営を左右しかねない大きなリスクとなるMRJだと思うが、これは一つやりきらないといかんでしょう」

航空機開発において嫌というほど起こってくる数々の試練やトラブルを経験し、それらを乗り越えていかなければ、自前開発のノウハウは身につかない。また旅客機メーカーとして認知され、次なる新型機の開発も進めようとするならば、トータルインテグレーション（様々な分野の知識を結集して開発する機体をまとめあげていく手法）の技術を確実にものにしなければならない。

西岡は、戦前からのトップメーカーとしての伝統と自負を強く意識する言葉も口にした。「日本の国の中で、われわれは少なくとも航空機というものに大きな責任をもっている会社なんです。ここで航空機をやれなくしちゃうわけにはいかない。それがMRJの事業化を決断した一番の大きな理由です。三菱はYS11そしてMUシリーズをつぶして、それで終わっている。最後まで事業を継続できなかった。でも（ロールス・ロイス社やロッキード社、ダグラス社のように）会社は経営破綻していないわけですよ」

西岡が将来に向けて見通す射程は、単に三菱とか航空機とかといった直接的にビジネスとしてかかわってきた領域内にとどまる次元の話ではなさそうに見えた。航空機がもつ技術の先導性や他産業への広がりを念頭におき、日本の産業全体の将来も見据えながら自問自答している。

「日本はやはり科学技術立国として生き延びて、発展していかなければならない。航空機産業のすそ野は非常に広い。一般産業に対する波及効果や技術の高度化への貢献という点でも効果が高い。一企業の経済的観念として、またビジネスとして割り切って考えるならば、判断は違ってくるかもしれないが、長い目で見れば、日本が航空機の自主開発を捨てるわけにはいかない。やり抜かなければならないでしょう」

同様に経産省内および産業構造審議会の議論でも、「日本の圧倒的なリーディングインダストリーである自動車産業にばかり、今後とも頼っていていいのか」と言う識者は少なくない。「自動車産業だけが突出する富士山型から、いくつかの産業が並列する八ヶ岳型に移行していく必要がある」というのだ。

前記の通り、ＭＲＪ事業のため、三菱は資本金一〇〇〇億円の三菱航空機を設立した。日本の将来を念頭におきつつ、民間機開発を実現するための体制づくりとして、広く呼びかけて他業種からの出資も仰いだと西岡は力説する。「『三菱が思い切ってやるならば協力してみようじゃないか』としてトヨタさんや三菱商事さんなど様々な企業に、限度額いっぱいまでの出資（資本金）をしていただいた。その方々も、五〇億だ、一〇〇億だとなると、社内の経理的には大変だと思います。ただ、かなり幅広い業種に入っていただいたことは、このプロジェクトにとって大きな意味合いをもってきます。株主の方々には大変感謝しております」

ＭＲＪの完成イメージ／三菱航空機

ＭＲＪ事業は、三菱という一航空機企業の枠を超えての、ナショナルプロジェクトとしての性格を帯びている。それゆえ、ときには西岡も三菱のトップという立場を超えて厳しい発言もしてきたと語った。

「航空機の政府委員会において、経産大臣や各偉い先生方、学界の方々がいっぱい出席された中で言ったんですよ。『このＭＲＪ事業の生死がわかるときには、ここにおられる方々の多くは亡くなっている可能性が高い。だから、それだけの覚悟をもって皆さん方もわれわれをサポートしていただかないといけないんです』と。一応は一社（三菱）が中心になってやっていく体制となっているが、産に加えて政官学も含めたオールジャパン的な体制をとれるかということを考えなくちゃならない」

ＭＲＪの開発が進んで量産となると、影響も広がりももっと大きくなる。「この三菱航空機に対する一五〇〇億円規模の出資は開発についてだけなんですよ。『量産になるともっとお金がかかりますよということを覚悟してサポートして頂きたい』と繰り返しお願いしているわけなんです」

この一五〇〇億円のうち、ほぼ三分の一を政府が補助金によって支援するとしている。しかし、三菱の航空機部門としてはＭＲＪだけにかかりきりというわけにはいかない。航空分野の三本柱として立てている後の二つ、「防衛需要」や「ボーイングとの共同開発およびその分担生産」にも力を注がなくてはならない。これらの事業で確実に利益を上げて、当分（約一〇年近く）は赤字がつづく可能性が高いであろうＭＲＪ事業を支えていく必要がある。もちろん、航空以外の事業部門も言うに及ばずである。

文系志望から一転、東大航空学科に進む

ここで西岡の生い立ちを紹介しておこう。西岡は二・二六事件があった昭和一一（一九三六）年五月に東京・東中野に生まれた。戦前は仙台、広島、岐阜へと移り、終戦の二年後には香川県・志度町に転居した。めまぐるしいまでに次々に転居したのは、父・宏治が鉄道省の土木技師で転勤が多かったからだ。

大正十二（一九二三）年に鉄道省に入省した宏治は、当時日本一長い清水トンネルを皮切りに、各地のトンネル工事に携わり、鉄道界では著名な技師として知られている。学生時代、海軍士官を志し、海軍兵学校を受験したが、色弱でひっかかり、断念した。

やむを得ず、熊本の旧制五高そして東京帝大工学部に入学した。五高時代の同窓には、後の総理大臣佐藤栄作がいて、出身地も近かったことから互いによく知る仲だった。佐藤は東京帝大の法科、西岡は同工学部土木科だったが、ともに鉄道省に入った。この頃のことを西岡は日本経済新聞に連載した「私の履歴書」において以下のように語っているので、随時引用する。

「佐藤元首相のような文科系と、技術系では、当時、鉄道省という官僚機構のなかで大きな違いがあった。主流を歩むのは文科系だった。（中略）本省の上のポストはたいてい、文科系の人たちが占めていた。父は家でもあまり話さず、仕事をきっちりやっていくことに技術屋としての生きがいを見いだしていたのではないかと思う」

鉄道の工事は自然との折り合いをつけながらの闘いでもあり、またスケジュールにも追われる。ひとたび事故や自然災害があれば直ちに現場に駆け付け、不眠不休で復旧工事にあたる。「夜遅くでもやらなければならない仕事が技術屋には多い。仕事とはそういうものなのだと、父を見て子供の私は感じていた。（中略）父は九六歳で亡くなった。真面目な技術屋の生き方を目の前で私は学び続けた」（前掲書）。その後の西岡の、三菱でのＹＳ11やＭＵシリーズの仕事ぶりから察するに、この父親の背中を見つづけ、技術職としての仕事に対する姿勢を受け継いでいるように思える。

天文や化学の実験に熱中していた西岡は、「自分では、大学の受験は理系になるだろうと思っていた」と言うが、巨大な官僚機構としての鉄道省に身を置き、身をもって技術職としての現実を体験していた父親は、西岡が大学受験する際、文系への進学を勧めた。

一旦は文系へと進む決心をした西岡だが、土壇場になってやはり理系に変更する。進学校の高松高校で先生が「高松高校は東大の理科Ⅰ類に最近はだれも通っていない。君、受けてくれないか」と言うのである。好きな天文での軌道計算や化学の現象を分析したりするには数学が必要である。西岡は数学が得意中の得意だった。その点から先生は理科Ⅰ類がうってつけと見て勧めたのだった。

もともと「人から頼まれると私はつい、まあしょうがないかなと思ってしまう。お人よしではないが、自分が引き受けるしかないのかと思うとなかなか断れない」性格だった。それは父親が、「急な仕事を頼まれると夜遅くでも出かけていく姿を見ていたことが大きい」と自己分析している。父親に「理Ⅰにしたよ」と告げると、返ってきた言葉は「そうか」の一言だけだったという。

難関の東大理Ⅰ類に合格した西岡は、駒場の教養課程に入ったが、二年後に目指す天文学科は人気だった。それでも行くつもりで勉強した。「ちょっと心配もあった。天文学科を出た後、食べていけるのか。今みたいに豊かな世の中ではなかった。将来の生活も気になった」

その一方で、天文学と並んで魅力的に思えたのが、むしろ学問的に難しさがあると聞いていた航空学科だった。天文学科ならば、一般的に何年か大学の助手をして研究者の道を歩んで行く。「はたして、自分は学者に向いているかという不安もあった」。迷った末に、航空学科に志望を変えたのである。機体に関する航空学専修を専攻することに決め、大学の三、四年を送ることになった。同じ学年には四〇〇人いたが、ここから狭き門をくぐり抜け、八人のうちの一人となった。

あの堀越の一喝で三菱入社を決意

航空学科の先生には、戦前から航空分野でその名を鳴らした、第一人者の理論派がひしめいていた。空気力学の翼理論の大家である守屋《もりや》富次郎《とみじろう》。海軍航空技術省で爆撃機「彗星」や「銀河」の主任設計者として知られる山名正夫。専門の「高速空気力学」だけでなく、ＹＳ11のオペレーションズリサーチ（数学や統計を利用して計画をもっとも効率的に進める手法）なども手掛けた近藤次郎らである。さらには、非常勤講師として零戦の設計主務者の堀越二郎などもいた。彼はこの頃、財閥解体で三分割された中の一つ、新三菱重工業の顧問であった。

「堀越さんは実に繊細な設計者だった。私が習ったのは最初から最後まで重量についてだけだった」と言う通り、堀越は「航空機は重量が命だ」と軽量化にこだわる講義をつづけた。零戦において「一グラムたりとも」と徹底的したことで名機を生み出したとの思いが、骨の髄まで染みわたっていて、揺るぎない確信となっていたのであろう。

航空学専修に進んだ年は、占領軍による占領体制が解かれた昭和二七（一九五二）年の「航空解禁」からまだ六年しかたっていなかった。三菱など日本の航空機メーカーは、まともな自主開発に乗り出しておらず、もっぱら防衛庁向けの米軍用機のライセンス生産に甘んじていた。このため、西岡は就職先として、「飛行機をすぐに触れることができ、将来性もありそうなので『日本航空（日航）もいいかな』」と感じていた。

その頃、日航は設立から七年しかたっておらず、路線を次々に増やしている発展途上にあった。仮に就職するなら、どのような仕事になるのかを訊きに行こうと思い、級友の水野洋とともに、今で言う会社訪問のため日航本社に向かうことにした。

ところが、東京駅を降りたところで気づいた。「そうだ、近く（丸の内）に、講義を受けている堀越先生が顧問を務めている三菱の本社があるはずだ」。気さくに会ってくれた堀越に挨拶をして切り出した。「実は日本航空への就職を考えていて、これから行ってみようと思って、その途中に寄ったのですが……」

すると、堀越は「君たちは何を考えているのか」といきなり一喝した。西岡が切り出す間もなく、堀越はすぐに人事部長を呼んだのである。やってきた人事部長や堀越からの説明や説得があった後、その場で書類にサインすることになってしまった。これで新三菱重工業への採用が事実上決まったのである。もちろん、この後に採用試験を受けることもなかった。

実は、この前に西岡は新三菱重業工業の航空機部門である名古屋工場の機体研究課で、三週間ほど現場実習を受けていた。「やたら工場が暑くてたまらなかった」ことは記憶にあったが、これといった強い印象を受けなかった。それだけに「新三菱重工業に就職したいなどとは思っていなかった。ただ三菱に入ることに抵抗はなかった」と語る。ひょんなことから入社することになったのである。日本の驚異的な高度成長が始まろうとしていた頃で「この頃は就職先を深刻に考えることのない時代だった」という。

昭和三四（一九五九）年四月、同期入社の九〇人とともに新三菱重工業に入社した西岡は、実習のときの縁もあって、元海軍航空技術廠（空技廠）から戻った三浦周課長から誘われたのだった。「一緒に国産旅客機ＹＳ11の仕事をやらないか」。西岡本人は堀越のような「設計を志望」していたが、三浦から熱心に誘われているうち、研究の方に気持ちが動いた。本人の志望を一番重視する会社の方針もあって、研究部機体研究課の構造試験係に配属されることになった。

強度実験を手探りで進める

入社して二年目、西岡は予定通りにＹＳ11にタッチすることになった。すでに設計そして部品製作が進められており、その翌年には試作機が完成した。「西岡君には強度試験をやってもらう」と言い渡され、二〇代半ばでその責任者に抜擢された。

とはいえ、大学ではほとんど理論中心だったし、また戦後の日本では旅客機の強度試験など行った経験がない。「いったい、どんな試験のやり方がいいのか。一から調べなければならなかった」。西岡が採用したのは当時最新と思えたアメリカでのやり方だった。それが日本初の「宙づり試験」である。

飛行中の主翼には揚力による浮力で上向きの力がはたらく一方、胴体にはその自重から下向きに力がかかる。飛行中の機体は、両者がバランスをとった状態で飛行している。試験では、できるだけその状態に近くなるようにする必要がある。

そこで、まず胴体と主翼が一体となっている試験用機体をもちあげて宙づりにした状態で、胴体には六〇本ほどの油圧ジャッキをほぼ均等間隔にかけ、下向きに引っぱって荷重をかけてやる。一方、主翼は飛行中に翼端が三メートルほどたわむので、その状態をつくりだすため、上向きに引っ張り上げる力を与えてやる。このとき、実際の飛行中にかかる最大の力の一五〇パーセントの力を与えて、機体が三秒間耐えることができれば合格となる。

与える荷重を次第に増していく過程で、あちこちが「ミシミシ、バリバリ」ときしむ音を発するのだが、注視している西岡らはヒヤヒヤものである。試験開始から三時間ほどして、翼端が三メートルたわんだところで、「一五〇パーセントに到達、これから一五〇パーセント、三秒いきます」と責任者の西岡が声を張り上げた。

「もちこたえた！」

さらに、それを超えて一五一、一五二……と荷重を増やし、一五九パーセントまで来たときだった。主翼と胴体の付け根近くの部分がものすごい破壊音を発して折れ、機体が崩れ落ちた。二〇代半ばの新米技術者ながらも、「神経をすり減らした試験だった。日本初の試験でついた自信は私の大きな財産となった」と振り返る。

ほかにも各種の試験を担当したが、その中の一つに、やはり日本では経験のないギロチン試験があった。まず内側に空気圧をかけた状態の機体に、大きな刃物を一〇メートルほど上からストンと落とす。胴体の骨組みまで切断しても、中の圧力空気が爆発したように噴出せず、サーッと流れ出すならばＯＫという試験だった。

日本ではまったく経験がない一連の試験を、試行錯誤で工夫を重ねながら、現場の作業者らと一体になって進めた。その間、「工員さんたちとはよく飲んだ。当時私は一升飲むくらい平気だった。夏は海水浴にも一緒に行った」。現場の人間と気持ちを一つにして、力仕事もし、汗も流して、苦労の末に試験を成功させて喜ぶ。このような泥臭さが伴う仕事を通して、エリートの東大航空学科卒の西岡は揉まれ、現場の作業者たちの本音や心意気を理解できるようになり、それが後に幹部となった際の包容力、掌握力《しょうあくりょく》となっていくのである。

ただし、YS11で三年余を費やした各種試験は、その後つづく航空機開発人生のまだ序の口だった。入社五年目の昭和三八（一九六三）年、三菱が自力で開発した一〇席前後で双発のプロペラ式ターボプロップ（ジェットエンジン）機MU2の一号機が完成。このため、社としてMU2の方を強化することになり、飛行試験を行う「フライト・テスト・チーム」を新設、西岡も配属された。このとき以来、西岡はMUシリーズ一筋となってどっぷりとつかり、二〇年間も携わることになる。

YS11と同様、三菱のみならず、日本の各メーカーは民間のビジネス機（自家用機）の飛行試験の経験をほとんどもち得ていなかった。これまたやり方がわからず、一から外国の文献を調べることになった。各種の飛行試験の中でももっとも危険なのが、高速で急降下した際の翼や胴体の激しい揺れ、異常な振動の有無を確認するテストである。一つ誤れば空中分解してしまうこともあり、まさしく命懸《いのちが》けである。

ところが、「どうだ西岡君、やってくれるかね」と訊かれると、「やりましょう」とあっさり返事をしていた。まだ二〇代後半の若さと好奇心もあって、テストパイロットと同乗してデータを取ることになった。

西岡も研究員として、それなりに考えてはいた。「一気にスピードを上げて降下すれば確かに危険を伴う。だが計画通り少しずつ速度を上げ、逐一、計測器のデータを見て判断していけば、異常を早く検知できるはずだ」と。それに加えて、西岡は機体がどんなに揺れようとも、自分は酔うことがないとの自信もあった。つねにデータの確認をし続けられると思った。

しかし、実際に飛んでみると、頭で想像していた世界ではなかった。テストパイロットは空技廠時代から各種の試作機を乗りこなし、戦場の最前線も経験してきた超ベテランの高岡迪《たかおかすすむ》だった。敗戦の一週間前、高岡は手慣れたプロペラ機とは操縦感覚が大いに違うジェット機の試験飛行に成功していた。それは、戦前の日本初でただ一回だけの飛行に成功したジェット機「橘花《きっか》」で、そのテストパイロットを務めた高岡は著名な飛行機野郎だった。危うく命を落としそうになった経験を何度か持っている。

「高岡さんとは急旋回、急降下をはじめ、あらゆる飛行試験をご一緒した。飛行機がひっくり返るようなテストも多かった。目が回るような試験の連続に、飛行機に酔わない自信のある私も参った」（前掲書）

昭和四〇（一九六五）年、ＭＵ２は日本および米連邦航空局（ＦＡＡ）の型式証明を取得する。この間の飛行試験は足掛け三年を費やして二〇〇フライトにも及んだ。

「ＭＵ―２」開発で米国の低評価を跳ね返す

小型ビジネス機および自家用機の七割近くがアメリカで飛んでいる。アメリカに足場がない三菱は、米ムーニー社との間で北米での販売契約を結んだ。ＭＵ２を米国に送り、売り込みのために航空ショーに出展、華々しいデビューのデモ飛行を演じようとするのが三菱の計画だった。このときのやり取りを西岡は記している。ムーニー社から予想もしていなかったことを言い渡された。「日本人は来てくれるな」

日本の製品は安かろう、悪かろうの時代だった。「日本人がそばにいると飛行機のイメージが悪くなる」というのである。仕方なく地上で待っていた西岡だが、中には問いかけてくる人もあった。「これはムーニーという会社の飛行機だけれど、日本製らしいね」

西岡が答えた「そうです」。これに対し、「それじゃ、紙と竹でできているんだな」と真顔で言うのだった。この当時、いくら日本の良質なハイテク製品が米国では見受けられないとしても、あまりにもひどい決めつけに、忍耐強い西岡も「少々頭に来た」のだった。

西岡に言わせれば、MU2は零戦の血筋を引いており、速いし加速性も良い、もちろん運動性能もいい。確かに、五カ月間のデモ飛行では、様々なトラブルに見舞われたが、これらを克服したことで好評を博し、その後ムーニー社から「これは売れる。一〇〇機早くほしい」と言われるほどだった。ムーニー社の見立て通り、MU2はアメリカだけでなく欧州なども含めて合計七六二機を売った。安かろう、悪かろうとの米国人の先入観を払拭して実績を示し、西岡ら三菱の航空マンたちの誇りとなった。

これに気をよくした三菱は、市場を慎重に見極めつつ、つづいて同規模で今度はジェット機のより洗練させたMU300を開発。昭和五三（一九七八）年に試作機が完成し初飛行にこぎつけた。ところが、MU2の場合とは違って、不運に見舞われるのである。

不運の連続だった「MU―300」開発

その頃、MU2が売れていて、西岡が北米のいろいろな空港を乗り降りしても目にするようになってきた。このような折、FAAが機体の設計や強度、構造、性能などがアメリカの基準を満たしていることを示す型式証明を、アメリカのメーカーと同じように直接の審査に基づいて取れと要求してきたのである。MU2の場合は、日米の相互協定によって、日本の航空局の審査で承認が得られる取り決めとなっていたが、それでは不十分だというのだ。

西岡はMU2で経験を積んでいたため、MU300の型式証明を取得する担当となった。その後の二年は悪戦苦闘の毎日だった。審査を受ける機体は慎重を期して、あらかじめ日本国内でも、アメリカに送った後も、社内飛行試験を実施し、万全のつもりで臨んだ。ところが、FAAから二〇〇項目ものクレームが示され、言い渡された。「これらが直らない限り、FAAのパイロットの手による試験飛行は行えない」

この少し前、ダグラス社のＤＣ10で胴体を大きく破損する重大事故などが相次いだ。このため、ＦＡＡは安全面での審査基準を改定して、より厳しくしていたのだ。運が悪いことに、その新基準を全面的に適用する第一号が、小型機であるＭＵ３００になったのである。以前の基準審査を念頭において対策は準備していたが、それとは内容が違ってくることになった。

ＦＡＡの審査官も、初めての規定項目については、解釈や審査方法などに迷いや理解不十分なこともあり、審査はより慎重になっていた。このため、ＦＡＡと三菱とがその都度協議を重ねながら一つひとつの問題や試験をクリアしていくことになった。

結果、予想していなかった設計変更が一挙に増えた。ときには、難癖をつけられてテストパイロットが飛んでくれなかったりもした。最終的に、飛行時間は二〇〇〇時間にもなり、西岡らが「六カ月ほどで取得できる」と思っていた型式証明が、その四倍の二年もかかったのである。やっとのことでＦＡＡの型式証明が得られたのは、昭和五六（一九八一）年一一月だった。

悪いことはつづくものである。ちょうどこの夏から、最大の市場であるアメリカの景気が大きく後退し始めていた。小型ビジネス機の売れ行きは景気にもっとも影響されやすいことで知られている。各産業でレイオフが進み、失業率は四二年ぶりに二桁代の一〇パーセントを超えた。アメリカではそれまで小型機が年間一〇〇〇機程度売れていたが、このときは一〇分の一に減っていた。ＭＵ２の実績で獲得したＭＵ３００の受注一二〇機はあっという間にキャンセルの憂き目にあった。

さらに運が悪いことに、第一次につづいて起こった第二次石油ショックの影響からガソリン価格もその頃、暴騰していた。これを追い風に、輸出を伸ばしていた燃費の良い日本の小型車の人気が北米で一段と高まった。輸出が急増したため、アメリカの強い要求で日本車の対米輸出の自主規制が始まっていた。

これがＭＵ３００の北米輸出にも微妙に影響を与えた。米国内で盛り上がりを見せていた「バイ・アメリカン」(国産愛用)運動の盛り上がりなどを理由に、MU2は「改良が限界にきている」として生産中止。MU300も赤字がつづけば会社に大きな損害が出るとして、「一〇〇機ほど販売した時点で事業継続は難しい」との結論に至ったのだった。その後、昭和六〇(一九八五)年、三菱は小型機事業から全面撤退することを決定。MU300の事業は、米小型機のレイセオン・ビーチ社に全面移管(売却)された。この会社も小型機の老舗であるビーチ社が数年前に経営不振で一度倒産した後、レーダーやミサイルを主とする大手の米レイセオン社の傘下に吸収されていた。

三菱の小型機事業による累積赤字は一八〇〇億円にも上っていた。「この苦しい時期さえしのげば、まだやれる」と思っていただけに割り切れぬ思いを抱きながら、西岡は小型機事業に全力投球した二〇年間を終えたのである。

その後、西岡にとって悔しさと複雑な思いが交錯することが起こった。ビーチ社に移管され、ビーチジェットと名を変えたMU300は、その後、米空軍の受注を得た。三菱製ならば「バイ・アメリカン」の風潮からして、とてもこうはならなかったであろう。これをきっかけにこの機は売れ始め、同社のドル箱となるのである。MU300のケースは、航空機王国の米国市場に(他国機も同様だが)日本製の航空機が食い込むことの難しさを教えることとなった。

航空機開発の集大成「MRJ」に賭ける

MUシリーズ撤収後、西岡はそれぞれの上級役職で、FSX支援戦闘機(F2)やH2ロケットのほか、ボーイングと共同開発した大型旅客機777、787などの指揮を執ってきた。その集大成とも言える仕事がMRJだった。

「MU300やYS11の経営的失敗から、航空機を開発するためには事業を成立させる条件である体力や体制をちゃんとつくっておかないといけないという教訓を得た。何しろ開発が終わった時点での費用が、機体価格の五〇倍ほどの額になる。例えば、その間の利息一つをとっただけでも、大変な金額となって事業に重くのしかかってくる。さらに、その後量産時に発生する巨額の資金も調達しなければならないわけですから」

一方、長期スパンで事業を進める航空機事業は、目の前の現実の仕事と併せて、バトンタッチしていくべき次世代の人材育成にも力を注いでいく必要がある。西岡は近年の理工学離れや、モノづくりを嫌う風潮に対して懸念も示した。

ＭＲＪモックアップの機内／三菱航空機

「日本が科学技術立国として、今後とも生きていけるのか本当に心配です。ただ、こうした風潮をつくったのもわれわれの世代であり、その責任もあるでしょう。ＹＳ11やＭＵシリーズも失敗したのだから。しかし、このまま放ってはおけないという気持ちは強い。ロマンティシズムの理想かもしれないが、若い人たちに夢や元気を与えるモノをつくっていって、モノづくりの面白さを体験してもらいたい。航空機事業で言えば、航空機を飛ばす感動を若い人たちにぜひ味わってほしいし、それを次の世代へと繋いでいきたい」

数十年というスパンで航空事業を捉えたいと西岡は力説する。

「昭和四〇年代のトヨタさんを思い浮かべれば例としてわかりやすい。現在、世界に冠たる日本の自動車産業ですが、あの頃、日本のクルマが今のようにアメリカで売れるなんて、だれも想像しなかったはずです。それを航空機でこれからやろうとしているわけですよ。トヨタさんが世界一になるのに四〇年を費やした。われわれも四〇、五〇年はかかるということなんです」

ＭＲＪは初飛行に向けて最終段階にあり、機体の各部分の組み立てはかなり進み、強度試験用の構造機体もほぼできつつある。新規参入で実機が飛んでいないペーパープレーンの段階ながら、燃費の良さなどが高く評価され、すでに三二五機を受注。ここまでは上々の滑り出しで来た。

三度目の延期。トラブルつづきで遠のく初飛行

しかし、この世界ではそう順調に開発は進まない。ここへきて暗雲が垂れこめてきた。「二〇一三年度第３四半期に試験機を初飛行する」としていた計画スケジュールが、数カ月前の八月二二日になって、「二〇一五年度第１四半期にずれ込む」と延期が発表されたのである。九五万点とも言われるＭＲＪの部品点数。遅れの主要因として、「海外から調達するプラット・アンド・ホイットニー社製のエンジンも含めた主要装置機器の調達に遅れが出ている」

航空機開発の世界では延期はさほど驚くことではない。事業化発表から三度目となるスケジュールの延期ではあるが、ボーイング７８７でも七度ほど延期があって三年半ほど遅れた。ＭＲＪと同じ他社のリージョナルジェット旅客機でも軒並み、延期が何度もされてきた。

問題なのは、三菱にとっては初とも言える旅客機開発だけに、慣れないこと、気がつかないことがあまりにも多い点である。ＦＡＡから設計段階から不備を指摘されてきたが、設計そして機体の強度などでは数千項目の規制値を満足させねばならないとも言われる。製造段階でもＦＡＡの審査を受け、工場の生産に伴う検査体制や品質管理体制、監督や工程、検査基準などについて膨大《ぼうだい》な量のチェックがなされ、ＯＫをとって製造の形式照明を収得しなければならないのである。

三菱航空機社長、会長など歴任した戸田信雄をかつてインタビューしたとき、彼は強調していた。「型式証明の取得以前に、会社としての様々なシステム、手順などをきちっと決めて、各種のスペックやマニュアルを確立しておくことが重要。同時に、ＭＲＪの開発作業を進めるときのインフラストラクチャー（設計・生産・管理・飛行などの基盤）やいわゆる会社としてのガバナンスなども含めて、きちんきちんとして充実させていくことが必要なんです」

　ＹＳ11やＭＵ2、ＭＵ300、Ｂ787などで、通常のトラブルや不備だけが起きたわけではない。予想もしていなかった〝降ってわいたような〟クレームや逆風などの苦い体験を嫌というほど重ねてきた。西岡はＭＲＪ担当者らにも念を押すように繰り返し戒めていた。

「ＭＲＪの機体の開発・設計を進めている段階ももちろん大変だが、それは言わば嵐の前の静けさのようなものだ。自分たちの考えやアイディアを基に思う通りに作業が進められ、できていく。これが、いよいよ実機ができ上がり始める段階になるとそうはいかない。外部とのやり取りが度々出てきて、こっちの都合だけでは物事は動かない。君たちの理屈が通らなくなることが次々に起こって、期日やスケジュールなど本来なら自分自身で管理できることさえ、できずに守れなくなることがいろいろと出てくる。だから、『ケチケチしないで、できる限り（開発段階の）前側にお金をかけろ』と言っている。後ろになるほど、大きなお金が出ていくことになるし、スケジュールも大幅に遅れることになるからです」

　これからＭＲＪ事業はまさしく正念場に差しかかることになる。三年前のインタビューで、西岡が強調していたことがまさしく今、ＭＲＪの初飛行を前にして起こっている。航空機開発につづく事業展開は、マクロとミクロの目を併せ持ちつつ、長期スパンで考える必要がある。

　西岡は学生時代に堀越二郎ら日本の航空機の黎明期における錚々たる教授たちに学んだ。三菱に入社してからも、日本航空史をつくってきた技術者たちの指導を受けてきた。例えば、堀越の右腕と呼ばれた曾《そ》根嘉年《ねよしとし》。彼はＭＵ２の販売会社である米国三菱の初代社長を務めた。久保富夫は名機と言われた一〇〇式司令部偵察機の設計者で、昭和三〇年代は名古屋の航空部門の技術部長を務めた。東條輝雄は戦前、零戦や大型の双発爆撃機「飛龍《ひりゅう》」の設計をし、戦後はＹＳ11の開発責任者を経て、ＭＵシリーズ事業の指揮を執った。そのＭＵ２の主任設計者は「烈風《れっぷう》」を設計した池田研爾《いけだけんじ》である。

「航空禁止」の七年間があったとはいえ、彼らの中には日本の航空機に対する強い自信と誇りがあった。日本航空学会などに出席しようかと思って話を出すと「おまえたち、そんなところに行かなくてもおれが教えてやる」と、冗談でもなく自信たっぷりに口にする先輩たちに恵まれていたのだった。

数十年後の将来を視野に入れた事業展開を考えようとするとき、西岡の目は自ずと過去にも及び、現在の産業や事業の礎を築いてくれた先輩たちを振り返ることになるという。それを物語るエピソードを最後に紹介しよう。

堀越ら先輩の系譜を受け継いだ自覚

会長になって二年目の平成一六（二〇〇四）年のことだった。昭和四五年に三菱自動車工業が三菱重工業から独立したとき、それまで三菱重工業所有の大江工場が三菱自動車工業に移った。その後、三菱自動車工業の経営が不振となって、この工場を閉鎖することになった。このため、その跡地と建物を三菱重工業が買い取った。この建物は昭和十二（一九三七）年に建てられ、屋上の大時計の塔は「名航時計」と呼ばれてきた。ちょうど十二試艦上戦闘機（零戦）の設計がスタートした年にこの建物は完成。堀越もこの時計台について自著『零戦』の中で記している。

三菱重工業は購入後、時計台も含めてこの工場を取り壊し、ちょうど立ち上げる必要のあったＢ７８７の主翼を生産する新工場を建てることを決めていた。「取り壊しだと聞いて、私は直感的にまずいと思いました。われわれは三菱の航空機の歴史を次の世代へと伝えていかなければならない。その象徴としての建物が取り壊されるのは……」

結局、西岡の「待った」によって時計台のある建物は保存されることとなった。そればかりか零戦を設計した時計台の建物内の一室では、今ＭＲＪが設計されており、若い技術者たち約九〇〇人が日々忙しく働いている。

「つまり時計台は、日本の航空機技術の過去、現在、未来を結ぶ懸け橋といっていい。私自身の歩みも、航空機技術の進歩の歴史とともにあった。大学の航空学科で、三菱重工から来られていた堀越さんをはじめ、日本の航空機開発の黎明期を率いた先生たちに教えられた」（「私の履歴書」）

西岡はこの名古屋製作所で航空機技術者として、ＹＳ11そしてＭＵシリーズなどに携わってきた。「〝航空一〇〇年〟と言われる日本の航空史一〇〇年間の技術開発の成果を、私自身も三菱において受け継いできたと思っています」と胸の内の思いを語るのである。

第一一章　ゼロからスタートし米国で「ホンダジェット」を事業化

藤野道格（ホンダエアクラフトカンパニー社長）

●ふじの・みちまさ／昭和三五（一九六〇）年〜。東京都出身。東京大学航空学科卒業。昭和五九（一九八四）年、本田技研工業に入社後、三年目から本田技術研究所基礎技術研究センターに配属。以後、一貫してジェット機の研究開発にあたる。現在は本田技研工業の執行役員を務めるとともに、米国ノースカロライナ州に設立されたホンダジェット事業会社、ホンダエアクラフトカンパニー社長兼CEO。

最高権威エアクラフト・デザイン・アワード受賞

平成二四（二〇一二）年九月、日本ではあまり報道されなかったが、本田技研工業（以下、ホンダ）傘下の航空機メーカー、ホンダ エアクラフトカンパニー（米ノースカロライナ州）の藤野道格社長が、米国航空宇宙学会（ＡＩＡＡ）主催の「エアクラフト・デザイン・アワード」を受賞した。世界の航空技術者の間で、この賞はもっとも権威があると言われ、過去には、ボーイング７４７や米戦闘機Ｆ16など、世界の航空史に名を残す名機の設計者が受賞している。

藤野社長が中心になって開発したホンダジェットは、主翼の上に支柱（パイロン）を立ててその上にエンジンを搭載するという、これまで実用化されたことのない斬新な航空機で、世界の航空専門家たちを驚かせた。従来機よりも燃費が二〇数パーセントも良いばかりか、騒音も少なく、客室（キャビン）も広くてゆったりとした高性能な小型ジェット機をつくりだしたのである。

一般に、失敗を恐れる日本の航空機開発の取り組みは欧米の後追いが多く、独創性に欠ける傾向がある。

このため、これまで日本の航空関係者はこの賞にはまったく縁がなかった。日本の航空史は一〇〇年に及ぶが、今回の「エアクラフト・デザイン・アワード」の受賞は、日本で初めての受賞であり、東洋人初の快挙だった。

平成一八（二〇〇六）年、ときの福井《ふくい》威夫《たけお》社長が、巨額資金の投入が必要なホンダジェットの事業化を決断。米国ノースカロライナ州に最新鋭設備を備えた大規模な研究開発棟や組立工場を建てた。大量の受注も既に得ており、年産一〇〇機の量産体制に入っている。二〇一四年後半には初号機が顧客にデリバリーされる予定である。

ホンダにとって小型ジェット機開発は、ゼロからのスタートにもかかわらず、研究開発の拠点を日本には置かなかったことは日本の航空業界にとって驚きで、もちろん日本の航空史上では初めてのことである。いきなり、右も左もわからぬ外国（米国）に拠点を置いて研究開発を進めていったのである。

藤野道格／ホンダ

ホンダは、日本の航空分野の業界団体である日本航空宇宙工業会の会員として一応席は置いている。しかし実質的には関係を持たないまま、独自に開発を進めてきた。日本の主な航空機メーカーは、政府の補助金を当てにし、収益も防衛予算に基づく様々な自衛隊機の開発・生産に頼っている場合が多い。これに対し、ホンダジェットはすべて自前の資金で賄って、ホンダ流でプロジェクトを進めていった。

昭和六一（一九八六）年に、ホンダは、本田技術研究所の中に基礎技術研究センターを新設。後の「アシモ」につながる二足歩行ロボットの研究開発など、いくつかの異分野の研究開発をスタートさせた。その一つが航空機だった。

ホンダジェット（試験用５号機）外観／ホンダ

自動車の経験しかなかった技術者たちが、まさしく一から手探りで航空機の研究を進めていった。そして、先進的な小型の実験機を二機開発、一九九〇年代半ばまでに実際に飛ばしていた。さらに、三機種目となる「ホンダジェット」は、平成一五（二〇〇三）年一二月に初飛行を成功させた。

「売ることを目指す」とは言いながらも、当初の取り組みは、ホンダという会社特有の「夢を追う」とか「社内のチャレンジ精神へのモチベーションを高める」といった精神論的な意味合いが強かった。最初に航空機の研究を進めるとの方針を打ち出した首脳陣も、ビジネスジェット機の実用化にまでこぎつけようとする強い自信と決意があったわけではなかった。

時代はバブル経済の全盛期に向かうところだった。どこの企業も何事においても前向きで拡大基調にあった。ホンダも自動車分野の枠内に留まることへの懸念から、異質（異業種の航空機の）な血も取り入れて、研究の幅を広げておこうといった方針だった。

この数十年、世界の自動車メーカーが航空機事業に乗り出す例は皆無《かいむ》に近いが、逆の例はいくつも挙げられる。古くはドイツのベンツやＢＭＷ、米クライスラー、米ＧＭ、英ロールス・ロイスなどである。さらには伊フィアット、スウェーデンのサーブなどである。ただし、そのほとんどは本業である自動車に専念するため、航空機事業から撤退していった。

加えて、ホンダジェットの場合、自社で開発した機体に自社で開発した小型のジェットエンジンを搭載している。これもまた現在の航空業界では見当たらない。両者は同じジャンルとはいえ、製品の性格が大きく違う。両方を手掛けると、販売面で何かと不都合が生じやすいためで、機体またはエンジンに専念するのがこの世界の不文律にもなっている。それは自動車業界で言えば、自動車タイヤを自動車メーカーがつくらないのとよく似ている。

ところが、自前主義を貫くホンダは、このような既成の考え方や航空業界の常識にもこだわらなかった。一見、ホンダの航空機への取り組みは、無謀で巨額の無駄金を使う「道楽」のようにも見えた。また、盛んにこのようなやゆもされた。それがいかにもホンダらしいと言うべきであろう。

米国で手づくりの航空機開発を体験

ホンダは、今から二七年前、社内外に秘密にして、若い技術者たち四人をアメリカに送り出した。提携した米ミシシッピ州立大学のラスペット飛行研究所で、小型機の研究開発を進めるためだった。

その四人の技術者の一人に藤野道格がいた。生まれは東京だが、育ったのは青森の弘前市だった。父親は大学の教授で、四階建ての官舎に住んでいたこともあった。子供の頃は紙飛行機をその四階から飛ばして、どれだけ長く飛びつづけられるか工夫して遊んでいた。モノをつくる工作ごとが大好きな少年だった。

藤野は昭和五五（一九八〇）年、東大航空工学科に進学するが、当時は「航空技術者になりたいと思っていたわけではなかった」という。その頃の日本の大手航空機メーカーは、最先端の戦闘機などは米軍機のライセンス生産で、民間機でもボーイングの下請け的な国際共同開発に甘んじていた。日本の航空機産業に魅力を感じることはできず、「むしろオートバイやクルマに乗ることが好きだったこともあって、自動車技術者になりたい。それも世界市場で戦えるクルマをつくりたいと思っていた」と藤野は語る。

ホンダに就職した理由は、他の大企業とは違って、若手にもどんどん責任を与えて仕事をさせる型にはまらない社風が気に入ったからだった。入社すると、希望通り自動車の研究開発を手掛けることになり、開発が始まったばかりの電動パワーステアリングの開発現場に配属された。

ところが、入社三年目に突然「航空機の研究をやれ」との辞令が下される。まさに晴天のへきれきだった。会社としても、この段階ではまだ具体的な航空機開発のプランがあるわけではなかった。言わば「航空機づくりとはどんなものか」から研究を始めるようなものだった。数カ月後には上司から「アメリカに行って最先端の航空機技術を学んで来い」と言われアメリカへと送り出されることになった。

アメリカの研究開発現場に行くと、さらに驚かされた。わざわざ日本から来たのに、その航空研究所は出発前に想像していた航空機大国の姿からは程遠かった。藤野はこのときの戸惑いを語った。

「メインストリートに信号が数カ所ある程度のミシシッピ州の小さな町。研究所も最先端の航空機技術やその理論を学び、高度な実験をやるといったものではありませんでした。文字通り手づくりで飛行機をつくるやり方でした。実際の製作で機体を軽量化するときには、そこにあった単発（プロペラ式）ターボプロップ機のアルミ合金製の主翼と尾翼をコンポジット（複合材）につくり変えて、それを自分たちの手で組み立てていく。だから毎日、研究所に行って、（材料を）切ったりヤスリで削ったりして部品をつくっていきました」

藤野は大学で一通り高度な航空工学理論を学んできたとの自負があったので、不安も不満も抱かざるを得なかった。このため、ある日ミシシッピ大の教授に問うた。「こんなやり方でいいのですか？……」

すると教授は近くにあった椅子を指して言った。「この椅子をつくるのに厳密な構造計算や工学理論が必要かね？　経験だよ」。ごもっともだが、こんなことを学ぶためにわざわざ米国まで来たのかと思うと、大きなショックとともに、焦りを感じた。このため、昼は体を動かして力仕事によるモノづくりをやって、夜は自身で最先端の航空機理論や制御理論の勉強をしていたという。

「確かに一年間、現場で働かされたりして、その頃は不満をかなりもっていました。でも、こうして実際に自分の手で飛行機をつくることの重要性を体で知る。それが貴重な体験だったことを後になって気づきました。今、ハイテク機を開発している航空機メーカーの設計者たちは、泥臭いモノづくりの現場経験はしていないでしょう。自分も大学時代に実際の飛行機づくりを手掛けたわけではなかったし、触ったことも乗ったこともなかった。このような貴重な体験ができたことで今日の自分があるし、現在のホンダジェットもつくることができたと思っています」

「MH02」で航空機開発をゼロから体験

研究開発は実験機MH01で開始。まずは既存機の主翼や尾翼を複合材製に改造して、飛行実験を繰り返した。そして、二機種目のMH02から超小型の実験機として本格的な開発が進められた。その基本方針について藤野は語る。

「MH02の場合、私個人の考えとしては、売る飛行機として、どこまでどういった技術を盛り込むのが適切かを見きわめるのが目的でした。担当責任者が当時の先端技術を全部入れろという考えでしたので、その線に沿って進めていきました。飛行機全体としてのバランスはともかく、一つ一つの技術はかなり詰めていったため、自分にとっては貴重な経験になりました」

コンセプトは、このクラス最小（六人乗り）の双発の全複合材製小型ビジネスジェット機である。最高速度は時速六〇〇キロをターゲットとし、小型機には前例のない三段スロッテッドフラップを搭載して短距離離着陸を可能としていた。

エンジンは現在のホンダジェットと同じく主翼の上に配置しているものの、直接主翼の上に配置している。一般の人からすると、目を引くのは既存のビジネスジェット機では採用されたことのない前進翼であろう。通常、ジェット機は主翼が後方に向く後退翼を持つが、前進翼の場合は（翼が）前に向いている。

「飛行機を設計するためにはいろいろな解析ツールや技術が必要なため、例えば空力的な技術課題を克服するための数値流体の設計計算などでは、計算プログラムも自前で開発しました。スポーツで言えば基本を学んだということでしょう」

各種の風洞実験も実施したが、この頃は本田技術研究所の自動車用大型低速風洞や、テキサスA&M大学の航空機用風洞などを使用していた。当初は、自動車の屋根の上に測定用の機体（翼）モデルをセット、そしてテストコースを高速で走って空気の流れを測定したりもしたのだった。

ＭＨ０２の開発計画で上層部が示した最大の狙いの一つが、オールコンポジット（全複合材）の機体の製作だった。この時代、最新の技術をふんだんに盛り込んでいる戦闘機などでも、複合材は部分的にしか採用されていなかった。この点からすると、ＭＨ０２はかなり野心的で最先端の技術開発だった。最終的に完成させた機体は、複合材を使ったハニカムサンドイッチ（六角柱のハニカム構造を組み上げ両側からサンドイッチのようにはさみ込む）構造になった。

「オールコンポジットで機体ができれば大きなメリットがいろいろとあります。まずアルミよりもかなり軽くなる可能性が十分にあるし腐食もしない。流線形をした飛行機の滑らかで美しい曲線や曲面を自由につくれる。反面、設計も製造も難しくて手間がかかるし、その製造ノウハウも確立されていない。開発は手探りとなりました」

しかし、藤野は当時を振り返って、『『できない』と否定したり言い訳をすると、上司からものすごく叱られる。だからできないとは言わず、こうすればできる可能性があると言って、その方法を考えることにした」と語った。ＭＨ０２の初飛行は平成五（一九九三）年に成功。この後、ラスペット飛行研究所とともに、機能試験、操縦安定性試験、性能試験、失速やフラッター試験という順序で約三年半にわたり各種の飛行試験を進めた。

実は、ＭＨ０２が採用した革新的な前進翼は、ＮＡＳＡが開発に取り組んだ実験機のものだった。藤野らは、世界の最先端を行くＮＡＳＡに挑んで、その限界を超えようと目論んだが、航空機のトータルバランスとしてはうまく仕上がらなかった。ＭＨ０２について藤野は総括《そうかつ》する。

「ＭＨ０２はゼロから設計して、実際のモノづくり、風洞試験、飛行試験と一通りのことを経験しました。航空機開発の手法やツールである計算プログラムなど、すべてのプロセスを確立させたことも大きかった」

最近の航空機メーカーでは、最大手のボーイングなどでも分業化、専門職化が進み、開発全体を見通せる人間がいなくなっているという問題がある。この点、ＭＨ０２の開発では「スタッフが少なく、何から何まですべて自分でやることになったが、それで身につけたことは大きな自信となりましたし、その後の航空機開発はもちろんのこと、事業展開などの面でも大いに役立つことになったのです」と語る。

ＭＨ０２の飛行試験を含めたプロジェクトのすべてが終わったため、今まで研究開発の拠点としてきたミシシッピ大の設備が閉鎖された。藤野は帰国することになったが、航空機の開発に関して十分な感触を得ていた。

「この一〇年間で、ようやく航空機開発とはこういうものだという全体像がわかったという気がしました。大きな手ごたえを感じて自信にもなりました」。同時に「このままホンダの航空機開発を終わらせたくない」との思いが強く湧き上がってきた。

当時の川本社長に開発継続を直訴

ＭＨ０２の開発以前から、この実験機のコンセプトとは別に、実用化、商品化を念頭に置いた小型ビジネスジェット機の自分なりのアイディアや研究計画、事業化プランを思い描いていたからだ。実際に小型機の研究開発を一〇年間経験し、高度な技術を要するＭＨ０２の飛行試験もやり切ったことで確実な手ごたえをつかんだ藤野は「小型ビジネスジェット機の商品化は可能だ」との確信をもつに至った。

ホンダ社内の上層部では、大きな区切りがついたこの時期、航空機の研究開発を終了させることも含めた、今後の方針を巡っての議論がなされていた。航空機の開発プロジェクトが〝巨額の金食い虫〟である点がその大きな要因だった。

自動車メーカー出身の新参者が、長い歴史も伝統もある名門の航空機メーカーが支配する市場に割り込もうとする。その挑戦がいかに難しいかは、最初からわかっていたとはいえ、実際に一〇年間研究開発をすることによって、経営陣はあらためて無謀な挑戦であることを思い知らされていたのだった。

開発したＭＨ０２はその目的からして、とても商品化できるものではなく、あくまで実験機である。この先、どのくらいこの研究開発をつづけていけば、市場に投入できるような小型機ができるのか見通しもない。普通の企業の経営陣ならば、中止もやむなしと判断するのが妥当である。

もちろん、この点については、小型機の本場である米国に在って一〇年間、同業他社や学会などでも頻繁にそして多くの航空関係者と交流し、いろいろと見聞きしてきた藤野もわかりきっていた。しかし、どうしてもあきらめきれず、ときの川本信彦社長にこのように懇願《こんがん》するのである。

「大きなお金を費やす実機の開発ではなく、空力や構造などの要素的研究ならば、実際にモノをつくるわけではないから、それほどお金はかからない。ぜひとも継続させてほしい。一度航空機の研究を止めて途切れてしまったら、そこでもう研究開発は終わりになり、再度復活させるのはとても難しい……」

藤野の強い意欲に、川本も感じ入るものがあったようである。「要素研究ならば、さほど金はかからないし、大学の研究みたいなものだから、やらせてもいいだろうとの判断だったのではないだろうか」と藤野は当時の川本の反応を「ＯＫ」と解釈した。

自ら研究の継続をお願いしただけに引くに引けない。商品化の可能性が高い具体的なプランをつくり上げないといけないため、これまでにも増して大きな重圧がのしかかってきた。

「先が見えないので、新たなコンセプトのプランをまとめ上げるまでの一年半ほどの間は、今までの大変さとは違う、もっとも辛い時期だった。いっそのこと、会社を辞めてどこか他社に転職しようかという迷いも含め、いろいろなことを考え悩みました」

そうこうしているうち、川本社長から呼び出しがかかった。そこで、研究継続のＯＫが出たときからそれまでの一年半ほどの間に出したアイデアに基づき考えに考えて絞り込んでいった新たなプランを、川本社長に示したのだった。それが現在のホンダジェットである。

最大の特徴は主翼上に配置したエンジン

コンセプトの基本は、これまで研究してきた小型ジェット機（Very Light Jet）であることに変わりはない。最高時速は四〇〇ノット（時速七四〇キロ）を超す高速機で、燃費は既存のビジネスジェット機より二〇～三〇パーセントも優れている。

機体は内外装とも、すべての面で既存の小型ビジネス機よりもワンランク上を狙っていた。対面に四人の乗客が座る配置で、キャビンスペースは国内線のファーストクラス並みである。機体のスタイリングやインテリアも自動車で培ったノウハウやセンスを十分に生かして洗練させ、ユーザーを引きつけるデザインとした。

何より最大のセールスポイントとなるのは、主翼の上に支柱を立てて、その上にエンジンを搭載するという、きわめて斬新で野心的な特殊なコンセプトである。これによって、超小型機であるにもかかわらず、従来機では実現できない大きなキャビンスペースや荷物室スペースを十分に確保できる。藤野が言うワンランク上のゆったりした内部スペースが実現でき、従来機に対する優位性を大いに発揮できる。

考え抜いてきた魅力的なプランと熱心なプレゼンテーションが川本社長を動かすことになった。「説明した一連のアイディア・プランをまとめて経営会議に持って来い」

「千載一遇のチャンスだ」と確信した藤野はすぐにプランを煮詰めていった。経営会議で提案し、そして新たな小型ビジネスジェット機の研究開発プロジェクトが承認された。念願の新型機プロジェクトがスタートすることになったのである。

干渉抵抗が最小限のスイートスポットを発見

最大の課題は、最大のセールスポイントでもある主翼の上に支柱を立て、その上にエンジンを載せる構造配置が実現できるかにあった。藤野も「航空専門家の間では、主翼の上にエンジンを置くと、主翼とエンジンナセル（エンジンの覆い）間の空気の流れの乱れによる干渉抵抗が非常に大きくなるので、絶対にやってはいけないと言われている」ことは十分承知していた。

しかし、主翼上にエンジンを配置することで居住性の向上を何としても実現し、これをセールスポイントにしたいとこだわる藤野はあえて挑戦した。「私は専門家の定説を鵜呑みにはせず、主翼の上面にエンジンを置いても、設計を工夫すれば、うまくいく形態があるのではないかとの望みを捨てませんでした。そして、トライを繰り返しました」

最新技術であるCFD（コンピュータによって流体の流れを数値化してシミュレーション解析する技術）によって描かれた機体の立体図において、主翼とエンジンの位置関係を左右、高低いろいろと変えて空力特性を確認するパラメータスタディーを何度も何度も重ねていった。「すると、ほんのわずかな領域なのですが、そこにエンジンを配置したときだけ、空気抵抗が下がり、干渉抵抗を最小限にできるスイートスポットがあることがわかったのです」

藤野自身、「本当に大丈夫か、間違いないだろうか」との疑いもあって、一〇〇パーセントは確信が持てなかった。このため、最終的な構造配置や形状を詰めたうえ、パラメータスタディーで得られたデータが正しいかを風洞実験で確認する作業が必要だった。

まずは本田技術研究所にある自動車用施設で風洞試験を実施し、正確性を突き詰めるため、ボーイング社の本格的な遷音速風洞を借りて試験を行った。さらに、実機が高々度を高マッハ数で飛行している状態であっても、空気抵抗が少なくなり干渉を抑えられることを確認するため、NASAの高レイノズル数、高マッハ数風洞に、ホンダジェット実機の数分の一のモデルをセットし、試験を敢行《かんこう》したのだった。

藤野は力説する。「確かに、ただ単に主翼の上にエンジンを置いただけでは抵抗が大きく増えます。その意味では従来の定説は正しいのです。ただし、実際の機体で言えば、わずか数十センチの位置の違いでスイートスポットが得られて、抵抗が一気に下げられることがわかったのです」

さらに、飛行特性や操縦安定性、失速特性も問題ないかの確認をするため、あらためて社内の自動車用の大型低速風洞やワシントン大学の低速風洞での試験を繰り返したのだった。「この作業に約二年を費やしました。これで大丈夫だと確信できるまで何度も何度も繰り返しました」と藤野は語る。

これらの試験を進める一方、藤野には心配していることがあった。ホンダジェットのセールスポイントを、ホンダの役員に十分理解してもらえるか。それができないようであれば、このプロジェクトはつぶれてしまう可能性が高い。当然ながら役員の多くはクルマの専門家で航空機には詳しくないため、このことは難題に感じられた。そこで、藤野は思い切って一つの賭けに出る。「誰もが認める米国航空宇宙学会（AIAA）から評価が得られれば、ホンダ役員からも理解が得られるだろう」

しかし、従来、主翼の上にエンジンを載せるこの形式に否定的な研究者は大勢いた。彼らは、ホンダジェットのコンセプトを知ると、口をそろえて否定することが予想できた。「航空機に素人の自動車メーカーが設計したから、こんな方式を採用している」

彼らも、主翼の上にエンジンを持ってくると、キャビンが広く取れ、エンジン騒音も低くなるといった利点が大きいことは知っている。過去にも他の航空機メーカーが検討したであろう。しかし、前述の通り、実現のためには大きな問題点があるため、これまで採用されてこなかった。実際に運用されている双発の小型ビジネスジェット機の構造形式は、ほとんどが胴体の横っ腹に直接両エンジンを抱え込む配置である。

藤野は先人の常識を疑い、「素人」と嘲笑《ちょうしょう》されようともトライしたわけだ。「米学会で一〇〇パーセント理解が得られる自信はとてもなかった。悪く評価されれば致命傷になる恐れもあった」

相当の覚悟のうえで、自分なりに十分と思える準備をして論文にまとめて米学会で発表したのだった。その結果、米航空機設計委員会は藤野の論文を高く評価したのである。それどころか「飛行機設計における重大な発見の一つである」との賛辞まで寄せられたのである。

さらに藤野の論文は、世界の航空学会の最高峰、米国航空宇宙学会誌『ＡＩＡＡジャーナル・オブ・エアクラフト』にも掲載されることになった。これによってホンダジェットのコンセプトは世界で認められることになった。

ついに「ホンダジェット」が試験飛行に成功

藤野の予想通り、社内の上層部も詳しい専門的なことまでは理解できないにせよ、「米国航空宇宙学会がこんなにも高い評価を与えているならば……」となって支持に回り、これがホンダジェット開発の追い風となったのである。

平成一一（一九九九）年からいよいよ試作機をつくることになった。機体には、以前から研究開発を重ねてきたコンポジットの胴体が用いられた。ただし、製作が進み順風かに見えたホンダジェットだったが、最後に乗り越えるべき壁があった。

コンセプトおよび技術が社内外で評価されても、これを事業化するか否かとなると、別の問題である。たとえ実験機（試作機）づくりに巨額の資金がかかるとしても、それは止めればそこまでの出費で終わる。ところが事業化（量産・販売）となるとそうはいかない。経営に与える影響も一段と大きくなる。

事業化のためには、大規模の工場や試験設備を建設しなければならない。世界に数カ所は必要となるプロダクトサポートの拠点や販売網も構築しなければならない。人員も一挙に増える。それこそ試作段階とはケタ違いの巨額の投資が必要となる。もし売れなければ巨額の赤字を抱え込むことは言うまでもない。

「量産・販売事業はあまりにリスクが高すぎる。市場への参入はすべきではない。ホンダとしては試作の範囲に止めるべきだ」。社内の上層部ではこのような声が強まっていた。

「自動車ならば上市（市場投入）した新車が一〇〇パーセント売れないということはない。少なくとも計画の七〇パーセントくらいは売れるだろう。しかし、飛行機の場合、価格が何億円にもなるだけに、市場の評価が悪ければ、まったく売れないということも起こりうる。両製品は性格がまったく違う。やはり航空機の事業化は止めるべきではないか」

このような折、藤野の耳には、本田技術研究所の福井社長が「とにかくホンダジェットを飛ばすところまではやるべきだ」と主張したとの情報が伝わってきた。開発陣はやきもきしていたが、ひとまず胸をなでおろしたのだった。

平成一五（二〇〇三）年、福井が本田技研の社長に就任。あらためて福井はホンダジェット開発の支持を表明した。しかし、これで安心できるわけではなかった。福井はあくまでも（試作機としての）ホンダジェットを飛ばすことを承認したにすぎなかった。事業化するか否かの決定は、それこそホンダの社長として、全社的な観点や将来的な問題も踏まえつつ、大所高所からの判断が必要となる。

同じ年の一二月、ちょうどライト兄弟が人類初の動力飛行に成功して一〇〇年目となる年の同月、ホンダジェット（技術実証機）は初飛行に成功した。性能や燃費はほぼ計画通りだった。これならば商品価値は十分にあり、競合機メーカーに勝つ可能性はある。

ただし、商品が売れるか売れないかは、単に価値や性能だけで決まるとは限らない。人命にもかかわる航空機だけに、メーカーの実績や信用が問われ、プロダクトサポート（アフターサービス）や販売力も当然ながら関係してくる。

福井社長がホンダジェット事業化を決断

事業化の可否についてホンダの上層部は逡巡《しゅんじゅん》を重ね、様々なファクターを慎重に検討していた。ちょうどその頃、私は福井社長に取材を申し込み、二度ほどインタビューする機会が得られた。その席で、まったくの部外者ながら、図々しく問うたのだった。

「ホンダジェットは事業化しないのですか。これだけいいものができたと言うのですから、ぜひともやるべきではないでしょうか？」

「確かに、ここまでやりつづけて、燃費がきわめていい素晴らしいホンダジェットをつくり上げたのだから、藤野ら開発陣は大したものだ」

ただし、その後は「航空機事業は大変難しい世界だからね……」と言葉を濁《にご》していた。経営に多大な影響を与えるだけに、無理もないことだった。

ここでホンダは一つの決定をする。平成一七（二〇〇五）年七月、「とにかく米国ウィスコンシン州オシュコシュ市で開催される航空ショーにホンダジェットを出展して一般公開し、反応を探ってみよう」となったのだ。

航空ショーでの反響は藤野の予想を超えるほど大きかった。「内外からのフィードバックに強いものがありました。とくに、米国の一般ユーザーからの熱狂的な支持があって、ホンダジェットの評価は次第に高くなっていきました。技術面でも、米学会において、ホンダジェットのセールスポイントである主翼の上にエンジンを配置する構造が『画期的だ』という評価を頂きました」

それだけではない。アメリカでは小型機が数万機も飛んでいて、航空ファンだけでなく一般客も飛行機を身近なものとして親しんでいる。「オシュコシュの飛行場に見学に来ている一般のお客様の方が、ともすると日本の航空業界の方々よりも飛行機についてよく知っていることがあります」と藤野は言う。航空機の細かい点にまで詳しい彼らは、ホンダジェットが斬新で革新的なことを十分に理解し、すぐさま反応したのだった。

そして平成一八（二〇〇六）年七月二十五日、福井社長はついに決断し重大発表を行った。舞台は、米国中部のウィスコンシン州オシュコシュ市で開かれた航空ショー「エアー・ベンチャー２００６」である。現地ではホンダジェットを公開して事業化を発表した。「米国に航空機事業を行う新会社を設立し、二〇〇六年秋頃から量産型ホンダジェットの受注を開始する」

このニュースは日本だけでなく、欧米でも一斉に報じられた。「ホンダ、小型航空機事業に乗り出す」「ホンダは空を飛べるか」

二週間後の八月八日、ホンダは東京・青山の本社で記者発表を行った。「ホンダは小型ビジネスジェット機の機体開発、販売を行う全額出資の子会社、ホンダ エアクラフト カンパニーを米国に設立する」

ホンダ エアクラフト カンパニーの所在地は、これまでホンダジェットの研究開発拠点となってきた米ノースカロライナ州グリーンズボロ市ピードモント・トライアド国際空港に隣接した敷地内である。社長には、まだ四五歳の若さながらも、最初から一貫してこのプロジェクトを率いて多くの実績を積み重ねてきた藤野道格が就任した。このときの記者会見に出席した私は、質疑応答において、藤野に二、三の質問をぶつけた。会見中の藤野は、やや緊張した面持ちだったように見受けられた。

この後、しばらくしてからインタビューしたとき、藤野は（ホンダとしての）この事業化の決断について語った。「福井さんが社長になられてから、ホンダジェットの話はずいぶんしました。最初の頃は『事業化は難しいんじゃないか』という雰囲気でした。しかし、話を重ねていくうちに『ここまで技術ができているんだから、最後までやる』という方針になっていったように思います」

ホンダジェットの米国内での評価が高まってくる中で、その追い風を意識しつつも、藤野は福井社長の心境を推し量っていた。「福井社長としても『何とかできないものか』という気持ちはあったのだろうと思います。でも、なかなかイエスとは言ってもらえなかった」

ところが平成一八年三月、藤野が福井社長と青木哲会長にホンダジェットの報告をし、三〇分ほどやり取りをした後だった。福井社長が「四、五分ほど沈黙」し、何か思い巡らせている様子だった。そして最後に、何か吹っ切れたように短い言葉がついて出た。

「これでいくか」

この一言で、何年もの間、藤野らの開発陣が呻吟し、福井を含む歴代社長が思議を重ねてきたホンダジェットの事業化が決定したのだった。藤野には今もはっきり覚えている福井社長の言葉があるという。

「ホンダはやっぱり、パーソナルアビエーション（公共交通ではない用途として設計開発された航空機）で切り開いていくんだよなあ。パーソナルモビリティー（公共交通ではない用途として設計開発された乗り物）のカンパニーなんだよなあ。リスクもかなりあるけど、パーソナルアビエーションというのは、やっぱりホンダの方向性だよなあ」

米国で浸透するホンダブランドが追い風

以前、私がインタビューしたとき、藤野が印象的な言葉を語った。アメリカではホンダジェットが「シビックジェットと呼ばれている」と言うのである。その意味とホンダジェットが小型ビジネス機の本場米国にもたらした衝撃についてこのように話した。

「ワシントンDCにあるスミソニアン博物館に行って、アメリカのトランスポーテーション・ヒストリーのブースを見ると、ホンダのシビックが展示してあり、そこには、〝A New World for America's Auto Culture〟と書かれています。シビックは世界で最初に米排ガス規制（マスキー法）をクリアしただけではない。非常にコンパクトで結構走る。燃費はもちろんのこと居住性も良い。当時、米車はガソリンをがぶ飲みしていました。そこにシビックが登場したことで、米国人はカルチャーショックを受けたわけです。この後、アメリカのクルマはどんどん変わっていくことになりました」

ホンダジェットの登場によって、それと同じことが航空機市場でも起こりうると藤野は強調する。「既存メーカーの小型ジェット機は、クルマで言えば、ちょうどシビックが登場する前の一九六〇年代のようです。空力的には洗練されていないし、燃料は食う。インテリアも細かいところにまで行き届いていません。飛行機の場合、どうしても機能性とか構造、空力などに重きを置きがちになる。快適性や環境性といった点で商品性に欠けているものも目立ちます」

クルマの場合、「顧客本位で細かいところにまで気を遣って、丁寧で行き届いた商品性を追求する姿勢が欠かせません。クルマでは当たり前のものづくりの姿勢がホンダジェットには取り入れられている。この姿勢で臨めば、道は確実に開かれていきます」と藤野は強調する。

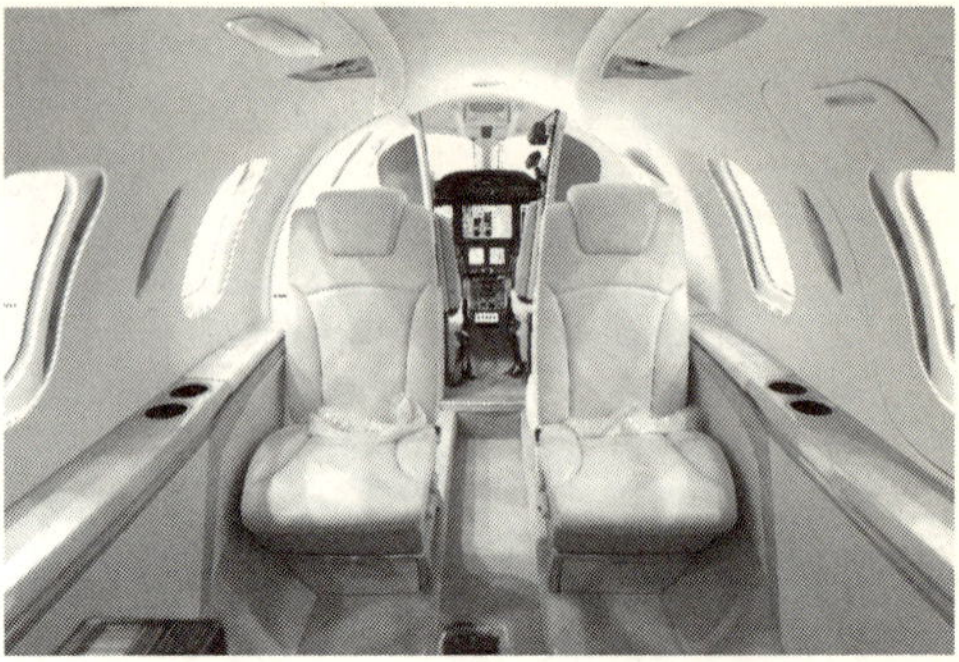

ホンダジェット（試験用５号機）内装／ホンダ

最近、小型機の老舗であるセスナ社が発表したビジネスジェット機には、ホンダジェットを強く意識したようなインテリアが見られると言われている。こうした動きの背景では、「『ホンダがウィチタ（アメリカの航空機生産の本場だが、旧態依然と言われている）を変えてくれるだろう』という大きな期待を込めた言葉さえ聞こえてきます。新規参入のホンダが多くのオーダーをいただいていることが、その証《あかし》だと私は考えています」と今後の売れ行きに自信を見せるのである。

ホンダのクルマの稼ぎ頭は米国市場である。アコードをはじめとしてホンダブランドはアメリカに広く深く浸透している。ホンダ広報によると、「『ホンダが開発した飛行機だから乗ってみたい、買ってみたい』というお客様も多いようです」と話す。同様に藤野も「ホンダジェットの強みは性能や燃費の良さだけでなく、アメリカで日本以上に強いホンダのブランド力です。その点でも競合機メーカーは、ホンダジェットが市場に進出してくることに大きな脅威を感じているのではないでしょうか」と語った。

日本メーカーならではのモノづくりの良さを追求するホンダジェットは、サービスも含めてすべての面でワンランク上を狙う戦略で臨む。アメリカでのホンダの高級車「アキュラ」ブランドと同様、「きめ細かく行き届いた上質のサービスを提供して、既存機とは差別化していくようなビジネスを展開していきたい」というのである。

「ホンダジェットは小型のビジネス機ですが、技術は大型機メーカーレベルのものを使う。小型機に大型機の技術を持ち込もうという目的があります。その一つの例として、ホンダジェットに搭載するアビオニクス（航空電子機器）は、操作性は良いし技術も進んでいる。大型機を知るテストパイロットからも『素晴らしい』との評価を得ています」。ホンダの戦略もあって、最新のアビオニクスは実はなかなか公表しなかった。いよいよもって航空ショーで公開すると、そこには多くの人だかりができて、航空機に詳しい米国ユーザーや航空ファンは誰もが興味津々だった。このアビオニクスの革新性に敏感に反応していたという。

自動車開発および生産のノウハウが生きる

私はインタビュー時に、日本の企業でもあるホンダ エアクラフト カンパニーの強みと今後の可能性について聞いた。それに答えて、藤野はこのような話をした。

「米国の航空機メーカーと違って、自動車メーカーであるホンダは、一円、二円をコストダウンしようという生産管理やマネジメントを実践してきた。また、小型航空機に比べて、クルマの利用者の数は桁違いに多い。市場に多様な価値観があることを前提に設計開発を進めなくてはならない。この二つは既存の航空機メーカーにはない強みとなる。世界を見回してもホンダぐらいしか存在しないはずです」

藤野へのインタビュー時、私は気になるエピソードを一つ耳にした。ボーイングの中で風洞実験をしているとき、同社の知人が日本メーカーに対する見方を披露《ひろう》したという。それは日本の航空関係者からするとなかなか気づかない指摘なのではないか。

「日本の航空機メーカーが今後、アメリカなどの航空機市場に積極的に進出することに対して、彼らは何とも思っていないし、脅威とも考えていません。（日本の）航空機メーカーは政府支援を得て、しかもある程度のオーダーを確保してから開発をスタートさせる。リスクを避けるビジネスの取り組み方で、それでは大胆な事業展開はできないだろうと見ています。

量産中のホンダジェット／ホンダ

ただし、トヨタやホンダなどの大手自動車メーカーが乗り出してくることには、すごく脅威を感じると言うんです。日本の自動車メーカーの場合、自分たちでリスクを取って世界市場を開拓していく経営スタイルをとってきました。同様のビジネススタイルで航空機分野に進出してきたときには、強力なライバルになると見ていると言うんです。単なるリップサービスとか社交辞令なのかもしれませんがね」

本田宗一郎および藤沢武夫に始まるホンダのスピリット、さらにこれを受け継ぐ歴代経営陣のバックアップを受けながら、ホンダジェットのプロジェクトはアメリカを拠点としつつ、大胆なビジネス展開をしようとしている。そのリーダーシップを執る藤野社長の姿勢を、開発経過を通して検証していくと、どのような特徴が浮かび上がってくるのか。

私なりに評価すると、技術面ではつねに理にかなった正攻法で進んできたことが十分にうかがえる。決して安易な妥協や選択をせずに、大胆な挑戦を行って正面突破を図ってきた。その反面、モノづくりにおいては、現場に根付いた愚直なまでの姿勢で、一歩一歩踏み固めながら推し進めてきた。藤野に対する米航空機業界や米航空学会の評価は、先のエアクラフト・デザイン・アワードの受賞を待つまでもなく、日本で知られているよりはるかに高い。

閉塞的な国内の航空産業に風穴を開ける

ホンダジェットが事業化に至るまでの四半世紀余の経過を振り返ると、何が際立って見えてくるか。異業種の自動車メーカーが無謀と言われつつも、小型ビジネスジェット機の開発に挑戦した。しかもそれは、藤野のアイデアに基づく、これまで航空機メーカーが実用化したことのないきわめて野心的で革新的なコンセプトの小型機だった。

日本の航空機業界を振り返って見るとき、この半世紀もの長い間、ホンダのように斬新な航空機やエンジンでこの世界に参入しようとしたメーカーはない。航空機産業は今後数十年にわたり年率五パーセント前後の成長が確実に見込まれる業種にもかかわらず、業界では新しい動きがほとんどなく、新しい血が入ってくることもなかった。それは市場を巡って繰り広げられる競争があまりないということでもある。他のハイテク業種ではほとんど考えられないことである。

ほぼ半世紀にわたって日本の航空業界は固定化している。熾烈《しれつ》な競争が演じられ、倒産や吸収合併されるメーカーが続出する米国市場とは状況がまったく違う。だからこそ、本場のアメリカで高い評価を獲得し、大量の受注も得て、市場に足場を確立しつつあるホンダジェットのプロジェクトが際立ち光彩を放つのである。同業者の仲間内で固まっているような日本国内での開発をあえて選択せず、多大な困難も覚悟のうえでアメリカを拠点に可能性を追求した。その手法が意外性をもって映り、われわれに強烈な印象を与えるのであろう。

藤野が取材時にごく当たり前のように、しばしば口にしていたことがある。それはホンダジェットの開発過程でミシシッピ州立大学ラスペット飛行研究所に研究留学して飛行機づくりをしたこと。さらにはボーイングやNASA、仏国立の航空宇宙研究機関であるONERA、テキサスA&M大学などの各種風洞試験設備を度々借りて（委託して）様々な試験を実施してきたことなどである。

日本では、このようにオープンに試験設備を利用するような環境は整っていない。従来の縦割行政の弊害が目立つ、各省庁の管轄下にある試験設備や大手航空機メーカーの試験設備も、今までの慣習および規定などから、外部者が借りたり委託したりすることは難しい。ホンダのような異業種企業や中小企業ならばなおさらである。このような現実一つを取ってみても、日本で航空機産業の裾野が広がらず、ベンチャー企業の参入もほとんど見受けられない理由がわかる。

「アメリカの航空機メーカー、例えばボーイングやNASAなどは風洞を貸し出しますし、取ったデータは絶対に外には出さないという共通ルールができています。機密管理も徹底しています」と藤野は米国事情を解説する。

日本的な慣習や常識にとらわれず、アメリカに拠点を設け、実用化にこぎつけたホンダの航空機開発に対するチャレンジングな姿勢から、日本のメーカーが学ぶべきものは多いはずだ。そこには、これまで長く続いてきた日本的な殻《から》を破って、日本の航空機産業を飛躍させるためのヒントやノウハウがあるはずである。

これまで何度も述べたように、アメリカでは小型ビジネスジェット機だけでなく、旅客機や軍用機でも厳しい競争が繰り広げられている。この航空機先進国で四半世紀以上にわたって揉まれ頭角を現してきた藤野に、日本の航空機業界をどう見ているのかと訊いてみた。「日本の航空技術者は、構造設計や空力性能とかはよく勉強されていますが、学問的なことのみを重視し過ぎではないでしょうか。技術とユーザーとの間をつなぐ部分も、もう少し考えた方がいいように思います」

YS11の生産が終了したとき、日本の航空業界は「技術的には成功したが、経営的には失敗した」と総括した。取材でこの話が出たとき、藤野は疑問を呈《てい》した。「自動車だとしたら、たとえ技術的に良かったとしても売れなかったら、その事業は失敗と判断されるでしょう。ビジネスでは技術だけを取り上げて評価はできないのではないでしょうか」

さらには「アメリカのプロジェクトをつぶさに見ているとわかるのですが、情熱やスピリットがある人材を抜擢《ばってき》して、そのリーダーが気概をもって進めないと、航空機の開発は難しいでしょう。サポートする政府もただお金を出すというのでは決して（開発は）うまくいきません。強力なモチベーションやドライビングフォース（推進力）のようなものが必要です」

航空機開発に必要な強いリーダーシップ

藤野らがアメリカで技術発表をすると記者から必ず出る質問があるという。「どうしてこんなに少ない人数でホンダジェットの開発ができたのか、普通の会社ではとても考えられない」と。取材では、最後に熾烈なアメリカの航空機ビジネスを切り開こうとする藤野が考えるリーダーシップやマネジメント哲学について聞いた。

「私がもっとも気を付けているのは、組織を階層化するのではなく、フラットな組織にして、とにかく直接、各スタッフとコミュニケーションを取り、具体的な仕事の指示や決定を下していくことです。航空機の場合、皆がただ集まって会議をしても、決していいアイデアは出てきません」

これはアメリカに長く住んでいるメリットと言えるだろうが、藤野は若い頃から航空機開発で高い評価を受けていた著名な開発リーダーたちに接してきた。彼らから多くのことを学び、実際に生かそうと考えてきた。それは世界の航空業界に名をとどろかせた、ボーイング747開発リーダーのジョー・サッターやロッキード社でSR71などの指揮を執ったケリー・ジョンソンらである。彼らのマネジメントスタイルも踏まえつつ、ホンダジェット開発にあたっては、以下のような姿勢を身をもって示してきた。

「プロフェッショナルな意味での専門家が、それぞれの分野で力を出し合うチームワークがなくては、企業間の戦いに勝てません。ただし、既成概念を打ち破るアイディアを生むためには、ボス自身が社運をかけるほどの判断をすることが絶対に必要なんだと思います。それは必ずしも伝統的な親分といった、日本人がイメージするリーダー像ではないかもしれません。非常に理性的に、一つの軸や一つの価値観でものごとを判断し、打ち出す方針や方向性がぐらつかない。リーダーが言えばそれが絶対で、言うことを聞かなかったら、『もう君はいいよ』というような厳しさももつ。そのような強いリーダーシップがなければ、大規模な開発となる航空機の分野では戦っていくことができない気がします」

歴史的に見れば、自動車分野への参入は、国内のメーカーの中でホンダが最後発だった。「お客様本位」「お客様に夢を与える商品づくり」などのスローガンを掲げて、技術を追求するモノづくりへの飽くなき挑戦をつづけて、独自の道を切り開いてきた。そして、四輪進出から五〇年前後たった今、ホンダは独特の個性をもつ世界的企業になっている。奇《く》しくもこのようなホンダの創業からの精神が、藤野やそのスタッフたちに確実に受け継がれていることを数回にわたるインタビュー取材で確信した。

かつて福井社長がホンダジェットの事業化について大きな決断をしたときの心境を推察して、藤野が語ってくれた。「後で思ったのですが、あのとき事業化にイエスと言った福井さんは、私よりもはるかに勇気が要ったんじゃないでしょうか。経営のトップとしての立場から、プラスとマイナスの様々な要因を天秤《てんびん》にかけないとならない。そのうえで福井さんは私の言ったことに賭けてくれた。（私を）信頼してくれたところがあるかなと。もちろんビジネスですから、いろいろなファクターがあるでしょうが、最後は人と人との信頼といったところでものごとは決まるのかなとも思います」

藤野が語る、この「最後は人と人との信頼」とは、藤野がホンダジェットの開発に賭ける熱いパッションと強いスピリットに、福井社長が突き動かされ決断をしたことを指すのであろう。

若い世代に引き継がれるホンダの遺伝子

草創期《そうそうき》のヒコーキ野郎たちは、飛行機なるものが危険な〝フライング・マシン＝空飛ぶ機械〟であることを身をもって知っていた。彼らの長年の夢である大空を飛ぶことを実現するためには、自身の命を賭けねばならないことを十分すぎるほど知っていた。やがて彼らは自ら工場をつくり、新たな飛行機を次々と開発して技術を発展させていった。

それから一〇〇年余りの歳月が流れたが、「飛行機が故障して落ちれば死ぬ」という厳然たる現実は、昔も今も変わらない事実である。リスクをいとわぬ草創期のヒコーキ野郎たちの大空を飛ぼうとする夢や起業家精神は、現在も欧米の有力航空機企業の開発リーダーたちに遺伝子のように組み込まれて、確実に引き継がれていると私は思う。

航空機開発がその時代その時代の最先端技術を絶えず取り込んで、つねにより高い性能を求めつづけることを宿命とする以上、〝失敗〟、現代で言えば経営破綻と背中合わせの、きわめてリスキーな巨大事業であることを、彼らはよく知っている。リスクを避けては、この世界で生き残れないことも彼らは熟知している。だから何度も繰り返すが、「スポーティーゲーム」と呼ばれるほどギャンブル的なビジネスでありながらも、パイオニア精神とチャレンジングな姿勢をもって挑みつづけているのである。

それは、重力に逆らって飛行するフライング・マシンをつくる技術者や、ビジネスとして展開しようとする経営者たちには避けて通れない道である。評価の善し悪しは別として、この姿勢は、戦前の名機を設計した著名な主任設計者たちももち得ていた。そして、この姿勢は何より、ホンダの創業者で、何事においてもチャレンジングで、エネルギーの塊のようだった本田宗一郎にもつながるように思われるのだ。

彼自身、戦時中には航空エンジン用の難しい部品であるピストンシリングの開発そして生産に本格的に乗り出していたことがあった。戦後も「軽飛行機を開発する」と宣言していた。こうしたことも含めて、藤野は本田の遺伝子を確実に受け継いでいるのである。

あとがき

この原稿を書き進めていく過程では、本書に登場する主な方々とやり取りしたときの姿や表情、話しぶりが走馬灯《そうまとう》のように思い起こされ、再び対話をしながらまとめ上げていったような不思議な気がしている。

その頃、彼らはかなりの高齢で、現役を退いて久しくなっていても、口を衝いて出てくる言葉は、決して昔の思い出話だけではなかった。つねに将来を見据えていて、航空界の新たな動きにも目を向けており、その行く末を案じていた。それにならって一点だけ、あえてこの「あとがき」で触れておこう。

本書において何度も指摘したように、現在、日本の航空機産業および航空機開発は大きな分岐点に差しかかっている。その最たる点は、「航空解禁」以来、圧倒的な比率を占めてきた防衛省向けの仕事が次第に先細りしてきたことにある。

代わって、民間機の生産比率が次第に増えてきて、二〇〇六年には逆転した。今後はその差が次第に開いていくことになる。こうしたことは、日本の航空史においては初めてのことである。

このときの民需の稼ぎ頭は、B777&B787のようなボーイング社との下請け的な国際共同開発である。今、日本の民間機技術がボーイング社から高く評価されていて、〃メイド・ウイズ・ジャパン〃とか、〃787は準国産〃などとジャーナリズムが持てはやしている。

だが、いくら品質や技術が高く評価され、厚い信頼を得ていても、下請けは下請けであるとの厳然たる現実がある。ことに民間旅客機全体をまとめ上げるトータルインテグレーションの技術やノウハウはわずかでしかなく、その点においてＭＲＪの開発は苦闘を強いられている。

エアバス社が初めてＡ３２０のアッセンブリーライン（組立ライン）を国外の中国に置いた動きにも見られる例からしても、国内市場が大きくて人件費も安い中国（社会主義国であったとしても）も含めた新興国に、ボーイングなどの仕事が、いつか移されるかもしれない。それは発注者側であるボーイングの方針一つで変わりうる可能性がある。

これまで一〇〇席以下のリージョナルジェット機メーカーであったボンバルディア社とエンブラエル社が、ボーイングとエアバスの牙城で、しかも飛び抜けて生産機数が多い一五〇席クラスの領分を侵す新型機を開発中である。となると、これまで以上にボーイングとエアバスとのコスト競争はエスカレートし、必然的に労賃の安い新興国へと下請け仕事がシフトする可能性が高まってくる。

今後とも日本の航空機産業が事業を発展させていこうとするとき、こうした〝親方日の丸〟で仕事も利益も保証された防衛需要や、〝寄らば大樹の陰〟で大きなリスクは避けられるボーイングの仕事だけに甘んじることは許されないであろう。

ならばと、これらの仕事とは異なる、大きなリスクを負う覚悟のＭＲＪやホンダジェットなどの例に見られる自力開発に活路をより求めていくしかなく、今その道に挑戦しているところである。

このとき、これまでの仕事において長く慣れ親しみ、どっぷりと浸かってきた日本国内では通用するスタイルや意識を大きく変えることが求められる。しかし、いったん身につけ、血となり肉となっている手法やその体質を変えることは至難の業である。とかく人間は易きに流れる性向があるからだ。

そうした危惧《きぐ》を思うとき、もっとも厳しい本場の米国で揉《も》まれてきた藤野氏が、ホンダジェットでの開発経験に基づき語ったプロジェクトリーダー（主任設計者）の役割の重要性について、非情さもにじませた、日本では「そこまではちょっと……」と思ってしまうような言葉が思い出された。たぶん日本から距離を置いた外からの目で観察することができるゆえに、日本のこの業界の特異な体質がよく見えてくるのであろう。

そして再度、本書に登場する経験豊富な戦前の主任設計者たちの強いリーダーシップやスピリットがまたも思い起こされたのだった。それは、やや大げさな表現をすれば、国を背負いつつ、殺《や》るか殺られるかのつばぜり合いとなる戦前の軍用機開発において鍛えられた主任設計者たちの、自らに厳しい姿勢やその徹底性である。また戦後の復興に賭けた熱いパトスである。

本書は酣燈社が発刊する月刊誌『航空情報』の二〇一〇年一〇月号から三年近く連載してきた「続・国産機をつくる漢たち」がベースになっている。取材や連載においては、同社の西尾太郎、春原建一、斉藤広幸の三氏に大変お世話になった。お礼を申し上げたい。

ただし、単行本の主題に沿って手を加え、またかなりの枚数の原稿を新たに書き加えたことを断っておきたい。

内容から察せられるように、決してノスタルジックな思いから書き連ねてきたものではない。底流には、上述したような現在的な問題意識や取りあげた技術者の性格や個性、魅力そのものに迫りたいとの思いが強くある。

「時代の転換期には歴史に学べ」との言葉がある。本書に登場する技術者たち自身も、苦い体験の数々から、そのことの重要さを思い知らされ、自ずと身につけてきた。まさしく、永野治氏がつねに強調していた「歴史的洞察」の重要性であり、同時に、時代を超えて、本書に登場する偉大な先人である彼らの貴重な体験や教訓、反省、知見から学ぶべきことを教えている。

それは現在の取り巻く状況からして、昔と違って新型機の開発機会があまりにも少なくなってしまった。このため、戦前の航空技術者たちのように、幾機種もの開発経験を積み重ねていく過程で鍛えられ成熟したうえでプロジェクトリーダー（主任設計者）となり、さらに器を大きくしていくといったプロセスを十分に踏むことができない時代となってしまったからだ。

またコンピュータがめざましく進歩してシミュレーション技術も高度化し、データベースも豊富になってきた現代にあっても、技術の真髄や数値化できないノウハウ、さらにはリーダーシップや決断力といった人間的な要素までもカバーすることはできない。やはり、先人たちの豊富な生きた経験に学ぶべき点は数多くある。

一般の読者も、本書の主任設計者の軌跡を通してこれらを追体験していただきたいと思うのである。

原稿をまとめるにあたっては、各メーカーの広報関係者や、自社の航空史を研究しておられる川崎重工業や新明和工業、三菱航空機などのメーカーから、入手が難しい貴重な資料や写真などを提供していただいたことを深く感謝申し上げたい。

本書は講談社時代から大変お世話になってきたさくら舎の古屋信吾氏の強い奨《すす》めによって実現することになったが、以前の拙著と同様に、かなりのページ数になってしまった。

登場人物が多く、また連載をベースとしているため、何かと編集において手間がかかることになったが、スケジュールに厳しい古澤佳三氏のきめ細かい気配りによりまとめ上げることができた、感謝したい。

平成二五年八月

前間孝則

主要参考文献

『零戦』(堀越二郎、奥宮正武、一九九二年、朝日ソノラマ)
『零戦　その誕生と栄光の記録』(堀越二郎、一九八四年、講談社)
『航空技術懇談会　零戦を語る(1〜3)』(『航空技術』No・137〜139所収、堀越二郎他、日本航空技術協会、一九六六年)
『堀越二郎の生涯』(木村秀政、『航空ジャーナル』一九八二年四月号所収、航空ジャーナル社)
『わがヒコーキ人生』(木村秀政、一九七二年、日本経済新聞社)
『零式戦闘機』(柳田邦男、一九八〇年、文藝春秋社)
『技術者たちの敗戦』(前間孝則、二〇一〇年、新潮社)
『YS—11　国産旅客機を創った男たち』(前間孝則、一九九四年、講談社)
『YX／767開発の歩み』(『YX／767開発の歩み』編纂委員会、一九八五年、航空宇宙問題調査会)
『三菱重工名古屋航空機製作所二十五年史』(三菱重工名古屋航空機製作所二十五年史編集委員会、一九八三年)
『往時茫々—三菱重工名古屋五十年の懐古』(一九七〇〜七一年、菱光会)
『一切語るなかれ　東條英機一族の戦後』(岩浪由布子、一九九二年、読売新聞社)
『東條勝子の生涯〝A級戦犯〟の妻として』(佐藤早苗、一九八七年、時事通信社)
「父・東條英機に渡した青酸カリ」(『文藝春秋』二〇〇五年二月号所収、東條輝雄、文藝春秋社)
『東条英機内閣総理大臣機密記録　東条英機大将言行録』(伊藤隆他編、一九九〇年、東京大学出版会)
『みつびし飛行機物語』(松岡久光、一九九三年、アテネ書房)
『飛行機設計50年の回想』(土井武夫、一九八九年、酣燈社)
『時代と共に生きる男』(牧田一幸編、一九七七年、名城大学)
『土井、井町両先生を囲んで　座談会録音記録』(土井武夫、井町勇他、一九八一年、川崎重工業)
『川崎「岐阜」機体製作技術の草分け時代のことども　座談会記録』(土井武夫他、一九五七年、川崎重工業社史編纂室)
『富士重工業三十年史』(富士重工業社史編纂委員会編、一九八四年)
『日本航空機総集　第五巻　中島編』(野沢正編、一九六三年、出版協同社)
『中島飛行機エンジン史　若い技術者集団の活躍』(中川良一・水谷総太郎共著、酣燈社、一九八五年)

「俊足艦偵〝彩雲〟誕生の秘密」(軍用機メカ・シリーズ3『彩雲／零水偵』所収、『丸』編集部編、内藤子生著、一九九三年、光人社)
「T—1開発に関与した経緯ならびに状況」(『T1教育二十五周年教育変遷史』所収、高岡迪著、一九八六年、航空自衛隊第十三飛行教育団編)
『富嶽　米本土を爆撃せよ』(前間孝則、一九九一年、講談社)
『マン・マシンの昭和伝説　航空機から自動車へ』上・下(前間孝則、一九九三年、講談社)
『航空工業再建物語　私の見た戦後30年』(木原武正、一九八二年、航空新聞)
『銀翼遥か　中島飛行機五十年目の証言』(太田市企画部広報広聴課編、一九九五年)
『大空への挑戦・プロペラ機編、ジェット機編』(鳥養鶴雄、二〇〇二年、グランプリ出版)
『私の履歴書　文化人19』(日本経済新聞社編／糸川英夫、一九八四、日本経済新聞社)
『航空機の諸問題』(糸川英夫、一九四四年、明治書房)
『逆転の発想』(糸川英夫、一九七四年、ダイヤモンド—タイム社)
『やんちゃな独創　糸川英夫伝』(的川泰宣、二〇〇四年、日刊工業新聞社)
『海鷹の航跡　日本海軍航空外史』(海空会編、菊原静男他著、一九八二年、原書房)
「日本の航空機開発の一つの流れ」(『日本機械学会誌』第七十五巻第六四六号所収)
「失われた翼を守って十七年」(『中央公論』一九六一年九月号所収、菊原静男、中央公論社)
「追想・菊原静男博士　戦後の飛行艇復活に命を懸けた設計者」(『空！飛行機！そして、飛行艇!!』所収、木方敬興、二〇〇八年、中高年活性化センター)
『最後の二式大艇』(碇義朗、一九九四年、光人社)
『最後の戦闘機紫電改　起死回生に賭けた男たちの戦い』(碇義朗、一九九四年、光人社)
『私の履歴書』(土光敏夫、一九八三年、日本経済新聞社)
『土光敏夫　21世紀への遺産』(志村嘉一郎、一九八八年、文藝春秋)
『一号ガスタービンの思い出』(永野治、近藤俊雄他、一九八五年)
『わが国におけるジェットエンジン開発の経過』1、2(『機械の研究』第二十一巻第十一、十二号所収、種子島時休、一九六九年、養賢堂)
『種子島時休追想録　付遺稿抜粋』(種子島千代子、一九八九年)
『東芝タービン工場四十年の歩み』(東京芝浦電気タービン工場四十年史編纂委員会編、一九六一年)
『ガスタービンの研究』(永野治、一九五三年、鳳文書林)

『航空技術の全貌　わが軍事科学技術の真相と反省』上・下（岡村純編、永野治他著、一九五三年、日本出版協同）
『戦時中のジェット・エンジン事始め』（『鉄と鋼』第六十四巻第五号所収、永野治、一九七八年、日本鉄鋼協会）
『ジェットエンジンに取り憑かれた男』（前間孝則、一九八九年、講談社）
『海軍空技廠』上・下（碇義朗、一九八五年、光人社）
『日本航空学術史　一九一〇〜一九四五』（日本航空学術史編集委員会編、一九九〇年、丸善）
「私の履歴書」（『日本経済新聞』二〇一〇年一一月一日〜三〇日、西岡喬著、日本経済新聞社）
「使命感なくして『大勝負』はできず」（『マネジメント』二〇〇八年冬季号所収、西岡喬著、日経ＢＰ）
「Ｌａｓｔ　Ｃｈａｎｃｅ航空機産業の活路　３（西岡喬）」（『日経ビジネス』二〇一〇年一月十八日号所収、佐藤紀泰、日経ＢＰ）
「Ｔｈｅ　Ｐｏｗｅｒ　ｏｆ　ｄｒｅａｍｓ　ＨＯＮＤＡＪＥＴの軌跡」（『航空情報』二〇一一年一〇月号所収、編集部、酣燈社）
「世界に飛び立つホンダジェットの翼　藤野道格」（『航空情報』二〇一〇年三月号所収、前間孝則、酣燈社）
『ホンダ・モビリティメーカーの近未来』（『ＢＯＯＫ　ＰＥＯＰＬＥ』中部博）
『国産旅客機ＭＲＪ飛翔』（前間孝則、二〇〇八年、大和書房）
『日本はなぜ旅客機をつくれないのか』（前間孝則、二〇〇二年、草思社）
『悲劇の発動機「誉」　天才設計者中川良一の苦闘』（前間孝則、二〇〇七年、草思社）

著者略歴
ノンフィクション作家。一九四六年佐賀県生まれ。法政大学中退後、石川島播磨重工業の航空宇宙事業本部技術開発事業部でジェットエンジンの設計に二〇余年従事。一九八八年に同社退社後、日本の近・現代の産業・技術・文化史の執筆に取り組む。主な著書に『YS11』『富嶽』『マン・マシンの昭和伝説』『戦艦大和誕生』（いずれも講談社）、『飛翔への挑戦』（新潮社）、『弾丸列車』（実業之日本社）、『日本のピアノ100年』『技術者たちの敗戦』『満州航空の全貌』（いずれも草思社）などがある。

日本《にほん》の名機《めいき》をつくったサムライたち
零戦《ぜろせん》、紫電改《しでんかい》からホンダジェットまで

二〇一三年一一月一〇日　第一刷発行

著者　前間孝則《まえまたかのり》
発行者　古屋信吾
発行所　株式会社さくら舎　http://www.sakurasha.com
東京都千代田区富士見一-二-一一　〒一〇二-〇〇七一
電話　営業　〇三-五二一一-六五三三　FAX　〇三-五二一一-六四八一
編集　〇三-五二一一-六四八〇
振替　〇〇一九〇-八-四〇二〇六〇

装丁　石間　淳

印刷・製本　中央精版印刷株式会社

ISBN978-4-906732-57-9